支持成长

0-3岁
婴幼儿科学养育实操

邢贯荣 著

南京出版传媒集团
南京出版社

图书在版编目（CIP）数据

支持成长：0–3岁婴幼儿科学养育实操 / 邢贯荣著
. -- 南京：南京出版社
ISBN 978-7-5533-4031-9

Ⅰ. ①支… Ⅱ. ①邢… Ⅲ. ①婴幼儿 – 哺育 Ⅳ.
①TS976.31

中国版本图书馆CIP数据核字（2022）第245276号

书　　名　支持成长：0—3岁婴幼儿科学养育实操
作　　者　邢贯荣
出版发行　南京出版传媒集团
　　　　　　南　京　出　版　社
社址：南京市太平门街53号　　邮编：210016
网址：http://www.njcbs.cn　　电子信箱：njcbs1988@163.com
联系电话：025-83283893、83283864（营销）　025-83112257（编务）

出 版 人　项晓宁
出 品 人　卢海鸣
责任编辑　张　莉
责任校对　汪　霞
书籍设计　石　慧
责任印制　杨福彬

制　　版　南京新华丰制版有限公司
印　　刷　江苏扬中印刷有限公司
开　　本　880毫米×1230毫米　1/32
印　　张　11.125
字　　数　267千
版　　次　2023年4月第1版
印　　次　2023年4月第1次印刷
书　　号　ISBN 978-7-5533-4031-9
定　　价　58.00元

用微信或京东
APP扫码购书

用淘宝APP
扫码购书

前　言

养育好宝宝是每个父母的愿望，为此，很多父母付出了艰辛的努力。

面对嗷嗷待哺的宝宝，有的父母做到让他们吃饱穿暖、安全愉快就可以了。有的父母虽然重视宝宝的早期教育，却对宝宝每个阶段的发展特点不甚了解。

其实生命最初1000天是塑造婴幼儿大脑最关键的时期，0—3岁是根的滋养，能为婴幼儿一生的发展奠定非常重要的人生基础。

本书吸收借鉴多位中外早教专家的理论和实践精华，结合40年教育实践探索和学习感悟，归纳梳理而成。“支持成长”是一个重要的理念：婴幼儿是成长的主体，父母、家人、老师都是婴幼儿成长的支持者。

那么，怎样支持婴幼儿成长呢？首先要了解婴幼儿的特点和需求，顺应婴幼儿的发展特点、满足婴幼儿的成长需求。本书从婴幼儿身心发展和社会互动的角度，将婴幼儿从出生至3岁细分成四个发展时期和15个成长阶段，以引导父母和老师了解并把握婴幼儿快速发展变化的特点；并提出了“系统全面成长法”，为父母提供支持婴幼儿成长的抓手，手把手教新手

父母科学养育婴幼儿。

1981年幼师毕业的我在幼儿园一线实践和探索了40年，奔赴全国各地学习500多场，2000年左右，我看到3岁婴幼儿在入园时就有了很大的差别，于是开始关注和探索0—3岁婴幼儿的早期教育，创办了亲子班、托班，给家长开展系列讲座，从孕期到3岁、从托班到大班，一年一年、一届一届跟踪指导培训，给300多名0—3岁婴幼儿建立了成长档案，园本培训并连年参加区、市级继续教育培训200余场，记录学习教育笔记和反思感悟50余本，加上各种电子文档的教案、论文、培训稿及收集的学习资料1000多万字，全面探索了婴幼儿发展的特点和教育方法，用探索经验养育了两个外孙，按时对外孙进行测试评估，大外孙的0—3岁育儿笔记写了厚厚两大本，验证并进一步拓展了自己的探索。

2020年退休，我割舍不了对孩子的爱，就到全国知名家教品牌“博瑞智教育”进行全方位学习，对0—3岁婴幼儿家庭教育进行深入探索，反复研读中外著名早教专家的理论，站在更高的视角指导一批批新手父母将专家的理念落地实操。随着学习实践的深入，为了帮助新手父母准确把握婴幼儿迅速发展变化的特点，我参考著名早教专家伯顿·L.怀特（Burton L. White）《从出生到三岁》书中对婴幼儿特点的一些阐述及阶段划分，同时参考英国心理学教授琳恩·默里（Lynne Murray）《婴幼儿心理学》书中的社会理解与合作，根据婴幼儿身心发展和社会互动特点对0—3岁进行分段和通俗易懂的命名，父母看到阶段名称便能猜出该阶段的特点及支持方法，此举受到我的老师，婴童教育专家李易伦、何丰诺的高度肯定，并指导我分得再细一点。我就将0—3岁细化分成了四个发展时期和15个成长阶段，归纳出各个阶段的特点和相应的顺应支持策略，体现了养育的系统性。为了引导父母全面科学育儿，每个阶段都从大动作、精细动作、认知、语言（包括快乐阅读、快乐识字）、社会性发展5个方面归纳婴幼儿发展的特点和父母顺应支持的相应方法，帮助父母支持婴幼儿的5大能力在每一阶段都得到应有的发展，彰显了养育的全面性，形成了一套纵横交错、系统全面、科学实用的实操方法，简称“系统全面成长法”。我的老师高度认可，鞭策鼓励我写成书，手把手地教更多新手父母科学育儿。

促使我完成此书的另一个动因是，这么多年来，无数的家长和亲朋好友多次向我寻求养育宝宝的方法时，我很难有时间和机会一一告知，正好将此先进的教育理念及系统全面的支持方法写成书，献给育儿路上需要指导的家长、亲朋好友及更多各行各业的新手父母们，用我的专业领悟和探索去指导帮助更多的父母科学养育婴幼儿！

如何使用本书？

本书兼具理论支撑和实践指导，父母、祖父母、早教老师和早教工作者皆可参考使用，花很少的时间掌握科学养育0—3

岁婴幼儿的实操方法。

第一章是理论导航：介绍先进的教育观点和中外著名专家的早教理论，以帮助新手父母树立先进的养育理念，增强自己的责任意识。

第二章是优生优育：怎样孕育一个健康聪明的生命？父母可提前了解，及早准备，齐心协力共同孕育并顺利产出健康聪明的宝宝。

第三—六章是科学养育实操指导：帮助父母了解婴幼儿的发展特点，掌握养育支持婴幼儿的实施操作方法。

第七章是新旧理念的碰撞与思考：帮助新手父母澄清一些认识，摒弃一些不利于婴幼儿成长的传统观念和做法，运用科学的理念和方法养育婴幼儿。

为了帮助新手父母落地实操，我把“系统全面成长法”提炼成简明扼要的操作实施框架（见折页“0—3岁系统全面成长法实施操作框架”），纵向清晰地展现出婴幼儿四个发展时期和15个成长阶段发展变化的过程和特点，横向展现了各个阶段5大能力的发展特点及顺应支持的方法。想看某个内容时也可从详细的目录中快速找到，快捷方便、清晰实用，是新手父母科学育儿的指导手册和枕边书。

实践操作要领

1.纵横相向，归纳梳理。面对“0—3岁系统全面成长法”实施操作框架，可以从纵向看看0—3岁四个发展时期和15个成长阶段是如何划分的，以及婴幼儿各个方面是怎样循序渐进逐步发展的；还可以横向看看每一阶段5大能力的发展特点以及顺应支持策略。再重点看看你的宝宝处于哪个阶段，5大能力的发展情况和支持策略是怎样的，你的宝宝各种能力处于什么样的发展水平。可根据书中的理念、婴幼儿的发展特点和实操方法，以及自己宝宝的实际能力水平，制定出切实可行的操作方案（未必逐字写出来，但要做到心中有数）并和家人交流，达成共识，共同实施，科学养育宝宝。

2.创设环境，家人共育。家人要不失时机地为宝宝提供适合的玩具、材料和图书，创设适宜的支持环境，多给宝宝提供练习和锻炼的机会，支持宝宝自主活动和探索，在日常照护中和宝宝进行互动、交流，共同促进宝宝的成长。

3.阶段评估，促进成长。本书每一时期结束时，我都为家长提供了本阶段婴幼儿成长自测评估表[①]，父母既可以把它作为本阶段结束时评估宝宝发育情况的指标，又可以在本阶段开始把它作为努力的目标，力争通过自己和家人的共同支持，使宝宝的各项发展达到甚至超过各项指标。初看本书，可以自测

①各阶段自测评估表身体发育指标来自区慕洁《中国儿童智力方程》一书，并参考了其他相关内容。

一下宝宝处于哪一阶段的发展水平，如果宝宝所处阶段的能力达不到，就测前一阶段的内容看宝宝行不行，若不行就再往前测，直到宝宝能够达到的阶段，接着从下一个阶段开始实施，慢慢向实际能力水平靠近。

4.即时记录，精彩永存。可以用照片或者视频记录宝宝成长进步的精彩瞬间，给宝宝留下珍贵的成长足迹，更可发到亲子互动APP上，全家人共享，感受宝宝成长进步的喜悦。还可和宝妈们分享自己的方法及感受，相互交流、取长补短，共同成长进步！

跟随宝宝成长的脚步，每一阶段都这样学习、计划、实施、测评和调整，宝宝就会在螺旋式的循环往复中不断成长进步！

目 录

第6章 第四时期（24—36个月）日臻完善 …241

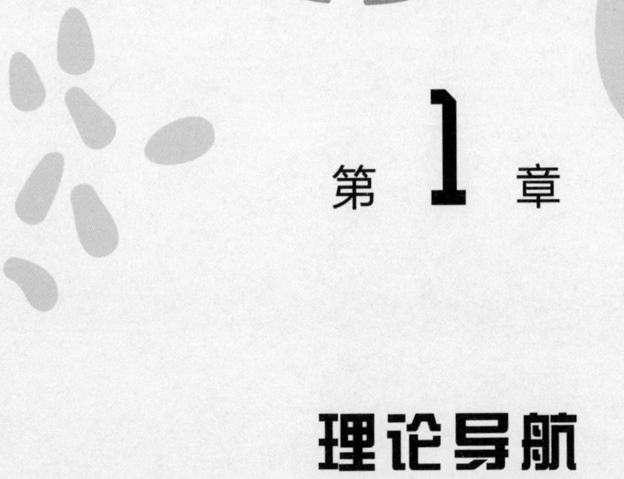

第1章

理论导航

养育孩子是一项伟大复杂的工程，是世界上最有挑战又最重要的工作。既需要父母全心投入、全情陪伴、潜心实践，又需要父母具有先进的养育理念来指导自己的育儿实践，支持宝宝的健康成长。因为任何事情都是理念在先，理念决定情感态度，情感态度决定行为。父母有了用爱哺育宝宝成长的理念，就会产生热爱宝宝的情感态度，就能想出许许多多爱抚宝宝的方法，真可谓是“理念有，情感伴，点子方法千千万”。

从事各行各业的新手父母们通过本章的理论导航能够了解和把握婴幼儿成长的基本特点和规律，树立先进的养育理念，引领自己养育宝宝的实践，少走弯路。宝宝的童年只有一次，容不得父母去做试验和从头再来！

人和人之间的差别就是理念的差别。俗话说：“一念天堂，一念地狱。”每个父母头脑中不同的养育理念和种种念头决定了不同的思想认识，也决定了每个父母千差万别的育儿实践，造就了良莠不齐、差别甚大的各类孩子们。因此，认真学习早教理论，拥有先进的养育理念能够引领新手父母走在正确养育宝宝的实践路上。

一、0—3岁根的滋养

生命头三年是婴幼儿大脑发育的关键期。婴幼儿时期是大脑快速发

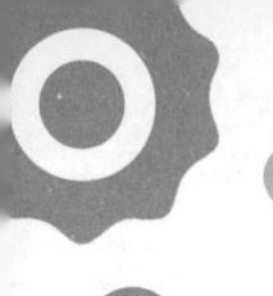

育的时期，新生儿脑重350克，占成人的25%，0—3岁发育最快，短短三年就达到成人的90%。塑造大脑的每一刻经验都掌握在父母手中，每天的经历都会影响婴幼儿正在发育的大脑结构和身心发展，早期经历的质量对婴幼儿大脑发育会产生重大影响，我们无法改变基因，却可以在婴幼儿的成长环境中发挥巨大作用。父母做出的每一个决定，最终都会与婴幼儿大脑的发育有关。比如孕期是否用药，吃不吃母乳，是否科学喂养，能否创设支持婴幼儿成长的环境，是否有一些规则限制约束等，在某种程度上都可能对婴幼儿的思维方式产生持久的影响，而婴幼儿的思维方式，是他的情商和智商的共同作用，完全是大脑自我塑造的结果。婴幼儿对世界的体验将影响大脑结构的形成，婴幼儿和照护者之间的关系塑造着婴幼儿正在发育的大脑，并影响他们的终身学习。可见0—3岁父母的科学养育支持是何等的重要和关键！

生命头三年是婴幼儿潜在能力发展的关键期。德国的卡尔·威特（Karl Witte）提出，人类才能随着年龄的增长递减，这是0岁教育最重要的根本理论。“才能递减法则”是说婴幼儿天生具有多方面的潜在能力，随着年龄的增长，潜在能力越来越小。如果将潜力发展的可能性用图形来表示，就正好像一个三角形的金字塔。越早开始教育的婴幼儿，他的潜在能力越能够得到最大的发挥，很多著名教育家如木村久一、七田真、蒙台梭利都阐述和证实了这一理论，他们一致认为越是接近0岁，学习能力越强，年龄越大学习能力越弱。每个刚出生的宝宝就像是一粒种子，每一颗都蕴藏着成长为参天大树的潜质，他们需要汲取营养和雨露阳光，激发潜在能力！

生命头三年是婴幼儿很多方面发展的敏感期。生命的头三年是人的身体动作、认知、语言、社会技能和情感情绪发展的敏感期。如果在此期间没有或很少有机会形成亲密关系，那么在以后生活中将很难与他人

建立亲密的情感关系。如果婴幼儿0—3岁身体动作、语言、认知发展不佳，以后再怎么加强教育和引导，也无法弥补先前养育的不足。心理学家埃里克森（Erik H Erikson）提出人一生面临8个危机，最早的危机是在0—1.5岁，主要是基本信任和不信任的心理冲突。父母只有亲自养育照护婴幼儿，婴幼儿才能获得安全感、信任感，顺利地解决心理冲突，形成希望的美德。第二个危机是在1.5—3岁，主要是自主与羞耻（怀疑）的冲突。父母要放手让婴幼儿去探索和尝试，在确保安全的前提下，支持婴幼儿去做自己想做的事情，遇到困难时提供帮助，才能顺利解决这一时期的冲突，形成意志的品质。这两个危机都处在0—3岁，如果得不到顺利解决，就会给一生埋下隐患。

“3岁看大，6岁看老。”从现代科学来看，0—6岁的养育会影响婴幼儿的整个生命历程，对婴幼儿来说0—6岁的教育就是“治未病、育良才”的根的教育，0—3岁的养育照护更是基础之基，我们从小重视0—3岁根的滋养，才能使孩子茁壮成长！

二、0—3岁养育照护

联合国儿童基金会及世界卫生组织在儿童发展目标中均提及促进儿童早期发展最直接、有效的方法就是养育照护。0—3岁养育照护服务是国际趋势、国家潮流，我们国家及各级政府也在大力倡导和着力推进。

2018年世界卫生组织等国际组织联合发布了《养育照护框架-促进儿童早期发展》，将养育照护定义为“一个由照护者创造的环境，旨在确保儿童身体健康，饮食营养，保护他们免受威胁，并通过互动给予情感上的支持和响应，为他们提供早期学习的机会”，明确了以“健康、营养、安全、回应性照护和早期学习机会”为核心内容的养育照护策略。

2019年5月国务院办公厅发布《关于促进3岁以下婴幼儿照护服务发

展的指导意见》，明确了“家庭为主，托育补充”等四项基本原则，强调发展婴幼儿照护服务的重点是“为家庭提供科学养育指导，并对确有照护困难的家庭或婴幼儿提供必要的服务”。

为实现这一目标，2020年9月，中国妇幼保健协会婴幼儿养育照护专业委员会在参考国际指南和国内外文献的基础上，结合我国实际，提出和制定了针对婴幼儿健康、营养、安全、回应以及早期学习的照护目标和照护建议的《婴幼儿养育照护专家共识》，以规范婴幼儿照护服务技术，加强对家庭、社区和婴幼儿照护服务机构有关婴幼儿养育照护的支持和指导，促进婴幼儿身心健康发展。

我们所关心的是通过互动给予婴幼儿情感上的支持和响应，为他们提供早期学习的机会。父母要好好研读《婴幼儿养育照护专家共识》，将它作为养育照护婴幼儿的行动指南。

三、两种语言，同时发展

亲爱的家长朋友们，你们想让自己的宝宝口齿伶俐，三四岁就能识文认字，五六岁就能阅读图书，从小热爱阅读吗？著名早教专家冯德全30多年前在《三岁缔造一生》一书中提出了“视觉语言和听觉语言同步发展”的理论。作为一个幼教工作者，我用40年的教育经验和思考，整理出了“两种语言同时发展”的实施操作方法，帮助父母在日常生活中引导婴幼儿快乐识字，养成良好的阅读习惯，实现婴幼儿两种语言同步发展。

听觉语言指的是听话和说话，视觉语言指的是阅读和识字，婴幼儿完全能像听话说话一样毫无压力地阅读和识字。而且快乐阅读能发展婴幼儿的思维力、想象力和语言表达能力，快乐识字能发展婴幼儿的注意力、记忆力和观察能力。

婴幼儿早期识字追求的是快乐识字，是在日常生活和游戏玩乐中识字，以培养婴幼儿的识字兴趣和习惯为目的，重在日积月累，婴幼儿是没有丝毫负担和压力的。

虽然婴幼儿说话认物与阅读识字同步发展，几乎同时掌握两种语言工具，但家长和老师首先要有这个理念和意识，并在生活和游戏中引导婴幼儿快乐认玩，才能达成愿望。

四、了解儿童，顺应支持

每个婴幼儿都是一个独特的个体，是一个在快速发展中成长变化的个体，他们在每一年龄阶段都有其特有的心理、能力和需求，需要我们去关注、了解和尊重。本书按照婴幼儿生长发展的节点，将0—3岁划分成四个发展时期和15个成长阶段，特别关注以下4个方面的问题。

▶ 什么时候？——找出婴幼儿发展变化的年龄节点

年龄节点的划分与不断成长中的婴幼儿发展变化有关，找出婴幼儿发展变化的年龄节点相当关键。四个发展时期和15个成长阶段年龄节点的划分依据是婴幼儿重大行为和心理特征的出现，新手父母可以通过节点把握和检测婴幼儿的发展进程，支持婴幼儿每个阶段各个方面的发展成长。具体时期划分如下：

第一时期（0—8个月）是基础之基，这短短的8个月为婴幼儿一生的情感发展、大动作、语言理解和发音说话奠定了重要的基础。划分的年龄节点是8个月，重大行为标志是婴幼儿已经和照护人建立了亲子依恋关系，自己会移动身体，尤其是开始四肢协调地爬行了，而且婴幼儿由前语言理解阶段进入了真正的语言理解阶段，已经开始理解人们的语言了，养育婴幼儿的方式方法也发生了根本的变化。

第二时期（8—14个月）是快速起航，这一时期婴幼儿的大动作、认知和语言都会有突飞猛进的发展。划分的年龄节点是14个月，重大行

为标志是大多数婴幼儿都会自己走路、能开口说话了，开始萌生了初步的自我意识。

第三时期（14—24个月）是小儿初成，进入第三时期后婴幼儿语言认知继续迅猛发展，在父母的影响和引导下婴幼儿的性格人格和社会风格都已经形成了，成为了一个复杂而合格的小婴孩。划分的年龄节点是2岁，重大行为标志是产生了理性思维，人格、性格初步形成，成为了一个具有社会性的小婴孩。

第四时期（24—36个月）是日臻完善，婴幼儿对同伴的兴趣有了迅速而稳定的提高，并开始越来越多地与小伙伴展开真正意义上的社会交往，说话的句子加长，语言快速发展，产生了创造想象，攀爬和跑跳等身体技能更加娴熟，婴幼儿的各个方面都日臻完善，从一个小婴孩变成了一个小孩子。

同样，15个成长阶段的划分也都有其依据、年龄节点和重大行为标志，会在每一阶段进行表述。

▶ 怎么样？——描述婴幼儿每一时期/阶段5个方面的特点

每一时期/阶段都从社会性、大动作、精细动作、认知、语言（包括阅读和识字）5大能力介绍和阐述婴幼儿的发展特点及相应的顺应支持策略。

比如婴幼儿2岁的时候进入了第10阶段——“理性思考”。他们开始进行想象活动，在脑子里处理事情，在大脑中计划活动，思维方式从利用手和眼通过试错的感觉运动智力来解决问题，转变为利用头脑也就是见解和想法解决问题；在动作方面时刻想活动身体；认知方面能够进行理性思维，开始理解很多抽象概念，如水果、玩具、狗等，所以父母和老师可以支持婴幼儿建构一些抽象概念和数学概念；语言方面，已经从断断续续的电报句发展成说出三个词的完整句。这样父母就能对2岁的婴幼儿有全面细致的把握，也知道怎样在日常生活中去顺应支持婴幼儿发展了。

▶ 为什么？——分析一些易出现问题的原因

为什么有的婴幼儿会出现问题？本书对于一些易出现的问题——如一些婴幼儿语言发展迟缓，很多婴幼儿到该爬的月龄不会爬等——进行分析解释，给出引导支持的方法措施。

▶ 怎样做？——提出支持婴幼儿成长的方法

本书梳理了支持婴幼儿成长的“系统全面成长法”，并将其提炼成“操作框架”作为实操的抓手，引领新手父母系统全面地支持婴幼儿的成长。

五、了解理念，支持建构

在学习和整理资料的过程中，美国早期教育专家玛丽·简·马圭尔–方（Mary Jane Mnguire–Foug）在《与0—3岁婴幼儿一起学习》中的一个核心观念“支持主动意义的建构者”对我的触动和影响特别大，因为这一观念彻底打破了我们的传统认知。我们一般认为孩子的学习是老师或父母教的，而这一观念认为，婴幼儿学习不是被教的，而是自己主动建构意义知识，是一个主动意义的建构者。家长不是去教婴幼儿，而是去支持婴幼儿建构知识意义，是婴幼儿学习的支持者。

近年来，“主动建构”和“发展适宜性”的核心观念及原则，已成为美国几乎所有早期教育项目的教育实践指南和托幼机构的执行标准，并受到世界范围内早期教育领域的重视。而且这些做法非常神奇，我们在小班教授孩子的认识颜色、分类、排序等内容，他们的婴幼儿在几个月时就在托育机构创设的游戏区域里建构了，1岁后就能按照一种属性自发分类，2岁以后就能按照一种属性进行多重分类了。

我国0—3岁的婴幼儿大多是在家里由母亲和其他照护人照护成长的，我想把这一先进教育观念引入到我们0—3岁家庭教育实践中来，引导我们的父母在家里支持婴幼儿主动建构知识意义，让我们的婴幼儿也能从几个月时开始建构同一性、差异性、分类、排序等概念，1岁多也能按照一种属性自发地进行分类，2岁以后按照一种属性进行多重分类，这将是一件多么有意义和价值的事情啊！

在梳理过程中，我参照的资料是由不同专家编写的，他们有着各自的观点和认识，有的内容没有具体的实施年龄。要把这套主动建构的学习理念变成能在照护中具体实操的方法引导父母去实操，我必须通过反复学习、领悟，凭借我的经验和能力进行梳理、推测和补充。下面，我们先初步学习了解一下马圭尔-方教授的婴幼儿主动建构理论，以帮助父母树立“支持主动的意义建构者”这一先进的学习理念。

▶ 婴幼儿是天生的学习者

婴幼儿一出生就具备了多种技能，特别是探索周围的世界。他们喜欢看人脸，更喜欢看注视着他的快乐的脸，他们喜欢听人说话的声音，尤其喜欢听父母说话的声音，他们甚至可以被引导模仿成人的面部表情和动作，比如噘嘴或伸舌头等，他们一出生就在进行各种学习。

▶ 婴幼儿是主动的意义建构者

婴幼儿出生后积极地探索周围的世界并从中建构意义，他们以独有的方式觉察周围的一切，婴幼儿有一种独特的能力，他们能够瞬间收集大量的信息。这种能力意味着婴幼儿一次能够专注于多件事，而成人一次仅能专注于一件事。婴幼儿能够在探索研究周围的世界，以及与人、物的互动中收集和组织广泛的信息，并赋予其意义。他们从出生的那一刻起就在积极地与照护者进行双向交流，主动学习照护者的行为态度，在这一学习过程中，婴幼儿始终是自身发展的主角，是积极建构世界意义的主体，他们在积极地探索周围的世界并从中建构意义即知识。

婴幼儿通过感知运动探索获得的意义就是知识，比如四五个月时通过抓握物体建构物体的软硬、大小的知识；在六七个月通过扔打、摇晃、把玩物体建构物体的远近、轻重等空间关系的知识；从六七个月开始就能从把玩物体中找到相同或不同的特征建构同一性、差异性的知识。婴幼儿是在游戏和与人的互动中积极建构各种知识意义的。

▶ 婴幼儿具备多种学习策略

婴幼儿从出生开始就拥有很大的潜能，具备多种学习策略，所以他们能够以自己的方式探索他所接触的各种环境。

维持注意力

维持注意力是控制自己看听的能力，专注于物体的特定属性和事物的某个方面。维持注意力使婴幼儿能够持续仔细地观察某个人或物，以便收集相关信息，用这些信息解决问题。例如当一个宝宝想吃父母手拿的某个食物时，他的头会转向父母，会把注意力集中在这个食物上。在某种程度上所有婴幼儿都能表现出持续注意力这一行为，它是过滤信息以学习新事物的关键。

模仿

婴幼儿从刚出生就会模仿父母的面部表情和口舌动作了，通过模仿，婴幼儿向照护他们的人学习说话的方式、手势、态度以及技能。模仿对于语言和文化的习得至关重要。随着婴幼儿年龄的增长，会模仿自己在先前某个时间点看到的动作。模仿在了解外界社会环境的过程中尤为重要，通过简单的模仿和聆听，婴幼儿就能掌握皮亚杰（Jean Piaget）所描述的“社会知识”，婴幼儿的动作、语言、行为和态度都是通过模仿他人获得发展的。

记忆

婴幼儿在出生时就存在一种“内隐记忆”，这种早期的记忆也叫躯体记忆或身体记忆。它完全基于人的感觉和情感，是对情绪、动作、感觉和知觉的记忆，不是我们通常所说的对事件、想法和自我经历的及时回忆，即“外显记忆”。外显记忆在1.5岁产生，因为那时婴幼儿已经会说话了，能表现出记忆事件或回忆故事的能力。内隐记忆是非言语的，是把它作为一种感觉来回忆，而非作为一个故事来叙述，比如婴幼儿3个月认识母亲就完全是一种内隐记忆。内隐记忆在婴幼儿与照护者建立依恋关系中发挥着重要作用，他用内隐记忆记住父母照护他的点点滴滴，既记住父母的恩情，同时也能记住父母的欠缺，以后他会一一偿还的。父母亲自养育的孩子都和父母有着亲密的亲子关系，而父母没有养育的孩子就不是那么亲近父母，甚至亲子关系非常紧张，这是两种记忆协同的结果。

问题解决

问题解决是指期望实现某个目标，同时弄清楚如何实现这个目标的过程。对于婴幼儿来说，问题是以多种方式呈现的，例如，怎样才能够到看见的玩具？怎样让家人来抱抱我？怎样能爬到高处？怎样搭一座高楼？每种情况都呈现一个有待解决的问题。随着婴幼儿的发展，他们能逐渐解决越来越复杂的问题，不同的时期，婴幼儿解决问题的办法也不一样。

婴幼儿建构三种类型知识

婴幼儿在与人、物的互动中积极地建构三种类型的知识。

物理知识

当婴幼儿在与人、物互动并体验其形状、颜色、气味和声音这些物理属性时就建构了物理知识。

婴幼儿通过与周围环境互动，建构了大量关于人和物的物理特征的信息，即物理知识，包括物体的形状、颜色、密度、重量、质地、声音、气味和味道等。所有这些物理知识都是事物本身的特性，是可以被看到、感觉到、听到或闻到的。有了物理知识，婴幼儿就能感觉到物体是软的还是硬的，看到物体是红色的还是其他颜色的。

逻辑数理知识

当婴幼儿与人、物互动，并将其置于关系中（如大小、顺序、数量或模式）时，便建构了逻辑数理知识。当婴幼儿感知事物本身颜色、形状、轻重等这些物理特性后，添加相同或不同颜色、形状或重量的材料时，他们会联系起来。若发现它们颜色、形状、轻重一样时，他们就建构了一种关于同一性的知识；若发现它们颜色、形状、轻重不一样时，就建构了一种关于差异性的知识，这些都属于逻辑数理知识。逻辑数理知识存在于人们的头脑中，而非物质世界中。当6个月左右的婴幼儿将物品从一只手传入另一只手中，再接递给的另一个物品时就建构了关于数量的关系，经过传手他就可以得到“两个”物品，从而建构了“两个”的数量概念。“两个”不是婴幼儿看到或感觉到的东西，而是在他们头脑中感知到比1个多的东西。这里不仅体现了数量关系的建构，同时也体现了因果关系，因为我没扔掉，我传手了，所以我得到了“两个”物品。数字和因果都是一种心理关系，是逻辑数理知识的一种体现。

在简单的游戏中，通过日常把玩物体，婴幼儿收集关于人和物的物理特性的信息。添加材料后，婴幼儿通过感知和辨别相同、差异或数量，他们在头脑中便建构了逻辑数理知识。婴幼儿运用他们越来越多的物理知识，来建构不断丰富的逻辑数理知识体系。

社会知识

婴幼儿建构的第三种知识是社会知识，是人类发明的名称和文化习

惯。它的独特性在于，婴幼儿不是通过对物质世界的积极操作来建构社会知识的，而是当与周围的人互动并向他们学习时获得了社会知识。社会知识作为知识的一种，可以被认为是从他人那里所获得的信息，当他们聆听别人讲话或观察别人的行为时就获得了社会知识。社会知识包括行为准则和文化习惯，由于语言和文化背景的不同而发生变化。

社会知识还包括可接受的行为方式和礼仪，这主要是由家庭成员传递的，由于各个家庭不同，婴幼儿在行为、语言、社会角色、价值观和礼仪等方面都有很大的差异，这与父母的影响和婴幼儿的经历有很大的关系。

【案例展示】搭高楼　轩轩从玩具筐里拿出一个小球和一个小纸盒，他把小纸盒放到皮球上，一放纸盒就掉了下来，他拿起再放上去还是掉了下来。他又将小球放到小盒子上，皮球就咕噜地滚下来了，他将球拿过来再放上去，小球还是滚下来了。他又从筐子里拿了一个大纸盒往小纸盒上一放。啊！成功啦！妈妈拍着手说："宝宝真厉害，宝宝搭了一座高楼！"轩轩兴奋地看了看妈妈，也鼓起掌来。轩轩推倒又搭了几次。最后妈妈说："宝宝今天玩了小球、小纸盒、大纸盒3个玩具。"又用手一边指一边数："1、2、3，宝宝今天玩了3个玩具，还用两个纸盒搭了一座高楼，宝宝真是太能干了！"说完把轩轩抱到了头前，用头顶住轩轩的肚子，两人都咯咯笑了起来。

【自我反思1】在游戏中建构了哪些知识？轩轩在玩小球和纸盒的游戏过程中，建构了哪些物理知识？又建构了哪些逻辑数理知识呢？在这个游戏中，他还获得了哪些社会知识？

【自我反思2】怎样帮助婴幼儿建构这三种知识？在学习和了解这三种不同的知识后，我们不仅要知道这三种知识是什么，还要明确我们该怎样帮助婴幼儿建构物理知识和数理逻辑知识，又该怎样帮助婴幼儿建构社会知识。

父母在引导婴幼儿探索数学、科学这些物理知识、逻辑数理知识时，一定要提供所需的材料，创设相应的环境，吸引和支持婴幼儿进行自我探索、自我建构。在教婴幼儿学习语言、礼仪、良好习惯这些社会知识时，父母可以通过对话、朗读、歌唱及实际行为进行榜样示范和正面影响来使宝宝获得社会知识。

婴幼儿学习的三种环境

马圭尔-方教授明确表示，就婴幼儿建构和获取知识而言，不能将婴幼儿的课程理解为旨在传授技能和概念。为了符合我们对婴幼儿学习方式的理解，课程的定义必须是广义的，包括引发婴幼儿建构和获取知识的许多方式。如今，婴幼儿照护领域正在发生一场课程观念的革命，最重要的课程组成部分不再是教案和上课，而是对学习环境和经验的规划。就婴幼儿保教工作而言，广义的课程包括三个部分——在游戏环境中给婴幼儿提供材料、照护常规的设计以及与婴幼儿进行对话和互动，父母也应如此。

游戏空间

游戏空间是第一种学习环境，游戏是婴幼儿建构周围世界知识的关键方式。课程计划的一个重要方面是教师、父母如何深思熟虑地、有计划地设计游戏空间。精心设计的游戏环境为婴幼儿概念的发展提供了巨大的可能性。游戏空间中便于取用的玩具、材料使得婴幼儿可以用它们建构大小、数字、类型和顺序等各种概念知识。

【案例展示】三只熊的游戏　妈妈给莹莹讲了《三只熊》的故事后，在矮柜上放置了大中小不同的3只熊；将大、中、小不同的3个碗、3个小盘和3个勺子放在矮柜上的餐盘里，大、中、小不同

的苹果和香蕉各3个放在水果盘里，大、中、小不同的3个纸盒上铺上毛巾当床，还有大中小不同的3双手套、3双袜子和3双鞋子放在了地上的筐子里。两岁半的莹莹看到后很是欣喜，第一天，她将3只熊抱过来给他们吃水果，只见她将苹果按照大中小一一对应送给3只熊吃，一会儿又将香蕉大中小一一对应送给小熊一家吃。第二天，她又将3只小熊放到桌子前，给他们按大中小一一对应摆好盘、碗、勺请他们吃饭。第三天，她又抱小熊按大中小一一对应放到床上，给他们穿袜子、穿鞋和戴手套，这些玩具足足让莹莹玩了好长一段时间。

一段时间以来，莹莹在她喜欢的游戏情境中建构了类型、大小、数字和顺序的关系，这是如何做到的呢？

首先要投放适宜婴幼儿操作的材料。听过《三只熊》的故事后，妈妈为莹莹提供了与之对应的丰富材料。一是莹莹可以按照故事的情节去操作，二是莹莹可以发挥自己的想象进行探索操作，但无论怎样，这些材料都能够让莹莹进行分类、分辨大小、对应等各种操作，以建立类型、大小、顺序、数量等逻辑数理概念。

其次是创设开放的游戏环境。将投放的材料放在低矮的柜子上，或放在便于取放的盒子、盘子或筐子里。这样既可以让宝宝便于拿取，还能帮助宝宝学会收纳，玩完后放到原来的位置。

最后是支持宝宝进行自主游戏。面对丰富的材料，宝宝会自己选择喜欢的或需要的材料去探索。比如他在给小熊吃水果时，先给小熊吃苹果，后给小熊吃香蕉，这样就实现了对水果的分类；又按大中小进行一一对应，这样就发现了大小之间的逻辑关系。婴幼儿就是运用丰富的材料自我探索各种概念和知识的。

教师和父母要精心选择游戏空间的材料，并以吸引婴幼儿注意的方式组织材料，使这些材料容易被婴幼儿发现和使用。

参与性照护常规

照护常规是为婴幼儿提供的第二种学习环境。婴幼儿喜欢成为照护活动的积极参与者，随时准备使用他们的新技能和想法。父母将照护常规看作是婴幼儿学习的第二环境，将照护活动看作是促使婴幼儿学习成长的机会，鼓励婴幼儿积极参与吃饭、换尿布、如厕、穿衣和洗手这些照护常规活动，表现出与朋友交谈时的尊重和礼貌。父母利用日常生活可让婴幼儿在有意义的情景下倾听、预测事件的发生顺序以及使用新技能和想法。

【案例展示】穿衣服　早上，1岁左右的钱钱睡醒后，妈妈和他玩儿了一会儿。妈妈说："钱钱，我们马上就要起床吃饭了，我们来穿衣服，你准备好了吗？"当钱钱起身坐起来的时候，妈妈说："钱钱真快，你告诉妈妈，我准备好了。"妈妈两手撑开上衣说："看大山洞，你用头来钻山洞吧。"钱钱伸头钻进了衣服。"头的大火车钻出山洞了，钱钱真厉害！再用手来钻小山洞吧。"钱钱伸出一只手，妈妈扶住钱钱的一只胳膊往衣袖里插。"看！手的小火车也钻出了长长的山洞。再让另一只小手也来钻山洞吧。"钱钱又伸出另一只手，妈妈同样扶住钱钱的胳膊往衣袖里插。"这只手的小火车也钻出长长的山洞！来，站起来拉一拉。"钱钱连忙撅起屁股爬起来，妈妈边拉边说："钱钱太棒了，钱钱的上衣穿好了。现在我们要穿裤子啦，这里也有两条长长的大山洞，先让一只脚来钻山洞吧。"钱钱抬起一条腿，妈妈撑开裤腰，帮助钱钱往里插。"呜——脚的小火车也钻出了山洞。再钻另一只脚吧。"钱钱又抬起另一只脚慢慢插进裤子。"呜——这只小火车也钻出山洞了！站好，把裤子往上提一提，

钱钱的裤子也穿好了，钱钱太能干了！”

【自我反思】作为穿衣服的积极参与者，钱钱在参与穿衣服的过程中学到了什么呢？建构了什么知识？在有意义的情景下学到了什么？妈妈是如何支持他的学习的？

妈妈能够尊重、礼貌、客气地对待钱钱，运用有趣的游戏引导钱钱主动配合穿衣，在穿衣的过程中，钱钱建构了先后、大小、长长的、一只又一只等数理逻辑知识，在倾听中学习理解词语，预测事件发生的顺序和配合穿衣的技能。

对话和讲故事

对话和讲故事是为婴幼儿提供的第三种学习环境。婴幼儿从父母那里学会了行为、语言、文化习惯和行为规范。婴幼儿通过对话、歌曲和故事学会了语言，其中大部分来自吃饭、换尿布、游戏和入睡准备时的每日交流。

通过讲故事和对话，成人传播社会知识的另一个重要组成部分——社会习俗、信仰和期望行为。婴幼儿通过听故事、读书、观看动画片和绘本获得了共同认知，从而理解社会中的人。

婴幼儿的学习贯穿于生活之中，发生在作为学习环境的游戏空间和婴幼儿参与的常规活动之中，也发生在有意义的对话和互动之中。婴幼儿作为丰富信息的收集者、组织者和传递者，作为世界意义的主动建构者，他们的学习是随时随地发生的，是每时每刻进行的，他们的学习包括三种方式：

——在游戏环境中自我建构知识；

——在日常照护中学习使用技能和想法；

——在与成人对话和互动中学习社会行为准则、文化习惯、价值感及礼仪等社会知识。

【自我反思】对于望子成龙、望女成凤、时刻期望自己的宝贝获得更好发展的父母来说，该如何支持自己宝贝的学习呢？

六、了解养育，增强责任

陪伴的质量代替不了陪伴的数量，有的父母不在场，很多现象都不知道，又怎样能支持和引领宝宝学习呢？所以父母一定要亲自养育照护自己的宝宝。

美国神经科学家和精神病学家布鲁斯·佩里（Bruce D.Perry）说："童年经历……创造了人，童年经历可以造就……灵活的、负责的、有同情心的、有创造力的成人……或者冲动的、咄咄逼人的、冷酷的、有反社会倾向的个体……我们必须意识到童年不是一个被动的时期，事实上它是个体一生发展中最关键的时期，因而也是社会生活中最关键的时期。"

在0—3岁的关键时期，在婴幼儿一日生活的学习中，父母起到什么作用呢？童年是个体主动建构的过程，父母不仅要为婴幼儿的学习创设支持的游戏学习环境，还要为婴幼儿成长提供各方面、各种形式的支持和帮助！

父母是婴幼儿学习环境的创建者、游戏活动的关注者、学习建构的支持者、成功上进的激励者、精神心灵的滋养者、行为品格的示范者！

2022年1月1日施行的《中华人民共和国家庭教育促进法》明确规定："父母或者其他监护人应当树立家庭是第一课堂、家长是第一任老师的责任意识，承担对未成年人实施家庭教育的主体责任。"

18岁以前你不管，18岁以后还是来找你麻烦。

孩子的成长只有一次，教育更无法撤回重来。

所以在0—3岁奠定一生根基的关键时期，父母一定要加强对婴幼儿

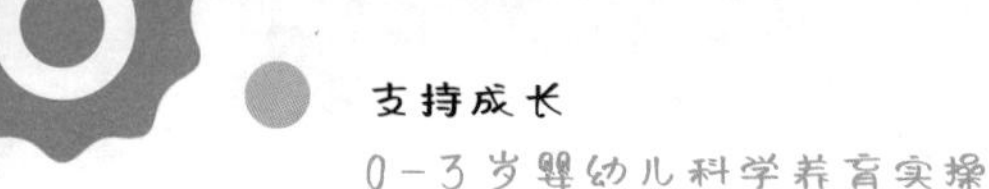

的科学养育，为婴幼儿的成长提供足够的支持！

七、了解目标，有的放矢

美国早教专家伯顿·L.怀特（Burton L.White）在《从出生到3岁》一书中说："在大多数情况下帮助一个儿童发展较高的智力和语言表达能力是非常简单的。而另一方面，要帮助一个儿童在社会能力方面得到良好的发展，并且使之成为一个生活愉快的孩子，却要困难得多。"尽管如此，我们还是想通过自己的努力使自己的宝贝能够成为生活愉快的宝宝，因为追求愉快幸福是每个人的终极目标。因此要力争使我们的宝贝成长为身体健壮、头脑聪颖、能说会道、活泼愉快、全面发展的宝宝。具体目标如下：

▶ 让婴幼儿感到爱和关心

在每个婴幼儿出生后的头两年，他们都需要至少一个人，最好是母亲，在他们饥饿的时候给他们食物，在他们哭闹的时候给予哄抱安慰，在他们大小便不舒服的时候及时更换，用充满爱和关怀的回应性方式养育照护宝宝，使他们感受到关爱，建立基本的信任感、安全感，形成良好的亲子依恋关系，这是婴幼儿获得良好情感和个性发展的前提和基础。父母还要了解婴幼儿心理发展的过程和阶段，关注婴幼儿心理发展的状况和特点，正确解读婴幼儿的心理及行为，恰当回应和尽量满足婴幼儿的生理和心理需要，顺应支持婴幼儿的成长。

▶ 支持婴幼儿的能力得到应有的发展

刚出生的新生儿是那样的无助，几乎所有人类的能力都不具备，只能进行几种孤立的反射行为。大概从1.5个月起，婴幼儿应对外部世界的能力开始增强，在1.5—3.5个月时，他们将孤立的、互不关联的反射行为发展成为相互协调的动作，之后他们的发展速度逐渐加快，到第8个

月时，他们就获得了很多控制自己身体的能力。

如果父母能够了解婴幼儿各种能力发展的状况，以及如何为婴幼儿提供发展这些能力的机会，就能支持婴幼儿的各种能力得到应有的发展，并且这些能力的获得还能增加婴幼儿对外部世界的兴趣。

养育是一个过程，始于婴幼儿出生，涉及婴幼儿早期发展的各个方面，要从身心发展、运动、认知、语言、社会性发展5大方面支持婴幼儿的5大能力得到应有的发展。

身心发展

身心发展是婴幼儿健康成长的重要方面，包括身体发育和心理健康。父母要密切关注婴幼儿身体发育的状况，定期测量婴幼儿的身高体重，及时了解婴幼儿身体发育是否在正常的区间范围，以便发现婴幼儿身体发育出现的一些问题，及早进行干预和治疗。

心理健康主要是指让婴幼儿学会健康和安全地生活。在养育照护婴幼儿的过程中，父母的行为能够为他们提供一个有关健康、安全和自我照料的榜样，父母要和婴幼儿建立亲子依恋关系，让他们感受到生活在平静、有安全感和信任感的环境。在给婴幼儿喂养、进餐、换尿布、睡觉、穿衣等与婴幼儿的身体亲密接触的照料中，父母不仅示范了做法，还示范了良好的个人生活习惯，为培养婴幼儿独立性和健康心理打下良好的基础。

运动能力发展

在身体发育的同时，婴幼儿的精细动作和粗大动作也在发展，我们将其称为运动能力发展。运动能力发展是指婴幼儿不断改善小肌肉运动（精细动作）和大肌肉运动（粗大动作）能力，越来越能协调、平衡和控制自己的身体。

感觉统合运动促进运动能力的发展。婴幼儿一出生就试图通过感官

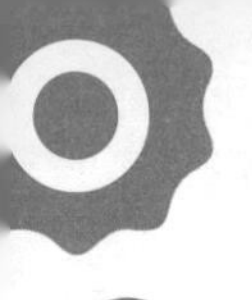

和活动感知世界。婴幼儿的感觉系统即视觉、听觉、嗅觉、味觉、触觉和本体觉（身体在空间中的感觉）与大脑中控制大小肌肉生长和发育的系统是整合发展的。随着感官的发展，婴幼儿把他们的身体作为探索和理解世界的一种方式，因此，就有了感知运动的统合发展。通过感觉统合运动，婴幼儿的肌肉控制、协调能力以及平衡能力都得到了发展，这些能力是大脑和身体协调发展的基础。

0—3岁是感觉统合的形成期，3—6岁是最佳矫正期，6—13岁是弥补期，所以说0—3岁是发展感统的关键时期。怎样使“感觉”更好地“统合”呢？这其实与运动分不开，可以通过一些刺激感官的游戏和运动促进婴幼儿感觉统合能力的发展。父母要学习如何对儿童的感觉体验和运动需求做出反应，这就需要父母了解婴幼儿的大肌肉动作和精细动作的发展进程及特点，并根据其运动发展的特点，提供玩具和材料支持其进行探索及游戏，以促进婴幼儿运动能力的发展，增强婴幼儿身体的协调性、控制性和平衡感。

精细动作技能与身体的小肌肉有关，如手指、脚趾和嘴唇，粗大动作则与大肌肉有关，如手臂和腿。在动作系统的发展中，它们有各自的发展规律。

大肌肉遵循从头到脚的“头尾发展”规律，就是肌肉系统的成熟和组织遵循着从头到脚的发展方向，首先发展出控制颈部肌肉的能力，婴幼儿首先学会的是抬头；其次是肩部肌肉向上推的能力，然后是躯干肌肉的成熟，需要进行翻身，所以婴幼儿发展的第二个大动作是学会翻身；接下来是臀部的肌肉能力，所以接下来学会的是坐；再接下来腿部肌肉能力，就要学习扶站；最后是脚部肌肉，就是学会走路，这些都是婴幼儿大动作所遵循的“头尾规律”。

精细动作的发展遵循从内到外的“近远发展”规律。肌肉首先在身

0—3岁 系统全面成长法 实施操作框架

发展时期	成长阶段 / 名称	大动作	精细动作	认知发展	语言发展		社会性发展	阶段测评
					语言学习	阅读识字		
基础之基 第一时期（0—8个月）	第1阶段 （0—1.5个月） 面对面对视	俯趴抬头	握持撑掌	物理知识	多样输入	黑白挂图 激发视觉	母亲照护 回应抚抱 全心关爱 回应安抚 竖抱走看 呵痒玩耍 摇晃游戏 防止宠坏	第1阶段 自测评估 （107页）
	第2阶段 （1.5—3.5个月） 面对面互动	趴抬翻蹬	三动协调	因果关系	对话模式	黑红挂图 耳濡目染		第2阶段 自测评估 （108页）
	第3阶段 （3.5—5.5个月） 身体游戏	趴翻够匍	拍握握传	初步分类	对应认物	指看图片 习惯养成		第3阶段 自测评估 （109页）
	第4阶段 （5.5—8个月） 吸引注意	转滚坐爬	给抠摁捏	逻辑数理	对应理解	看图指认 情景识字		第4阶段 自测评估 （110页）
快速起航 第二时期（8—14个月）	第5阶段 （8—10个月） 共同注意	宁爬勿走 爬爬进阶 登高攀爬 三级连爬 拉站扶走 自然行走 骑滑板车 玩沙滩球	充分探索 尝试实验 创设情境 解决问题 拿捏物品 把玩操作 手眼协调 头脑聪慧	空间 因果 分类	我说你做	指出物品 生活感受	多方影响 言传身教 轻松交流 把握好度 敏感观察 有效回应 限制护	第5阶段 自测评估 （179页）
	第6阶段 （10—12个月） 指向表达			排序 平衡 数学	先认后说	指认命名 对应识字		第6阶段 自测评估 （180页）
	第7阶段 （12—14个月） 社交参照			自发分类 认色积木 多种探索	又认又说	多样看书 游戏识		第7阶段

<table>
<tr><td rowspan="4">第三时期（14—24个月）
小儿初成</td><td>第8阶段
（14—17个月）
自我意识</td><td rowspan="4">多多走路
多样行走
游戏学跑
走走跑跑
拉手扶栏
上下楼梯
支持帮助
学骑车辆</td><td rowspan="4">动手操作
各种玩具
学习自理
穿脱鞋衣
帮助收拾
房间玩具
早日探玩
聪明神器</td><td>扩展分类
认色排序
谈论数学</td><td>说单词句
接押韵字</td><td>指认图片
四个原则</td><td rowspan="4">远离限制
警告限制
贯入规则
树立权威
行为影响
正确关注
不宠不纵
60分父母</td><td>自测评估
（235页）</td></tr>
<tr><td>第9阶段
（17—20个月）
抗挫低谷</td><td>建构模式
进行表征
渗透数学</td><td>创双词句
接后半句</td><td>对话阅读
活动识字</td><td>第9阶段
自测评估
（236页）</td></tr>
<tr><td>第10阶段
（20—22个月）
助人合作</td><td>分类匹配
唱数许多
探索因果</td><td>说电报句
提第一字</td><td>交流情景
多种对应</td><td>第10阶段
自测评估
（237页）</td></tr>
<tr><td>第11阶段
（22—24个月）
停止试探</td><td>藏找物品
摸图形块
角色游戏</td><td>讲完整句
背诵整首</td><td>看玩绘本
资源识字</td><td>第11阶段
自测评估
（238页）</td></tr>
<tr><td rowspan="4">第四时期（24—36个月）
日臻完善</td><td>第12阶段
（24—27个月）
理性思考</td><td rowspan="4">活动身体
走路奔跑
骑行车辆
运动玩球
蹦蹦跳跳
练习平衡
探索自然
保证运动</td><td rowspan="4">生活自理
穿脱衣服
洗脸刷牙
收拾家务
整理玩具
使用双手
画画穿珠
折纸剪纸</td><td rowspan="4">提供材料
多重分类
建构数量
唱数点数
认识数字
序数感数
空间多少
游戏建构</td><td>后扩
描述
记忆</td><td>互动阅读
理解内容
词组对应</td><td rowspan="4">多种形式
输入规则
榜样示范
提出要求
违反规则
传达设计
捍卫权威
游戏内化</td><td>第12阶段
自测评估
（301页）</td></tr>
<tr><td>第13阶段
（27—30个月）
同伴交往</td><td>前扩
表达
交流</td><td>看图对话
促发思维
类别识字</td><td>第13阶段
自测评估
（302页）</td></tr>
<tr><td>第14阶段
（30—33个月）
社会体验</td><td>前后扩展
回应
复合</td><td>提供线索
推理预测
阅读识字</td><td>第14阶段
自测评估
（303页）</td></tr>
<tr><td>第15阶段
（33—36个月）
创造想象</td><td>介绍
提升
激发</td><td>各种方法
养成习惯
广泛阅读</td><td>第15阶段
自测评估
（304页）</td></tr>
</table>

体核心内进行组织，然后逐步向外进行组织，通过胳膊和腿，接着是手和脚，最后是手指、脚趾。比如抓握，最初婴幼儿用整个手臂的运动来拍打物体，然后用整只手来够取物品，随着手指肌肉的发展，加上更多的练习，婴幼儿就可以熟练地使用拇指和食指捏取物体。

认知能力发展

认知是指人们获得知识或应用知识的过程，或叫信息加工的过程。这是人们最基本的心理过程，它包括感觉、知觉、记忆、思维、想象和语言。认知能力是指人脑加工、存储和提取信息的能力，即我们一般所讲的智力，如观察力、注意力、想象力、记忆力、思维力等。人们认识客观世界，获得各种各样的知识，主要依赖认知能力。认知发展是指婴幼儿在理解世界的过程中其智力上的发展，认知发展促使婴幼儿在成长的过程中不断获得新知识，并提高他们的思考能力和处理信息的效率和复杂程度。父母观察婴幼儿的行为并提供支持就能发展婴幼儿的认知能力。

语言能力发展

语言是人类交流的工具，两个人之间的交流，既涉及听，也涉及语言的使用，语言是社会能力发展的基础，也是思维的外壳，能促进智力尤其是思维的发展。婴幼儿3岁的时候基本上掌握了人类交流的语言，理解其在一生日常会话中将会用到的约70%词汇。所以0—3岁是婴幼儿语言发展的关键时期，父母要加强培养婴幼儿的语言能力。快乐阅读不仅是发展婴幼儿语言最好的方法，还能促进婴幼儿各种能力的发展，培养婴幼儿的阅读兴趣和阅读习惯；快乐识字能促进婴幼儿两种语言同时发展，使婴幼儿及早拥有内部语言，从小习惯于运用两种思维工具学习和思考问题，所以语言和快乐阅读识字一起，共同促进婴幼儿语言能力的发展。

社会能力发展

婴幼儿生下来就在寻找两样东西，一种是食物，另一种就是与人的接触。他们一出生就做好了社交的准备，热衷于与人交往，随时与他人进行同步的社会信息交流，对人们与他的交流高度敏感，通过社会交往，婴幼儿开始认识他人并在与他人的关系中认识自己。在生命的头三年，婴幼儿的社会性发展会有很大的变化，作为照护者的父母要对这些变化本能地做出回应，并随时调整自己的行为，以支持和促进婴幼儿的社会性发展。

怀特说："如果婴幼儿所处的环境使他有机会对刚刚出现的技能加以练习，他就会对环境产生浓厚的兴趣，也会变得更加活泼、敏捷、心情愉快。"所以父母要在每个阶段对婴幼儿生活学习的环境进行精心设计，创设符合婴幼儿年龄和能力的环境，使他每天的生活丰富多彩，并且有各种适合其兴趣与能力的活动可供选择，从而鼓励和支持婴幼儿对新的环境进行探索，使婴幼儿通过对新出现技能的练习，变得更加活泼、敏捷、心情愉快。

我们要想成功地实现养育目标，就需要详细而准确地了解婴幼儿心理和学习能力的特点以及相应的支持策略，促进婴幼儿身心健康、全面和谐地快乐成长！

八、母亲为本，家庭为根

在婴幼儿发育成长的过程中，有一个非常关键的人物和一个十分重要的环境，那就是母亲和家庭对婴幼儿的引导和影响。在教育上称为"母为本，家为根"，我们就来探讨一下这两个因素对婴幼儿成长的重要影响。

母亲为本

“母亲为本”是指在婴幼儿的生命成长中母亲是根本，起着至关重要的作用。那母亲在婴幼儿的生命成长中到底有着怎样的作用呢？

母亲是婴幼儿各种动作的目标。奥地利心理学家阿德勒（Alfred Adler）曾说：“从降生之日起，婴孩就想要把自己和母亲联系在一起，这是他各种动作的目标”。我们经常会看到婴幼儿转着脸看、大声地哭泣、伸手使劲地抓够、拼命地爬行都是为了寻找到母亲，他们想把自己和母亲连在一起，只要自己在母亲怀抱里，就无比满足和欣慰。大家也知道，如果宝宝哭闹了，谁都哄不好，只要母亲一抱，立马就没事了，这就是婴幼儿和母亲的紧密联系。

母亲是婴幼儿通往社会生活的第一座桥梁。阿德勒还说：“在最初几个月中，母亲在他的生命里扮演了重要的角色，他几乎完全依赖在他母亲身上。他合作的能力就是在这种情景下最先发展起来的。母亲是最先使他感兴趣的人，她是他通往社会生活的第一座桥梁，一个完全不能和母亲（或另外某一个代替母亲地位的人）发生联系的婴孩，必定会走向灭亡之途。”

虽然他说的这些话听起来有些耸人听闻，但实际情况确实如此。早年母亲养育照护的缺失，会使婴幼儿的心理从期待到失望、从失望到焦虑、再从焦虑到绝望，为婴幼儿以后发生心理问题埋下很大的隐患。一些焦虑、抑郁、自闭的孩子大多经历童年时期母亲早年养育陪伴方面的缺失。

母亲对孩子的意义深远。母亲和孩子的这种联系不仅非常密切，而且意义深远。例如某个婴幼儿的遗传基因是个子矮小，但通过母亲改善饮食、加强锻炼、注意睡眠，就有可能改变这个遗传倾向，长得个子高大。再比如婴幼儿的遗传倾向可能是少言寡语、性格内向，经过母亲创设

的丰富语言交流环境的影响，经常和孩子说笑蹦跳，婴幼儿就能变得能说会道、性格开朗活泼。反之假如婴幼儿缺少母亲的科学养育，还会丧失好的遗传基因。如有的高个子父母由于照护不周，孩子营养跟不上而变得个子矮小。有的孩子缺少父母的养育照护，就像无源之水，整个精神世界崩塌、眼神黯淡、精神空虚、心理焦虑，很容易产生各种心理问题。

母亲的角色无人能替代。这是2004年我工作23年的时候在教育工作中发现和领悟到的，并写了一篇同名论文发表在山东《幼教园地》上。我发现很多的知识女性忙于工作，把孩子交给年纪大、文化少的祖父母或保姆照护。孩子具有极大的模仿性和可塑性，谁照护孩子，孩子就模仿谁。毕竟年轻的父母在学识、思维、动作诸多方面都更胜一筹，父母照护引导对孩子的影响会更好一些。从教育的责任来看，父母是教育孩子的责任人，由于老人相对比较溺爱孩子、保姆不太敢管孩子，对孩子的规则和良好习惯的培养不利。父母对孩子既有关爱，也有要求和规则，只有父母才能尽到养育的责任，这样的角色是无人能够替代的！有个妈妈发现老人带孩子溺爱，换保姆带孩子限制，毅然辞去月薪3万的工作在家专心带娃，她说只有妈妈才能提供有高度、有温度、负责任的养育。如果有条件的话，建议母亲亲自带孩子，母亲在家教养孩子的价值和职场上取得的价值同样重要！

母亲的养育照护是一种精神的养料，能滋养孩子的心田，让孩子收获愉快心情和活泼开朗的性格。母亲从孩子出生就亲自照护，无条件地爱抚和呵护孩子，这是在孩子的心田播种爱的种子，今后会收获孩子爱的回报，孩子长大以后会爱父母、爱家人、爱社会。

▶ 家庭为根

家庭是婴幼儿生命成长的地方，作为一个积极学习、主动建构的个体，无论是家庭的环境还是家人的言行，都会影响婴幼儿的成长！

家庭是孩子的第一所学校。婴幼儿呱呱坠地就欣喜地来到了他的第一所学校——家庭，父母作为他的第一任老师就上岗了。无论父母是否意识到，自己的一言一行、一举一动每天都在影响着孩子，孩子成了父母的镜子，有什么样的父母就会有什么样的孩子，父母的言传身教就是孩子的人生课堂。

家庭环境、家庭氛围也在潜移默化地影响着孩子，而且父母在孩子的成长过程中扮演着非常重要的引导性角色，可以说孩子就是家庭的产物，不同的家庭造就了不同的孩子，孩子的性格人格、行为习惯都在家庭环境的影响和熏陶中形成了。孩子成长的第一次区分也是从家庭开始的，为什么都是上帝赐予的小天使，有的孩子3岁就成为一个活泼能干的小能人，而有的孩子却连话都表达不清楚，其实这都是因为家庭教育的不同而不同。

家庭是孩子生命成长的动力。小生命从诞生在家庭的那一刻起，在爸爸妈妈的抚育下，就在家庭里汲取着生命成长所需要的各种养分。一种是物质营养，它关乎婴幼儿的健康状况、身高体重及身体素质，这是婴幼儿生命成长的物质来源，所以每个父母要加强婴幼儿的物质营养，这个现在家庭都没有太大的问题。还有一种关键的营养是精神营养，要给婴幼儿提供充足的精神营养，对婴幼儿进行精神引领，实现婴幼儿的精神成长！

家庭是践行爱的道场。孩子一出生就受到全家人的关心呵护，享受着无微不至的关怀。在家里，成人关爱孩子，晚辈孝敬长辈，一家人相亲相爱、其乐融融，这个年幼的小生命在家庭里感受到了亲人的呵护、人情的温暖，就是这种爱护和温暖使孩子产生了亲情、安全感和信任感，产生了对世界的信任和美好的情感，在这践行爱的道场，婴幼儿也学着去关心别人，产生了爱心，形成了宽大的胸怀和热情开朗的性格。

家庭是身心滋养的圣地。在家里孩子获得了心灵成长的养分。弱小的生命在父母的怀抱里，在家里享受着天地之间最亲切、最真挚的爱，当孩子哭闹烦恼的时候，家人会哄抱逗引他开心；当孩子痛苦的时候，家人给他最大的安慰和激励；当孩子遇到困难的时候，家人会鼓励并帮助他解决；当孩子取得点滴进步的时候，家人又都对他大加肯定、表扬和鼓励……孩子受到任何的委屈、伤害，都能在家里找到慰藉和激励，家永远是孩子避风的港湾，身心滋养的圣地！

家庭是美好德行修炼的课堂。在家里，孩子感受到家人之间的相互关心、相互体贴，看到了家人的相互协调、相互配合，体悟到家人的辛勤付出和无私奉献，正是在家庭生活的锅碗盆勺交响曲中，孩子学会了关心爱护，学会了宽容谅解等美好的品德。

家庭是孩子能量的加油站。家是一个充满亲情的地方，家人的叮咛和问候，生活中的唠唠叨叨都能让婴幼儿感受到生活的幸福和温暖。婴幼儿在家里连接母亲的爱和父亲的力量，使自己变得心中有爱，身上有力！孩子会将家人给予的爱和激励化成向上的勇气和动力，使家成为能量的加油站，心灵启航的地方！

学习先进的早教理论和实施养育婴幼儿的实践是一个知行合一的过程。善于学习并将学习到的先进理念落地实操，才能指导自己的育儿实践。善于反思、不断调整和改进养育宝宝的方式方法，遇到问题想办法克服解决，不行的话就再次看书学习，就是这样一遍遍的学习、一次次的实践探索推动着父母的进步，也成就了宝宝的成长和发展！

虽然只有短短的三年，父母的学习实践不仅能够养育一个活泼可爱、聪明能干的小能人，还能为婴幼儿3—6岁乃至一生的发展奠定良好的基础。在滋根养育的头三年里，父母重视学习和身体力行，才不至于给宝宝和自己留下的遗憾！让我们一起携手努力！

生命之初

青年男女因为相爱走到一起结为夫妻，成为终生最亲密的伴侣，年轻夫妻因为爱恋才有了来之不易的爱情结晶——胚胎。妈妈卵巢有10万—21万个卵泡，每月排一个，一生最多能排500个。爸爸每次播种4亿—16亿个精子，在妈妈排卵的时候，只有跑得最快的精子才能进入卵子，你们说，这其中的概率是多少亿万之一呀！结合的胚胎成为了夫妻共同的血脉，这是多么的来之不易啊！

人生起跑线不是小学，不是幼儿园，而是精子和卵子结合的那一刹那。为了实现精子和卵子的完美结合，在怀孕之前夫妻双方都要开始做一些准备。孕前准妈妈要调整饮食，适当运动，增强抵抗能力；摄入叶酸，促进胎儿的神经发育，避免先天畸形；不能随意用药，以免影响胎儿发育。准爸爸要改掉不良的习惯，如吸烟、喝酒、喝咖啡等，避免降低精子的质量，造成胚胎发育不良。夫妻双方保证规律的生活作息和健康的饮食。夫妻孕前的心理准备也十分重要，俗话说：不打无准备之仗，如果夫妻殷切期望有个宝宝，这无疑为精子和卵子的结合创造了一个美好的环境，怀着渴望宝宝、想要宝宝的心理备孕，也一定能够心想事成，获得美好的爱情结晶！

一、得之不易共呵护

一个来之不易的生命开始在母体中孕育了，他不仅需要良好的生长

环境，摄入充足的养分，还需要父母的精心呵护，才能完成这个神秘生命的缔造过程！

▶ 保持愉快的情绪

在整个孕期孕妈都要以愉快的心情、乐观的情绪、温柔的母爱之心去孕育一个健康、活泼、聪明伶俐的生命。在怀孕初期可做一个B超，看一看自己孕育的小生命，这一刹那间就会点燃孕妈一生的母爱，不安的心情会平静下来。当孕妈因早孕反应心烦不安时，请告诉别人“我怀孕了”，寻求别人的理解和帮助。妊娠初期孕妈很容易发火，为了胎儿的健康，不论对什么人或遇到怎样不愉快的事情，尽量平静处之。俗话说：退一步，海阔天空；让三分，气和心平。孕妈要时刻想着为了腹中胎儿的健康发育，排除一切外来干扰，保持轻松愉快的精神状态。孕妈要尽量避免接触可能受刺激的事情如火灾、交通事故等，以免受到惊吓和刺激，发生流产、早产或其他异常情况。

孕妈还可以经常聆听旋律优美、轻松的乐曲，观赏一些赏心悦目的艺术佳作，适时到大自然中去欣赏风和日丽的春光秋色，游览百花争艳的园林景致，使自己心情愉快，情绪饱满，这些都有利于胎儿发育。

孕爸要时刻关心孕妈的生活，必要时提供一定的帮助，关注孕妈的心情，积极主动地和孕妈交流沟通，共同呵护腹中的胎儿。

到妊娠后期，尤其是6个月以后，可以给胎儿听60分贝（相当于我们平时大声交谈时的声音）的音乐，和胎儿说话或朗诵优美的儿歌、故事、散文等，尽管对于隔着三层皮（肚皮、子宫和胎盘）的胎儿是否能够听到还存有争议，但对调动孕妈的积极情绪和状态肯定是有帮助的。这些美好的情趣有利于调节情绪，陶冶情操，增进亲子互动。孕妈美好的情感会感染胎儿，对胎儿左右半脑的均衡发展和身体发育起着积极的推动作用，也会对胎儿的将来产生重大的影响。

保证充足的营养

孕妈在妊娠期间，体重会增加12千克左右，正常人一般每天需要消耗1500卡的能量，怀孕后由于胎儿、胎盘、乳腺等额外需要，每天热量需要增加到2700—3000卡，这些能量都需要孕妈的饮食来提供。孕妈要时刻意识到，在这特殊时期是一个人吃、两个人用，而且妊娠期间合理充足的营养直接影响到胎儿身体和大脑的发育。所以孕妈每天都要摄入大量营养丰富的食物，不要想着自己的身材和美貌，等完成这一伟大的历史使命再开始注意也不迟，同时也要注意饮食的一些禁忌，为胎儿的发育注入丰富全面均衡的营养。

钱志亮教授指出，胎儿大脑发育有三个关键期。

一是胎儿在妈妈肚子里3个月左右的时候，处于大脑形成期。这个时候需要大量的植物蛋白来保证大脑形成足够的原材料。这当中主要有两种酸，亚麻酸（ALA）和亚油酸（DHA），俗称脑白金和脑黄金。植物蛋白中含有大量的亚麻酸和亚油酸，当然动物蛋白中也有，比如蛋黄中就比较多。

二是妊娠6个月左右的时候，胎儿处于脑细胞分裂期，按规律能达到140亿个脑细胞。这时候需要补充大量的动物蛋白，使胎儿的脑细胞快速分裂达到目标数。

6个月以后，一般孕妈的妊娠反应已过，各种食物都可以吃了，孕妈要注意食物多样，荤素搭配，口味清淡，给宝宝提供全面多样均衡的营养。但是也不可矫枉过正，搞得营养过剩，导致体重过量。大多数医生都建议孕期体重增长9—13.5千克为宜，超过13.5千克胎儿智力反而会下降。因为母亲孕期增重的多少决定着胎儿出生时的体重，一般胎儿的智力会随着出生体重的增加而稳定地增长，但不宜超过4千克。

美国神经生物学家莉丝·埃利奥特（Lise Eliot）认为，怀孕4个月至

出生后2岁，婴幼儿的大脑对所摄取营养物质的质和量都格外敏感，如果这个时期营养不良，将会导致大脑偏小，神经元和突触的数量减少，树突变短、髓鞘化不完全，表现出明显的智力低下，语言发育迟缓，行为障碍，甚至是感觉–运动缺陷。所以孕妈的营养要均衡充足且不能过剩。

▶ 进行适当的运动

生命在于运动，运动能促进胎儿的生长发育。实践证明，凡是喜欢活动的孕妈，胎儿出生后动作能力，如翻身、坐立、爬行、走路都明显强于一般孩子。

日常的生活活动。怀孕后，只要没有特殊的反应和不适，孕妈就可以和正常人一样生活、学习和工作，不仅自己的生活起居和过去一样，而且同样可以做一些日常的家务劳动，比如买菜、做饭、洗衣、拖地，这些丰富的活动不仅能锻炼自己和胎儿，还会有丰富的感知和满满的收获感。

每天一起散步。怀孕之后，孕爸陪着孕妈一起散步是一件乐事，尤其到了怀孕中期，更应慢慢运动身体。悠闲散步中，孕妈可以静静地观赏身边的花草树木，心情自然随之开朗，这种愉快的心情也会感染胎儿。冬季上午十点至下午两三点的时候散步最佳，夏季则要选择早晨和傍晚进行。

抚摸触发胎动。父母经常抚摸胎儿，可以促进胎儿的大脑发育，激发胎儿运动的积极性。胎儿期活动能力强的婴儿要比活动能力差的婴儿，在出生六个月后动作发展更快些。抚摸时间从4—5个月胎动时开始，与胎动的时间一致。这时胎盘已经形成，胎儿在羊水中活动，不会受到任何伤害。最好在胎儿精神良好的时候进行，一般认为每天早晚，每次触摸的时间以5—10分钟为宜。具体做法是：孕妇躺在床上，身体尽量放松，在腹部松弛的情况下，由下到上抚摸腹部胎儿，还可用一个手指轻轻按下再抬起，胎儿受到抚摸后，过一会儿才以轻轻地蠕动做出反应，这种情况可继续抚摸。如果胎儿对抚摸的刺激不高兴，就会用力挣脱或者用蹬腿来反应，这时就要停止抚摸。孕爸可用手轻轻抚摸孕妈的腹部同宝宝说话，并告诉宝宝这是爸爸在抚摸，同孕妈交替进行。这样能使父亲更早地和尚未谋面的宝宝建立联系，加深全家人的感情。胎儿在晚上8—12点时精力最旺盛，是白天的两倍。因此，尽量在这个时间触摸并和他说话，给他读书。

妊娠后期进行遛胎。“遛胎”是钱志亮教授提出的专有名词。胎儿9个月左右的时候，处于神经发育协调期，也是胎儿大脑发育的第三个关键期，父母要进行“遛胎”。“怎么遛呢？很简单：走三步，停；走五步，停……突然停20秒左右。突然停，胎儿受惯性的影响向前有个撞击，一般都是撞到臀部和后背，撞过之后会使得皮下毛细血管破裂，导致皮下出血，其他东西都可以迅速吸收，唯独色素吸收不了，沉淀在皮下，所以孩子生下来臀部和后背会有青斑。青斑面积越大，说明孩子在妈妈肚子里前庭平衡、触觉和本体觉学习越充分，将来读书成绩好的可能性越大。”这下年轻的父母都知道婴儿生下来臀部和背部为什么都发青了吧，孕爸一定要陪着孕妈好好遛胎，而且还要边走边说“走走走，停，走走走，停”。这样边说边走像是在玩游戏，不仅非常有趣，还锻炼一家三口的身体，尤其是给胎儿提供丰富的触觉、本体觉和前庭平衡觉的训练。

▶ 养成良好的习惯

有句名言说：习惯决定性格，性格决定命运。可见一个人良好行为习惯的养成是多么的重要。一个人的行为习惯是什么时候养成的呢？如果我说一个人的某些行为习惯早在娘胎里就已基本形成，恐怕很多人有

些不相信。其实婴儿的某些生活习惯是在子宫内受到母亲的影响而潜移默化继承下来的，这是科学家和很多实践都证明的事实。如新生儿的睡眠类型是在怀孕后几个月内由母亲的睡眠类型决定的。早起的母亲所生的宝宝天生就有早起的习惯。孕妈如果每晚12点睡觉，生下的宝宝也是每晚12点才想睡觉。我同学的外孙女和我家外孙一样大，几个月的时候每晚都是12点才开始睡觉，全家人折腾得精疲力尽，据说她的女儿以前每晚都是12点多才睡觉，而我家外孙和我们大人一样每天早睡早起，快乐健壮，生活轻松有序。不喜欢吃蔬菜的孕妇当然会生出不喜欢吃蔬菜的宝宝，要想养育出喜欢吃蔬菜的宝宝，最重要的是孕妇在怀孕期间就要多吃蔬菜，若孕妇的蔬菜摄入量不够，胎儿就会缺锌，变得讨厌蔬菜，凡事以味觉为首，所有的感觉都会显得迟钝，如果情况严重，会出现自闭症。人的饮食中一定要有50%—70%的碳水化合物，如果孩子光吃肉、喝奶，不吃饭菜，会影响大脑发育，还会造成语言发育迟缓。孕妈有坚强的性格也会感染胎儿，使其和母亲一道战胜困难。孕妈的一言一行都会对胎儿产生潜移默化的影响，所以孕妈从怀孕时起就要从自身做起，养成规律的作息、良好的饮食习惯、稳定平和的情绪，才能孕育出各方面素质优良的宝宝。

二、美好意念共实现

意念是一种力，意念力是每个人都有的，孕妇同样可以运用这种力。我国自古就有“欲子美好，数视璧玉”之说，现在民间仍在流传。

孕妈要经常想象胎儿的美好状况，胎儿浮在羊水中安详活泼、自由自在的形象，一张惹人喜爱的漂亮模样，健壮完美的体魄，聪明伶俐的大脑……对胎儿进行各种积极的联想，这些意念力就会对胎儿的发育产生有益的“干预”，在腹中孕育健康聪明的宝宝。

坚定顺产信念

经过孕妈辛苦的10月怀胎，大约278天的时候宝宝就要出生了。宝宝的出生方式有两种，一种是自然生产，一种是剖宫产，其实剖宫产是抢救难产的孕妇及婴儿的，目的是降低孕产妇病死率和围产儿死亡率。全世界剖宫产率理论上在6%到8%。世界卫生组织也在积极控制，而近几年我国剖宫产率高达46%，部分地区甚至高达70%—80%，超过世界警戒线三至五倍之多。究其原因，一方面是因为现在的产妇害怕疼痛受罪就选择了剖宫产；还有纯属群体效应，看到亲戚朋友都是剖宫产，就紧随其后跟着也剖宫产。

其实大家不知道剖宫产给婴幼儿带来了种种危害，具体体现在以下几个方面：

①增加患“湿肺”的概率。由于宝宝直接从产妇的子宫中出来，未经产道挤压，有1/3的胎肺液不能排出，出生后有的不能自主呼吸，即患上所谓的“湿肺”，容易发生新生儿窒息、肺透明膜等并发症。

②容易患呼吸系统疾病。由于剖宫产出来的宝宝没有受到产道的挤压与刺激，因此其免疫系统与肺部发育在一定程度上受到影响，在后天成长的过程中，更容易出现呼吸道系统方面的疾病，比较常见的如小儿肺炎、哮喘等病症。临床研究表明，剖宫产的宝宝出现哮喘病的概率较顺产宝宝高出80%。

③容易患统合失调症。剖宫产是一种干预性的分娩。婴儿在非常短的时间内就被迅速取出了母体，完全失去了正常分娩应有的挤压体验，更没有获得必要的感觉刺激。使孩子失去了人生中第一次也是最重要的一次感觉统合学习，更容易出现感统失调。容易发生情绪敏感、注意力不集中、笨手笨脚等情况，将来动作不协调，用筷子、学跳绳、系鞋带较笨拙等。

④导致长大后学习困难。由于剖宫产造成宝宝的感流失调，会使宝宝脾气急躁，粗心，容易出现计算错误，阅读时总是跳行漏行、漏字添字，写字笔画颠倒、出格、大小不一等这样那样的问题。

⑤影响宝宝的安全和情绪。由于剖宫产后产妇的恢复比较慢，在短时间内不能与宝宝进行密切接触，也不能及时给宝宝喂奶，导致宝宝缺乏来自母体的安全感，也容易导致宝宝出现哭闹不安、情绪不佳的现象。

总之，剖宫产对母亲的精神和肉体都会造成创伤，还可能造成产后抑郁以及感染性疾病的发生。

在自然生产的过程中，子宫的收缩、胎盘的紧裹、产道的挤压，都会给宝宝提供丰富的触觉刺激，激活宝宝的脑细胞，使宝宝真正赢在人生的起跑线上。其实生育宝宝是每个怀孕母亲的自然功能，只要母亲坚定顺产的信念，有正常的饮食，孕间进行正常的运动，都能自然地分娩宝宝。

▶ 渴望母乳亲喂养

母乳是母亲送给宝宝最好的礼物。因为母乳是一种纯天然的全面均衡的优质营养素，最适合婴儿。母乳含有乳清蛋白和较小的脂肪球，易消化吸收；母乳中还含有免疫球蛋白，能增加婴儿抵抗力和减少过敏反应；母乳中乳糖含量较高，特别是牛磺酸的含量是牛奶的10倍，有利于婴儿的大脑发育和智力发展；最重要的是母乳能帮助宝宝早早获得精细动作和大运动技能，降低神经系统疾病的发病率；母乳喂养更能增进母子亲情。无论是身体上还是心理上，母乳喂养对宝宝都是最好的。

母乳喂养对母亲也有一系列的好处，能促使子宫收缩，减少产后出血，减少罹患乳腺癌、卵巢癌的几率，而且喂哺方便，省时、省事、省钱，是经济实惠又安全可靠的最佳营养物。看到母乳喂养对于宝宝和自己的诸多好处，作为母亲一定想送给宝宝这样一份最好的礼物吧！

宝宝早就做好了吃奶的准备。胎儿为了吃上妈妈的一口奶，在妈妈的肚子里就做好了准备。胎儿在9周大的时候就开始吞咽羊水，为吃奶做准备。13周大时开始吸吮自己的手指替代妈妈的乳头模拟吃奶。

吃奶是婴儿非常重要的一种主动的触觉学习。吃奶的时候，婴儿要用舌头把妈妈的乳头和乳晕全部裹住，这里的皮肤不像身体其他部位的皮肤那么光滑，婴儿含在嘴里其实并不舒服，但是为了吃饱不得不被动地接受，慢慢地他会主动地去接受这种触觉刺激。在喂奶的过程中，妈妈会有不断地抚触、拍打等动作，这些都会给婴儿提供丰富的触觉刺激，让婴儿产生依偎、依恋、信赖、安全、期待等一系列积极情感。妈妈喂的不仅仅是奶水，更重要的是情感，对婴儿将来的情绪、情感、社会性及人格都有很大的影响。因此婴儿出生后，妈妈要尽可能坚持母乳喂养，一定要注意给婴儿提供非常丰富的触觉刺激。

那么怎样才能有奶呢？

要有喂奶的信念。相信自己一定会有奶，因为无论是动物还是人类只要有生育就会有乳汁分泌。妈妈要经常心想一定要送给宝宝这样一份最好的礼物，一定要用自己甘甜的乳汁亲自喂养宝宝。大家都知道皮克马利翁效应吧，你渴望什么样子就会变成什么样子，只要你渴望自己有奶、想用自己的乳汁喂养宝宝，心想就能事成。

正常饮食。妈妈以五谷杂粮和蔬菜为主食，就能让宝宝吃到甘甜的乳汁。

尽早开奶。产后半小时到1小时就早吸吮、早开奶。家人要将宝宝抱给母亲喂奶，实际上是让宝宝吸吮乳头刺激乳汁分泌，每次20—30分钟。

坚持刺激。下奶因人而异，早晚不一，有的母亲一天就能下奶，有

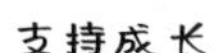

的母亲两三天方能下奶。家人和母亲一定要满怀信心，坚持不懈地进行吸吮刺激，如果没有特殊原因，最终都能有奶。

24小时和宝宝待在一起。宝宝和母亲依偎在一起能刺激乳汁分泌，帮助母亲尽早下奶。

不要轻易喂奶粉。即使母乳不够也不要轻易喂奶粉，而要反复刺激帮助母亲产奶。若必须喂奶粉，也要采取补授法，即每次喂奶前先喂宝宝母乳，不够再喂宝宝配方奶粉进行补充。

吃催奶食物进行催奶。母亲吃喝猪手黄豆汤、鲫鱼通草汤、米酒蛋花汤等催奶食物，可以增加乳汁的分泌。

注意营养、休息和情绪。母亲调节好情绪，多吃鱼汤、鸡汤、菌菇汤、菜汤之类的汤类食物，注意休息，保持积极向上的愉快情绪，相信自己有能力喂哺宝宝，每个母亲都会有奶水。

经过父母的共同准备和精心呵护，加上美好意念和共同行动，各位父母一定能够如愿以偿，自然生出健康、漂亮、聪明的优质宝宝。

第 3 章

第一时期

（0—8 个月）基础之基

0—8这短短8个月的成长，会为婴幼儿各方面的发展奠定重要基础，首先为婴幼儿情感的发展奠定重要的基础，其次，还是婴幼儿前动作发展、前语言理解的重要时期，会为婴幼儿大动作、精细动作及语言的发展奠定良好的基础。

亲子依恋关键时期，奠定情感发展的重要基础

0—8个月是婴幼儿形成情感依恋的关键时期。依恋是宝宝与最初的照护者形成的持久的感情联系，那个人通常是母亲。生命的最初阶段，婴幼儿是无能无助的，完全需要依赖照护人来满足自己的生理和心理需要。但他们能通过声音、表情、动作发出信号来表达他们的各种需求，母亲满腔地爱抚婴幼儿，敏感观察婴幼儿发出需求的种种信号，解读和准确判断婴幼儿的各种需求，根据婴幼儿的心理特点和发育水平给予积极恰当的回应，在这样的爱抚和回应性照护中，婴幼儿会用内隐记忆记住母亲的声音、气味和相貌，3.5个月之后认识母亲的现象出现，和母亲慢慢建立了亲子依恋关系。无论是谁，只要给婴幼儿提供持续的照护，能满足婴儿身体和情感上的需求，都会成为婴幼儿最初的依恋对象，婴幼儿可以同时与几个家庭成员形成依恋关系，只是他们更喜欢母亲。如果母亲亲自照护，她在这方面最有优势，父母对他来说是世界上最重要的人，因为他们不光养育保护他，还会教他一生都受用的交往和情感经验。

6—8个月时，重要的情感里程碑——依恋出现了。依恋是一项重要的认知发育，婴幼儿有了依恋就有了可以探索外部的安全港湾。依恋的产生是一个人情感发育的重要事件，与两个因素有关，一个是会移动身体，和父母分开才表现出依恋，会爬之前并不会有依恋的必要。第二个因素是与婴幼儿的记忆恒常性有关，即不在眼前的物体在记忆中持续的时间，只有当他记住的人和物看不见了才会产生依恋。依恋是婴幼儿的安全感、信任感、自尊、智力以及社交能力的最初来源。通过这种神奇而亲密的关系，婴幼儿学会了辨别自己的感情以及体会他人的感情，还会产生被爱和被接纳的感觉，并开始学会依恋和共情。这种亲子依恋是情感最初的起点，当他这种情感得到满足，他就信任人、信任这个世界，就具有了良好的情感，并能在母亲的扩展下产生亲情、友情。如果婴幼儿早年没有形成这种情感依恋关系，就会潜藏很多心理问题，到成年可能会出现焦虑、紧张甚至抑郁的问题。依恋关系实际上还是人性的核心问题，如果在婴幼儿成长过程中没有得到真正的爱，他也不会爱别人，更不会爱这个世界。所以无论婴幼儿是丑是俊、是强壮还是瘦弱，是聪颖还是愚钝，父母都要全然地接纳，全心地关爱，细心地呵护，肯花时间亲自回应照护，才能为婴幼儿一生的情感发展奠定最根本的基础。

前动作发展时期，奠定大动作发展的基础

0—8个月是婴幼儿学会大动作最多的时期。父母若能了解婴幼儿大动作发展的规律，创设相应的环境，提供练习的机会，帮助婴幼儿练习掌握各项新技能，就能促进婴幼儿的大动作按照“三翻、六坐、七滚、八爬”的进程发展，不仅能使婴幼儿在第二时期很快地学会站立、扶走、攀爬和走路，还能使婴幼儿很快地学会跑步、跳跃、攀登这些基本动作。假如父母不了解第一时期婴幼儿大动作发展的进程，没有支持和

帮助婴幼儿发展大动作的意识，不能给婴幼儿提供相应的环境及练习的机会，婴幼儿的各种大动作可能会因得不到练习而跟不上发展的进程，该翻的时候不会翻，该爬的时候不会爬，从而影响婴幼儿大动作的发展甚至身体的健康。

前语言理解时期，奠定语言理解和说话的基础

婴幼儿虽然出生后不会说也听不懂，但是他能用近似于成人的听力，每天通过倾听成人的语言交流，吸收大量的语言，还用他那特殊的大脑结构分辨语音、语调和语言的结构，进行语言理解，他试图发音、发声和与成人进行交流，在成人语言和物品、动作、图片的对应中渐渐理解语言的意义。如婴幼儿4个月时就能通过父母的声音并结合父母的表情理解“不”的意思，五六个月时就会有肢体语言出现，如问“妈妈呢？”他会转头看向妈妈。经过0—8个月的交流学习，到了8个月婴幼儿就具备了真正的语言理解能力，为学习说话做好了准备。婴幼儿语言的发展具有很大的个体差异，有的婴幼儿八九个月就能开口说话，而有的婴幼儿要到十八九个月甚至2岁才开口说话，这不仅源于遗传因素，更重要的来自0—8个月父母是否为婴幼儿创设丰富的语言环境，进行有效的语言支持。0—8个月婴幼儿的前语言理解做得好，语言理解就早，说话也会又早又好。

一、第一时期——阶段划分来施策

将第一时期进行细致的划分，可以帮助父母了解和把握第一时期婴幼儿快速发展变化的特点和有效支持的方法，以使父母能够从容面对婴幼儿的成长变化，有针对性地养育照护。

第1阶段　面对面对视

0—1.5个月

婴幼儿特点及表现

新生儿从出生起就做好了与他人交往的准备，出生仅仅几天后就明显表现出对人脸图案的喜好，眼神交流是他们与人交流中最有效的一种方式，所以新生儿特别喜欢看和自己交流的人的脸；对人的声音也很敏感，会对成人本能的用来和他交流的那种特殊语言格外敏感，同时能分辨出父母的声音；新生儿还会很快喜欢上他的照护者的特征，被自己妈妈的脸、声音甚至气味所吸引。新生儿最令人惊叹的社交能力之一就是模仿他人面部活动和表情的能力，他们有的能模仿父母张嘴、伸舌头和皱眉。

回应性支持策略

1.面对面对视。当宝宝安静清醒眼睛看向父母时，这就是父母和宝宝进行面对面对视的最佳机会。一旦宝宝处于这种状态，父母要处于宝宝视线的中心，让他清楚地看到自己，然后和宝宝问好说话，同时用夸张的面部表情和微笑，来肯定和鼓励宝宝的交流。

2.做出各种面部表情和动作。父母面对宝宝要做出各种面部表情和动作，以逗引宝宝进行模仿。

3.进行各种形式的身体抚触。每次温柔地抱着宝宝喂奶，宝宝哭闹时抱着他哄逗，宝宝清醒时抱着他踱步观察交流，并根据宝宝的状态和给出的信号调整自己的动作，让宝宝感到舒适和快乐。

进入第2阶段的重大行为标志

1. 俯趴时两手撑掌，头能抬起离开平面并保持几秒钟。

2. 双手半握拳，高高举起，将拳头放入口中吸吮。

3. 看、听、闻、抓周围的人和物，探索物理知识。

4. 喜欢看和听人说话，别人和他说话时眼睛看着对方专注地听。

【温馨提示】进入下一阶段的重大行为标志，是指宝宝在这一阶段必须完成的目标。宝宝只有达到这些目标，出现这些重大行为标志时，才算真正地进入了下一阶段。否则可能宝宝的月龄进入了下一阶段，而应有的能力没有达到，发展就滞后了，就不是真正地进入到下一阶段。需要说明的是，书中每一阶段的测试内容都是宝宝本阶段需要达成的目标，也是进入到下一阶段的行为标志，不过重大行为标志更为重要和关键，父母尽量支持宝宝达标。

第2阶段　面对面互动　1.5—3.5个月

婴幼儿特点及表现

大约在2—4个月期间，婴幼儿在社交中越发积极，保持安静和清醒的时间也越来越长。他会主动地寻求目光接触，凝视父母面部的时间增加，而且他的笑容也表现出明显的社交性，不再像以前那样空洞地看着父母，而会更加专注。他还会用动作回应父母的问候，会逐渐在对父母凝视后微笑、发声、做手势，以及做出符合发声要求的嘴型和舌型等前语言行为。

随着婴幼儿在面对面互动中兴趣和表达能力的提高，父母也应更加积极地支持婴幼儿的社交活动。

【案例展示】9周时天天和妈妈面对着面，天天看着妈妈，当妈妈专注地看着她时，她的舌头有时候动来动去，手和手臂也会做出一些动作。当她伸出舌头时，妈妈夸张地模仿她伸舌头的动作，天天又开始活跃起来。当天天把嘴巴张得大大的时，妈妈也学着她把嘴巴张得大大的并发出声音，就好像告诉她什么似的。

如果父母时刻关注宝宝，并根据宝宝的表情和动作调整行为，宝宝就能够和父母进行持续的目光交流，而且表现出多种交流方式，包括主

动做出各种舌头和嘴巴的动作，还会发出笑声。

在这种面对面的互动中，父母的回应尤其是对宝宝表情的模仿和夸张的“镜映”行为，看似微不足道，但却对宝宝的发育和发展起到了重要的推动作用。

【案例展示】14周时天天在和爸爸的面对面互动中，爸爸把一个红色的小球拿到她面前，爸爸轻轻摇动红球以引起她的注意，她的目光立即看向红球，并聚精会神地盯着红球看，这时爸爸左右移动小球，她的目光跟着红球移动，手也朝它伸去。爸爸把红球递给她，她的表情变得生动起来，活动嘴巴和爸爸进行互动，手也伸着去够红球。

回应性支持策略

1.注视宝宝的脸进行面对面互动。在宝宝清醒时或吃奶时进行面对面互动，父母的眼睛要看着宝宝的脸，和他进行微笑、说话等交流互动，而且父母的目光只有在宝宝转移视线后，才能从宝宝的脸上移开。

2.通过夸张的表情肯定宝宝的表现。父母通过特殊的表情明确对宝宝的某些行为表示强调和肯定，比如当宝宝眼睛看向你并向你微笑时，你的眼睛立即看向他，并咧开嘴巴报以更开心的微笑：“哈哈，宝宝好开心哟！妈妈也很开心！”妈妈用这些方法来肯定宝宝主动交流、微笑。

3.通过加强版模仿，让宝宝体会到自己行为的意义。当宝宝做一个动作时，父母以更夸张的模仿动作进行回应，显示出父母赋予宝宝的行为以高兴的意义和自豪的感觉。父母要用这种加强版的模仿让宝宝体会到自己行为的意义，使宝宝持续参与和享受交流。

4.进行真正的双向交流沟通。父母应该为宝宝提供足够的机会和宝宝进行面对面的互动。这些互动大多是一些非言语性的，如时而用手

势、面部表情、姿势以及发出喜悦的声音进行交流互动、互相微笑、表达爱意等。在这个过程中，可以相互观察彼此的脸，当他呜呜叫时你也呜呜叫，当他微笑时你也微笑，还有就是要和宝宝进行说话，就像和一个真正的谈话对象那样，并给对方留出足够的表达空间，再予以回答，以这种自说自答式的回应和宝宝进行一种真正的双向交流。这些早期语言交流能够帮助宝宝获得语言和沟通能力的发展，帮助他识别他人的情绪，同时因为父母把他作为互动伙伴，会让他们产生自我价值感。

进入第3阶段的重大行为标志

1.发出咯咯的笑声，表现出欢快的情绪。

2.对照护人做出特殊的表情，也就是能够认识照护他的人了。

3.俯卧时用肘撑起半胸，将头抬起90度达15—30秒或更长的时间。

4.身体转向一侧，翻身90度。

第3阶段　身体游戏　3.5—5.5个月

婴幼儿特点及表现

在三四个月大的时候，婴幼儿的视力有了显著提高，之前只能看清楚20—30厘米远的物体，而现在的视力大约和成人差不多。到4.5个月的时候，婴幼儿的伸手抓物能力也会显著提高，同时，不再像以前那样喜欢和父母保持长时间的目光接触，而更喜欢四处看，或专注于触手可及的物品或盯住远处吸引他注意力的东西。相应地，父母也要转换方式来适应这种变化，发展出一些身体游戏。

这个阶段的游戏通常需要一个主题或关注点——有时候是一个玩具或一个物品，甚至是把一些动作变成有趣的“对象”，也可能是用咂舌这样程式化的声音或拉腕、挠痒痒的动作来让婴幼儿开心。这时的游戏大多是身体游戏，比如用悦耳的韵律“蹬小车”或者是边念边做动作的儿歌《小手找小脚》等，这些游戏通常还包括父母在婴幼儿身上做的一些可预料动作，然后在高潮时结束游戏，对游戏结束的时机婴幼儿逐渐能够预料。比如玩“拉腕坐起”时，当拉着婴幼儿的手腕坐起后，他会头往后仰很舒服地躺下去。

现在婴幼儿和父母之间的交流已经从单独分享感受和体验的“面对面互动”发展到需要加入各种关注点或主题的“身体游戏”。

回应性支持策略

在第3阶段，父母顺应宝宝的需求进行活动，或根据宝宝的发育水平玩一些他喜欢的身体游戏。

1.玩手眼协调的游戏。添置婴儿架等触手可及的物品，让宝宝看玩或拍打、抓够上面吊挂的玩具。

2.支持他看想看的物品。当宝宝盯住远处吸引他注意力的东西时，将其抱往该处或将物品拿来，给他看和介绍。

3.和他一起玩身体游戏。宝宝仰卧时，两手轻轻托住宝宝的手腕，随着优美的旋律上下起伏玩“飞呀飞”的身体游戏，或轻轻抓住宝宝的脚腕，在优美旋律的伴奏下，双手轮流轻轻推动宝宝的小脚玩“蹬小车”的游戏。还可以拉住宝宝的手腕玩“拉腕坐起”的游戏。5个月大时，可和宝宝玩“挠痒痒”的游戏，父母边说“挠痒痒，挠痒痒，我来挠挠头的痒”，边用手轻轻去挠宝宝的头部，宝宝会兴奋不已，有时还会笑出声来。父母可灵活地替换不同的身体部位，在愉快的身体游戏中还能帮助宝宝认识身体部位呢。

进入第4阶段的重大行为标志

1.会和父母围绕一个物品或动作玩身体游戏。

2.会仰翻俯和俯翻仰180度。

3.用手拍打、抓够视野内的物体。

4.发出“mamama”“dadada”的连续音节。

第4阶段　吸引注意

5.5—8个月

婴幼儿特点及表现

5个月的婴幼儿开始会表达自己的需求。想要某个玩具时可能会将身体朝父母倾斜，专注地盯着父母并努力地发出“哼哼”声，那么父母就会明白这些信号并拿给他。这个阶段婴幼儿还不会直接看着他人，并向其主动发出信号让别人帮助自己拿到玩具。

6个月末婴幼儿会故意啼哭以吸引成人的注意。婴幼儿在满5.5个月之前是因为不适而啼哭，6个月末婴幼儿的哭就有了目的——是为了吸引别人的注意。婴幼儿从和父母数百次互动中朦朦胧胧地学到一些经验，不舒服时啼哭，就能引来家人的安抚，从而学会用哭声把成人吸引到自己身边来，以便被抱起来爱抚，这是有目的地啼哭，婴幼儿开始把啼哭作为获得关注和陪伴的一种手段，是婴幼儿社会性发展良好的标志。

七八个月时婴幼儿让自己成为他人关注的焦点。七八个月时婴幼儿还会发展出其他的行为，来帮助他形成将自己成为他人关注焦点的认知。6—7个月婴幼儿开始掌握自己的小把戏，并以日渐复杂的方式来协调自己的社交活动。开始时他可能是无意的，如婴幼儿无意识地点头或伸舌头，可能会得到父母的评价或者回应，于是婴幼儿会开始有意识地利用这些行为博得家人的夸奖。成人也教他或逗他表演一些小把戏，如成人一说“小嘴呢？”宝宝立即将嘴巴噘起来，一说“眼睛呢？”他立马将眼睛眨了眨，来吸引成人的注意和赞赏，惹得大家哄堂大笑。大约8个月大的时候，婴幼儿还能利用显摆甚至搞笑的行为来吸引他人的注意，获得他人的赞许欣赏，博得他人的笑声和掌声。

回应性支持策略

1. 促发有意啼哭。从两三个月开始就注意宝宝的细小发声，并积极进行回应，不仅能促使宝宝积极发音，还能促使宝宝尽早出现有意啼哭。

2. 关注有意啼哭。6.5个月左右密切关注宝宝的有意啼哭，这是智力正常的表现，有意啼哭出现越早，表明宝宝的智力发育越好。

3. 防止有意啼哭。七八个月时，父母要注意宝宝有目的啼哭增加的频率，防止有意啼哭。始终关注宝宝，并给宝宝安排各种有趣的活动，比如抱起来在家里或是到外面走走看看，让他观察不同的人和地方；和他一起玩各种游戏；提供一些可以啃咬玩耍的玩具和物品让宝宝去探索物体的特性；提供运动轨迹的玩具让宝宝去探索因果关系，练习手眼协调；把他放在地板上，并提供各种他喜欢的玩具去玩去够，练习双臂和躯干的能力。关键是不要等到宝宝寂寞无聊时才和他互动，就可以防止宝宝的故意啼哭。

4. 引逗宝宝表现。密切关注宝宝，细心发现宝宝的一些小把戏，或结合认识身体部位有意教会宝宝一些噘嘴、眨眼的小把戏，多逗宝宝进行表现，对于宝宝的表现及成就大加夸奖和赞赏，培养最初的成就感。

进入第5阶段的重大行为标志

1. 对陌生人有躲避行为。

2. 手膝着地四肢协调地爬行。

3. 击打、抛扔、填充物体，探索因果及空间关系。

4. 认识一些人和物品，理解一些语言，用手势动作表示一些语言。

二、第一时期——应有能力得发展

我们不仅要了解和把握婴幼儿第一时期4个阶段的发展特点和支持策略，还要了解婴幼儿第一时期内每个阶段5大能力的发展特点和支持策略，支持婴幼儿5大能力在每一阶段都得到应有的发展。

社会性发展——建一生情感基础

0—8个月婴幼儿会在母亲的养育照护中产生安全感、信任感，同时建立亲子依恋关系，学会交往的技巧，学到一些良好的社会感觉和与别人平等合作的能力，为婴幼儿一生的发展奠定良好的情感基础，对婴幼儿童年乃至一生的发展都至关重要，为凸显社会性发展在第一时期的重要性，特将其提到首位来讨论。

情感发展特点

在母亲的怀抱中学习交往技巧。一方面母亲是婴幼儿活动的目标，是他通向社会生活的第一座桥梁，他的交往技巧就是在母亲的怀抱里学会的。阿德勒说："所谓母亲的技巧，我们指的是她和孩子合作的能力，以及她使孩子和她合作的能力。这种能力是无法用教条来传授的，每天都会产生新的情境。其中有千万点都需要她应用她对孩子的领悟和了解。母亲只有真正对孩子有兴趣，一心一意要赢取他的情感，并保护他的利益时才会有这种技巧。"爱孩子是母亲技巧的来源，是教会孩子合作能力的根本，孩子的交往技巧就是在母亲爱的怀抱中学会的。另一方面，孩子只有和母亲在一起，才能感到安全和开心，才能全身心地投入探索和玩耍，潜能才能够得以发挥。没有母亲照护的婴幼儿一直处在等待、焦虑和绝望状态，怎能去安心玩耍探索发展潜能呢？

在母亲的扩展中学习关爱他人。阿德勒说："在她使孩子和她自己成功地联系在一起以后，她的第二个工作是把孩子的兴趣扩展到他父亲身上。然而，假如她自己对这位父亲缺乏兴趣，这项工作就几乎不可能完成。以后，她还要使孩子的兴趣转向环绕着他的社会生活，转向家里其他的孩子、转向朋友、亲戚和平常的人类。因此，她的工作是双重的：她必须给予孩子一个可信赖人物的最初经验，然后她必须准备将这种信任和友谊扩展开，直到包括整个人类社会为止。"母亲要将孩子的

爱从自己身上扩展到父亲、家人和亲戚朋友及平常的人类身上，这样，孩子才会爱父母、爱家人、爱平常的人类，成为具有大爱之心的人。假如母亲只考虑她和孩子的联系，难免要宠坏他们，会使他们很难发展出独立性以及和别人合作的能力。

如果母亲只专心使孩子对她自己有兴趣而不去扩展孩子的兴趣，孩子就无法对别人感兴趣，一个被母亲束缚在自己身边的孩子，麻烦就开始发生了。他会想尽办法把妈妈拖在身边，占据她的思想，并使她关心自己，他可能变得软弱、撒娇以博取同情；他可能动不动就哭泣或得病，以表示他是多么需要被照顾；他也可能时常动怒、不服从母亲或和她争执，以赢得注意。这样的孩子自私、狭隘、不独立，这都是母亲没有扩展孩子的兴趣造成的，母亲一定要做好孩子的兴趣、信任和友谊的扩展工作，发展孩子的良好情感。

在父母的养育中奠定情感基础。在家庭生活中，父亲的地位和母亲的地位同等重要，父亲的作用是晚些时候发生的。孩子是通过母亲的扩展和影响才得以对父亲感兴趣，否则孩子社会感觉的发展和情感上都会受到很大的阻挠。

阿德勒还说："作为父亲，他必须证明他自己对妻子、对孩子以及对社会都是一个好伙伴。"这里说的父亲是一个好伙伴，对妻子、对孩子、对社会友好，父亲有三项任务，一是要努力工作挣钱养家；二是要尊重妻子的母亲角色和在家庭生活中所占的创造性地位；三是父亲必须以平等的立场和妻子合作，照顾并保护他的家庭。父亲要以身作则地教孩子社会感觉和合作之道，和妻子一起养育照护孩子，促进孩子良好情感的发展。

在宝宝0—8个月时母亲要全职照护，父亲参与照护，使宝宝感受到父母的关爱。父母要敏感观察并及时而恰当地满足婴幼儿各种生理和心

理需求，形成良好的亲子依恋关系，建立基本的信任感、安全感，再扩展婴幼儿的兴趣、信任和信赖，发展孩子的潜能和良好的社会感觉，抓住婴幼儿情感最初的起点，为婴幼儿一生的发展奠定良好的情感基础。

第1阶段　母亲照护，回应抚抱　0—1.5个月

在宝宝出生后的头几周里，父母可以通过抚抱尽量缓解他不可避免的不舒服感，使他感受到爱和关心。

母亲固定抚养，给予安全感。最好从出生开始母亲就固定养育照护宝宝，注意观察宝宝的声音、表情和一举一动，给予及时恰当的回应，这种母亲固定的有求必应的养育照护方式，可以使宝宝产生安全感、信任感。

及时回应需求和啼哭。刚出生的宝宝是无助的，他们的各种需求和不适都只能用哭声或不安来表达，所以要尽可能迅速地对宝宝的啼哭给予回应，看看宝宝是否热了、冷了、饿了等，敏感发现宝宝的需求并给予满足，各种需求的满足能消除宝宝的不适感。婴幼儿也有可能身体方面有什么不适，父母应当养成检查的习惯，经常检查一下是否有什么原因造成婴幼儿的不安。如果找不到原因或持续不适，应寻求专业医务人员诊断。父母还可通过轻轻拍打、抱着摇晃、来回踱步、摇摆或晃动身体这些动作来安抚宝宝，不仅能使宝宝停止哭声，还能刺激前庭有益于宝宝的大脑发育。

经常搂抱抚摸，进行面对面对视。宝宝出生后，在所有的感觉中，最先发育的就是触觉，所以当宝宝被父母温柔搂抱和抚摸时，会感到安心、舒适、温暖、平静。因此平时多温情地抱着宝宝，和他进行问候式地面对面对视，也可托住他的头在屋里来回踱步，看看屋里的人和物品，还可通过做抚摸操，给宝宝带来快感和相应的语言刺激。

第2阶段　全心关爱，回应安抚　1.5—3.5个月

这一阶段的宝宝对身边的事情产生了一种真正的兴趣，因为他清醒的时间越来越多，也会越来越多露出笑容，8—10周的时候会频繁地崭露社会性微笑，到14周大时会经常微笑，这是孩子送给父母最好的礼物！

全心关爱，尽量安抚。在第一阶段为了让宝宝感受到爱和关心，需要做的是在他每次感到不适应的时候，尽力去安抚他。这种需求将在第二阶段延续，仍要全心关爱宝宝，对宝宝的哭闹及时回应，尽量排除宝宝身体不适的因素，进行哄抱安抚，尽力使宝宝保持良好的情绪和情感状态。

交流互动，观看人脸。对宝宝进行全方位的呵护和照顾，经常进行面对面的交流互动，给宝宝积极的关注和回应。这时宝宝喜欢看三样东西，人脸、人脸的图片和镜中的自己。父母可和宝宝经常进行面对面互动看清人脸，将自己制作的人脸图片挂在婴儿床的两边，宝宝睡醒时随时都可观看，还可将防摔镜挂在小床的两边或俯趴时放在他的前面让他观看镜中的自己。

第3阶段　竖抱走看，呵痒玩耍　3.5—5.5个月

第3阶段的宝宝情绪特别高涨，是一个快乐的令人喜爱的小人儿，宝宝还会表现出另外两种情绪变化，咯咯咯地笑出声来（4个月左右）和开始对挠痒有所反应，依然要满怀爱意和关心地爱抚宝宝。

对宝宝的不安尽最大努力去安抚。宝宝不安和哭闹的时候，要尽最大努力去哄抱安抚。如果安抚奶嘴能够起作用，不妨使用它，记住只能在其他方法都不能奏效时使用安抚奶嘴，千万不能让宝宝对它产生依赖，绝不能将安抚奶嘴作为安抚宝宝的万能工具，睡觉、外出和父母忙时都用安抚奶嘴，这样宝宝就缺少了亲情的陪伴、互动，是万万不

行的！

多竖起来抱着走走看看。一是因为将宝宝竖起来抱着时观察探索的范围扩大，看到的东西更多，二是4—5个月大的宝宝出现了正位反射（对直立的迫切需要），在30—60度的角度躺着的时候，他们会觉得不舒服，所以他们喜欢被竖抱起来四处看看，最好看到什么就告诉他这个物品的名称。

多和宝宝逗笑、挠痒和游戏。经常逗笑宝宝，使宝宝早日咯咯咯地笑出声来；经常挠痒，用手挠宝宝的腋窝和脖子，逗宝宝笑，让宝宝和家人互动，并拥有愉快的情绪情感。注意宝宝自己在看抓玩具、探索物品时不要打扰他，以免影响他的注意力。要多花些时间和宝宝一起玩各种身体游戏，激发宝宝的快乐情绪，多充满爱意地和宝宝说话，尤其是在谈论宝宝当下正在注意的东西时。

第4阶段　摇晃游戏，防止宠坏　5.5—8个月

与前面3个阶段一样，你也要确保此阶段的宝宝感受到你的关爱。这一阶段唯一的变化是由于宝宝的反应性有所提高，而且大部分时间都心情愉快，因此在与宝宝玩耍时会获得更多的乐趣。

爱玩摇摇晃晃游戏。宝宝出生后6—9个月处于摇晃游戏期。7个月之后就可以把宝宝抱起来让他在空中转来转去，或者是双手支撑着他的腋下让他的左右脚不断地在地面踢蹬。8个月的宝宝喜欢玩飞得高的游戏，喜欢爸爸将他举得老高并且一起游戏，但是，在游戏过程中要注意安全。这个时期如果和双亲的游戏不足，宝宝就会喜欢摆弄自己的脚，或者无所事事。由于人际关系不足，便会有自闭倾向。所以，父母一定要多和宝宝玩游戏，激发宝宝的快乐情绪。

防止宝宝被宠坏。5.5个月后，尤其是第6个月末，宝宝有时会因不适而啼哭，但有时会因寻求他人的陪伴而啼哭。此时宝宝开始将啼哭

作为获得关注和陪伴的一种手段。父母如果看到宝宝啼哭就去陪护，他的啼哭就会越来越频繁，久而久之就会把宝宝宠坏。在这个现象形成时父母介入越晚，就越难以使事情按照自己的意愿发展。如果你在宝宝清醒的大部分时间里能满足他的兴趣，他喜爱玩什么就给他玩什么，他就会忙于具有挑战性的有趣的活动，从而保持良好的情绪，不会出现过度需求性啼哭。妈妈要时刻关注宝宝的活动状态，时间长时或宝宝没有兴致时妈妈就及时介入和宝宝一起玩游戏，或抱着宝宝走走转转，说说看看，而不是等到宝宝哭闹了再来哄抱。

▶ 大动作发展——奠身体健康之基

这一时期婴幼儿大动作发展的速度惊人，可谓是“日新月异”。只要父母按照婴幼儿的身体发育特点给他提供练习和锻炼的机会，婴幼儿就能做到按照“三翻、六坐、七滚、八爬”的进程发展，到下个时期不仅能迅速学会走、跑、跳、攀等大动作，而且动作灵活、身体健壮，为一生的身体健康奠定基础！

但往往有很多婴幼儿不能按照这个进程发展，一方面是父母怕脏、爬摔、怕累着自己的心肝宝贝，对婴幼儿保护过多，没有给他们提供练习的环境和机会；另一方面是不得其法，婴幼儿翻身翻不动，爬行时手臂撑不起身体，这是为什么呢？主要是因为婴幼儿缺乏臂力和控制身体的能力。

关键动作助发展。实践发现，俯趴能锻炼婴幼儿的臂力和躯干的控制能力，只要婴幼儿多俯趴就会有足够的臂力和躯干控制能力，翻身和爬行都是水到渠成之事，因此俯趴是婴幼儿大动作发展的关键。

俯趴奠定了婴幼儿大动作发展的基石。宝宝出生后，传统的做法大都是让宝宝仰躺着睡在那里无所事事，耽误了大量的时间。俯趴颠覆了我们传统的育儿观念，使宝宝一下子从被动躺着的状态变成了主动的状

态。大家可以感受一下，俯趴时他的头要用力向上抬着，眼睛可以朝向四周看到外面广阔的世界，他的手趴脚蹬、肩背躯干用力挺着，全身都处在主动的运动状态，能够锻炼宝宝的臂力、蹬力和躯干控制能力，有了这些能力，宝宝就能轻而易举地翻身和爬行了。

《婴幼儿养育照护专家共识》指出："1岁以内的婴幼儿每天趴卧半小时，分几次进行。"要怎样进行俯趴呢？那就要根据婴幼儿身体发育的水平"段段俯趴，趴趴不同"。

提供各种感觉刺激和运动量。从婴幼儿出生之后半年内，你给他什么样的感觉刺激以及运动量，都会反映在婴幼儿往后的学习态度上，是否能培养出热爱学习且富有创造性的孩子，其基调就在这时确定了。要创设环境，提供材料，通过玩耍和游戏增加他们的感觉刺激和运动量，练习各种大动作，尤其是本时期的趴翻滚爬。

第1阶段　俯趴抬头　0—1.5个月

发展特点

刚出生的宝宝软弱无助，缺乏活动能力，是手脚和身体不能自由移动的时期，但新生儿天生就有感觉运动反射能力，俯趴在平面上，他的鼻子能主动让开，以避免闷住。经过练习，6周大的婴儿已经能够把头从所躺的平面上抬起一点并保持几秒钟，还能转动头部和用嘴衔住嘴边物体，还能越来越熟练地把拳头放进嘴里进行自我安慰。这一阶段婴幼儿更愿意趴着或仰面躺着。

大动作发展的第一步就是遵循"头尾发展"规律，首先发展出控制颈部肌肉的能力，所以各种抬头是本阶段的首要任务。

支持策略

1.俯趴抬头。出生2周宝宝学会听声转头后开始练习俯趴抬头，时间安排在喂奶前或两次喂奶中间。将宝宝放在床上俯趴，把他两个手掌撑

开放在床上，父母在前面叫他或用玩具逗引，使宝宝抬起眼睛看，宝宝的头会逐渐抬起，下巴开始离开床铺，同时撑开手掌。

第一阶段每天俯趴半小时，可分几次进行，每次几分钟，到1.5个月第一阶段结束时，宝宝俯趴时能够将头抬起，下巴可以抬离床面几厘米。

2.俯腹抬头。当宝宝空腹时（吃奶前），父母取仰卧位躺在床上，然后将宝宝自然地俯趴在自己的腹部，用双手在宝宝的背部按摩，跟宝宝说话，逗引宝宝抬头。

3.竖抱抬头。每次喂奶后将宝宝竖抱起来，使宝宝的头靠在父母的肩上，一手抱住宝宝的腰臀部，一手托住颈背部，让宝宝头部自然竖直片刻。每次喂奶后都进行这样的抬头练习，可促进宝宝颈部力量和抬头能力的发展，还能防止宝宝溢奶。还可以用这样的竖抱方式抱着宝宝在室内踱步，让宝宝看看室内的环境。

【温馨提示】始终给宝宝提供头部支撑。宝宝在第1阶段颈部柔软，不能直立，所以始终要给宝宝的头部提供支撑，仰着抱时用一只手托住宝宝的头颈部或将头部枕在父母的一个胳膊上，竖抱时用一只手在后边扶住宝宝的头颈部，一定不能让宝宝的头部没有支撑地歪倒。

第2阶段　趴抬翻蹬

1.5—3.5个月

发展特点

婴幼儿第2阶段的发育速度加快，6周大的宝宝俯卧时通常会努力地抬头，但只能抬几厘米，而到14周大的时候，就能把头轻松抬起90度并且能保持这个姿势10—20秒，向四周观望，还能把头自由地转动180度，而且胳膊和腿也比以前强壮多了，这时候，宝宝的肌肉也开始发育，所以这一阶段的宝宝变得更胖、更强壮。

支持策略

这一阶段要注意锻炼宝宝头部和身体的控制能力。

1.俯趴抬头。第2阶段继续让宝宝俯趴，锻炼宝宝的俯趴抬头能力。为增加宝宝俯趴的乐趣，父母可设法让宝宝趴在不同的地方，如可以让宝宝俯趴在地垫上、床上、肚子上，并用各种有趣的方法去吸引宝宝俯趴抬头。

让宝宝俯趴在床上或地垫上，父母手拿玩具或物品逗引宝宝向上抬头，或左右移动玩具逗引宝宝左右自由转头进行追视，还可在宝宝前面不远处放一面镜子，这样会使俯趴练习变得更加有趣。也可在宝宝俯趴时，将婴儿架放在他的前边逗引他抬头观看、伸手够拍玩具。

【俯趴游戏1】神奇的飞毯　在童毯的一角用宽一点的带子缀上一个“长鼻”，让宝宝对着这个“长鼻”趴在童毯上，父母拉动毯子向前走动，让宝宝“移动”起来。这个游戏帮助宝宝在毯子上俯趴抬头，看室内流动的风景，增加宝宝俯趴的乐趣。

【俯趴游戏2】飞翔的宝宝　当宝宝2个月有能力抬头后，就可以试着和他玩飞翔的游戏。父母仰卧让宝宝俯趴在自己的小腿上，用父母的双脚支撑住他的下半身，用双手托住他的上半身，双腿上下起伏，这种好似飞翔的感觉会惹得宝宝咯咯笑。

第2阶段，每天继续至少俯趴半小时练习抬头，同时进行侧睡侧翻，增强宝宝的臂力，到3.5个月第二阶段结束时，宝宝在俯趴时能够轻松将头抬起90度并保持10—20秒，还能左右自由转动180度和进行90度侧翻。

2.竖抱抬头。妈妈喂奶后继续练习竖抱抬头，一手托扶住宝宝头颈部，一手抱住宝宝腰背部，下巴靠在肩上，使宝宝处于竖直状态，再拍拍后背，妈妈边走边变换方向，让宝宝观看四周，并给宝宝讲述他能看

到的物品和景色，促使宝宝自己将头部抬起。

【抬头游戏】仰卧拉坐（1—5个月） 运用宝宝先天的运动反射神经进行仰卧拉坐，能提高宝宝的活动能力。方法是让宝宝仰卧，父母跪坐在宝宝脚头，父母先将双手食指从宝宝小拇指处插入他的手心，使宝宝握住父母的食指，再用大拇指和其他三指捏紧宝宝的手掌，再轻轻地将宝宝的身体拉成坐位（宝宝的头可能向后垂，不过没关系，练着练着宝宝的头就慢慢挺起来了），每天可练习2—3次，每次拉练几下。最好在喂奶中间或喂奶前进行。此项活动可锻炼宝宝的手指握力、臂力、腹背肌肉和颈部力量。

3. 90度侧翻。90度侧翻有比较容易的侧翻仰和侧翻俯，还有比较难一点的90度的仰翻侧。为了帮助宝宝感受到翻身的趣味，父母可和宝宝玩下面的翻身游戏。

【翻身游戏1】“包春卷” 准备一条童毯或儿童毛巾被，将宝宝横放在童毯的一端，用童毯将宝宝卷起，将头部露出，然后用两手拉起童毯的另一端，宝宝就咕噜咕噜地滚着散开了。反复进行这个游戏，可让宝宝体验翻身的感觉和趣味。

【翻身游戏2】“驴打滚” 准备一条童毯或儿童毛巾被，将宝宝横放在毛毯的一端，父母两人双手拉住童毯一端的两角交替往上抬起，靠近宝宝的一方双手将毯子往上一提，宝宝就咕噜咕噜地从毯子一端滚到毯子的另一端，然后另一方往上一提，宝宝就滚到了这端。这个游戏也能让宝宝体验翻身的感觉和乐趣。

多让宝宝自己躺在床上或地板上玩，父母可以利用玩具逗引宝宝学习各种侧翻，必要时再推一下臂膀，宝宝就能学会侧翻了。

【引逗翻身1】90度侧翻仰和侧翻俯 让宝宝侧睡，用玩具逗引

宝宝用手去够，然后慢慢向上向宝宝后背方向移动，吸引宝宝看和够，当宝宝的身体超过平衡支点时就自动翻成了仰卧。当玩具向下移动时，宝宝为够到玩具手和身体慢慢向下移动，再用手推一下宝宝的后背，宝宝就翻成了俯卧，将宝宝压在身体下的手抽出来放好，宝宝就能舒服地趴着玩了。

【引逗翻身2】90度仰翻侧　宝宝仰卧时，父母可以手拿玩具在宝宝的上方逗引宝宝用手去够，并向左或右侧移动，宝宝为够到玩具手和身体都会向左侧或右侧转动，父母再用手推一下他的臂膀，就能帮宝宝翻成90度侧卧。

4.双脚蹬踹。4个月左右，宝宝仰卧时腿能够抬离床面用脚蹬踹，如果他的双脚遇到了阻力，弯曲的双腿就会用力反复蹬踏。

【蹬踹游戏】将能蹬的响球或装有铃铛的塑料袋放到宝宝脚边，宝宝从开始无意识地踢蹬使小球发出响声，慢慢有意识地去蹬响小球。

第3阶段　趴翻够匍　3.5—5.5个月

发展特点

第3阶段婴幼儿的运动能力主要表现在对身体的控制，需要大量的练习才能学会控制自己的身体。父母要根据婴幼儿的能力和兴趣，安排丰富多彩的活动，不仅能让婴幼儿增强对身体的控制能力，还能感受到生活的乐趣和学习的热情。

支持策略

1.俯趴探玩。这一阶段继续引导宝宝练习俯趴，父母可让宝宝进行花样俯趴，在宝宝的前面准备好玩具，吸引宝宝俯趴撑肘去把玩，练习宝宝的臂力和身体控制能力，以帮助宝宝学习180度翻身、打转和匍爬。

【俯趴游戏3】感官瓶子　用几个大的透明饮料瓶分别装水和彩色纸片（或彩色塑料片、彩色绒球、彩色塑料鱼等），当宝宝俯趴着玩的时候，把感官瓶子轮换着放在他的前面，晃一晃瓶子吸引他的目光（水不能装得太满，要能保证彩色纸片在瓶子里可以漂浮起来），逗引他去看、用手去扒、够着把玩，这样不仅能刺激他的视觉、触觉，还能增强臂力，增加俯趴的趣味，延长俯趴的时间。

【俯趴游戏4】玩具够拿　宝宝俯趴时，在他的面前轮换放上他最喜欢的玩具或布书、卡片，逗引宝宝撑肘俯趴着伸手去够，以增强宝宝的臂力。

【拉坐游戏】拉腕坐起　每天边说“坐起”边拉宝宝坐起，然后边说“睡下”边将宝宝放下睡好。注意让宝宝自己慢慢用力，这样既可使宝宝的头颈伸直，锻炼抬头能力，又能增强宝宝的臂力。

2.翻身练习。宝宝在第3阶段获得的最主要的运动能力就是从仰卧到俯卧、再从俯卧到仰卧的翻身动作。从3个月开始在这10周的时间里，宝宝也很热衷于翻身练习。练习仰卧翻身180度变俯卧和俯卧翻身180度变仰卧，可先用翻身游戏来增加宝宝的体验和乐趣。

【翻身游戏3】“炸油条”　宝宝躺在床上或地板上当“油条”，父母边说“炸油条翻一翻，炸过这边炸那边”，边用手去来回扒动宝宝的身体，使宝宝的身体往两边来回翻滚180度，让宝宝体验翻身的乐趣和感受。

【引逗翻身1】180度仰翻俯　让宝宝仰卧在床上或垫子上，父母将宝宝的右腿放在左腿上交叉放好，然后手拿玩具在宝宝的左侧逗引其用右手去抓够玩具，当他的右手向左用劲去够玩具时，用

手在宝宝的右后臂膀处向前推一下，宝宝便向左翻成了俯卧。再将宝宝的左腿放在右腿的上面，用同样的方法练习向右翻成俯卧。

【引逗翻身2】180度俯翻仰　让宝宝俯卧在床上或垫子上，父母手拿玩具在宝宝头的左边或右边能看见处摇动玩具吸引宝宝的注意，然后慢慢向上方移动，这时宝宝的头和身体也会跟着玩具往上转动，为了拿到玩具他一使劲便翻成了仰卧。

每当获得一种新的运动技能时，宝宝都要进行不断地练习，要给宝宝提供尽量多的自由练习的机会。

【自主翻身】自由练习　在地板上放上各种小玩具，每天把宝宝放在地板上俯趴着玩，当他趴累的时候，当他想拿什么玩具的时候，都会努力练习控制自己的身体，练习各种探索翻身的动作。当看到宝宝怎么翻也翻不过来时，就用手轻轻推一下他的臂膀，他就能翻过来了。

3.手够脚。手够脚、嘴啃脚丫是宝宝最喜欢的活动，父母就运用一些有趣的游戏帮助宝宝达成他的心愿吧。

【身体游戏1】小手够小脚　父母边念前两句歌谣“小手够小脚，好像亲又抱”边拿着宝宝的手去拉住他的小脚；边说“你好！你好！小脚，你好！”边抖动他的小手向小脚问好，让他又亲又抱玩小脚。

【身体游戏2】啃啃脚　父母边念歌谣“小手板板，小腿弯弯，啃住脚丫，本领真大！”边拉住宝宝的手帮他去拉小脚丫，然后送到嘴上去啃小脚丫。最后说“宝宝真是太棒了，啃住了自己的小脚丫了”，和宝宝亲抱微笑。

【身体游戏3】“小脚真香”　5个月后宝宝可能又拉又啃小脚，

当宝宝的小手拉住小脚啃咬时，父母可以说“小嘴啃小脚，尝尝啥味道？啊！好香，好香！味道好香呀！”然后去挠宝宝的颈部、腋下，宝宝会咯咯大笑，增添无穷的乐趣。

4.匍匐前爬。匍匐前爬即匍爬，即肚子贴地，依靠手脚扒蹬身体向前窜行的一种爬行方式。匍爬既能锻炼宝宝四肢的力量，为真正的四肢协调爬行做准备，又能扩大宝宝的活动范围，帮助宝宝进行探索。宝宝学会180度翻身时或宝宝有向前窜行的意识时，父母就可引导宝宝进行匍爬了。

【匍爬方法1】示范爬行　父母和宝宝并排俯趴在地垫上，前面放一个宝宝最喜欢的玩具，父母很夸张地在宝宝旁边进行匍爬示范，并高兴地拿起玩具给宝宝看，邀请宝宝和自己一起匍爬。

【匍爬方法2】前逗后推　宝宝俯趴在地垫上，母亲在前面用玩具逗引宝宝向前扒够，父亲或其他人在后面推着宝宝的脚踝，让他用脚使劲蹬着往前匍爬，慢慢让宝宝体验到匍爬的乐趣和好处。

【匍爬方法3】自由练习　在垫子的四周放上宝宝喜欢的玩具，让宝宝俯趴在垫子中央，当他想要什么玩具时，他就会运用刚刚学习的匍爬技能，向前匍爬着去够玩具。

5. 360度打转。学会180度仰翻、俯翻的宝宝，除了引导他学习向前匍爬，同时还可以引导他学习360度打转，从而够到远处的玩具。

【打转游戏】逗引打转　宝宝俯趴时，父母在宝宝手的旁边用玩具逗引宝宝伸手去够，宝宝就会腹部着地，胳膊带动上身向玩具处打转去够，够到玩具后父母要大力表扬宝宝，然后再悄悄地继续向旁边移动玩具，宝宝为了够到玩具，身体就跟随着玩具的移动打转，以肚子为圆心，头和上身转过来用手够取玩具，随着父

母手拿玩具的移动，宝宝就能按顺时针或逆时针俯卧打转360度去够玩具。宝宝熟练掌握后，如果旁边有他喜欢的玩具，他就能用这种打转的方式够到玩具了。

第3阶段每天至少半小时的俯趴练习主要包括俯趴翻身、俯趴匍爬和俯趴打转，锻炼宝宝的臂力和身体控制能力。

6.学步车、弹跳椅增腿力。从4.5个月开始，宝宝就可以使用学步车和弹跳椅了，学步车既可以帮助宝宝移动身体，看到几个月以来一直都看不清楚的远处物体，满足好奇心和探索的愿望，又能帮助宝宝锻炼腿部力量。弹跳椅既能增加宝宝腿部的力量，又能使宝宝从中获得乐趣。

每天要让宝宝使用学步车和弹跳椅锻炼腿部力量，为学习爬行和站立做准备。要给宝宝使用设计精良的学步车和弹跳椅，坐的高度要能使宝宝的脚底感受到一些压力，赤脚进行，每次10—15分钟，两项活动每天累计玩1个小时，成人要时刻跟随保护，以免宝宝跌倒出现意外。

第4阶段　转滚坐爬　5.5—8个月

发展特点

婴幼儿的运动能力会在第四阶段得到很大的发展，而且每种新技能的获得都会令他和你感到由衷的开心和自豪。

这一阶段发展的主要能力有躯干控制和坐立的能力，这是你无需过问的，只要你让婴幼儿自由活动，他就能控制自己的身体，帮助婴幼儿早日学会爬行是父母这一阶段面临的最大挑战。

支持策略

1.匍匐前爬。宝宝学会翻身前后都可以开始学习匍爬，已经会的继续练习，没学习的开始学习。让宝宝俯趴在垫子上，父母用玩具在宝宝前面逗引，后面可以推着宝宝的小脚提供支撑，帮助宝宝向前匍爬。

2.俯趴打转。宝宝学会翻身之后还可以学习360度打转，没学会的要按照上一阶段介绍的方法继续练习。

匍爬和打转是5—6个月宝宝学会翻身后需要学习掌握的两个重要本领，可以让宝宝同时对它们进行体验和练习。宝宝俯趴在垫子上，当父母用玩具在宝宝的前面逗引时，宝宝就匍爬着去够玩具，当父母在宝宝的侧边逗引时，宝宝就需运用打转的方法去够取玩具，还能培养宝宝灵活解决问题能力呢！

3. 360度连续翻滚。在6个月左右宝宝学会打转之后，父母将玩具放在宝宝一侧的中间位置进行逗引，可以引逗宝宝翻身180度取到玩具；再将玩具放远一些，引导宝宝朝一个方向进行两个180度即360度翻身取到玩具；将玩具再放更远一些，引导宝宝进行360度连续翻滚取到远处的玩具。

【综合探索】地上铺设宽大的地垫，让宝宝俯趴在垫子中央，四周放上宝宝喜欢的各种好玩的玩具，宝宝若是想够到他前面的玩具，就要向前匍爬着去够，若是想够到旁边的玩具，就得用打转的方法去够，若是玩具在旁边很远的地方，他就要连续翻滚着去够，这不仅能练习宝宝的各种大动作，更能练习宝宝解决问题的能力。父母一定要为宝宝创设这样能够进行丰富探索的环境和机会，放手让宝宝在开放的环境中充分地进行探索和运动！

父母对待宝宝一定要乐于放手，“能趴不躺，能滚不抱，能抱不推（车）”，给宝宝提供自我探索和练习运动技能的最大机会。在带宝宝散步或到小区、商场游玩购物时，建议不用婴儿车推着宝宝，而提倡亲自抱着宝宝，不仅增加亲情和温暖，还有利于和宝宝说话交流、引导其看人看物。

4.能坐不坐提支撑。从5.5个月开始，大部分宝宝都会在往后2个月的时间里逐渐提高保持坐姿平衡的能力，但是他们还不能长时间地保持

竖直姿势，这种限制影响了宝宝在洗澡和玩小玩具时的乐趣，所以到了四五个月的时候，就需要给宝宝提供靠椅让宝宝进行靠坐。

给宝宝洗澡时，利用圆形座椅为宝宝提供支撑；当宝宝坐在地板上时，可用一个马掌形靠垫让宝宝靠坐；也可在宝宝后面放一个靠垫，防止宝宝向后跌倒摔着后脑勺，这个地方最怕摔着。等到第7个月的时候，大部分宝宝都可以坐得很稳了，但仍然要让宝宝进行各种形式的靠坐，直到满8个月后才能让宝宝独坐。

5.俯卧坐起。宝宝每次在趴过或玩腻之后，都会尝试着自己坐起来，只要你让宝宝能够自由地活动，他就会翻身、打转、连续翻滚和坐起，对这些新获得的技能加以练习，直到能够熟练掌握。开始你可以在宝宝想坐而坐不起来的时候拉他一把，随后他就可以自己坐起来了。

6.早日学会爬。宝宝在第4阶段出现的最重要的运动能力是移动自己身体的能力，这种能力预示着宝宝早期学习的重要时期的来临。

宝宝在翻身的基础上，五六个月或六七个月先学会匍爬，再用手膝支撑身体进行四肢协调爬行。重要的不是宝宝选择哪种方式爬行，而是大部分宝宝尽力想从一个地方移动到另一个地方这个想法。宝宝移动自己的部分原因在于他们希望对新获得的运动技能进行练习，更重要的原因是，他们在强烈的好奇心驱使下，希望亲自对几个月以来看到却无法接近的很多远处的东西进行探索。按照进程，宝宝会在7.5个月到8个月的时候学会爬行，但有的宝宝6个多月就学会了，大多宝宝到这一阶段结束时会拥有这种能力，关键看父母给宝宝提供的练习爬行的方法及参与爬行的机会。

6—8个月是宝宝学爬的重要时期。爬行能锻炼前庭平衡和手脚的协调能力，能有效地促进宝宝的肌肉发育，增强其运动的调节机能，发展感觉统合能力，还能满足宝宝强烈的好奇心，使他能够四处探索，学会

爬行之后他学习的机会将大大增加。

【温馨提示】一个较晚学会爬行甚至是不会爬行的孩子，可能会产生过度依赖、过度需求的性格。所以父母要努力让你的宝宝早日学会爬行。

【学爬方法1】示范学爬　让宝宝趴在地板上或地垫上学习爬行，成人趴在宝宝旁边，前面放一个宝宝非常喜欢的玩具，亲切地问："宝宝，你想要这个玩具吗？来我们往前爬，爬呀爬，就能拿到玩具拉！"边说边示范向前爬去。"啊，我拿到玩具啦！"妈妈回来说，"来，宝宝也来爬，宝宝也能拿到玩具。"然后妈妈用夸张的动作，手膝协调向前爬，宝宝在旁观看并模仿学习手膝协调向前爬。

【学爬方法2】逗引学爬　宝宝趴在床上或地垫上，在他前面放上他喜欢的东西，或手拿摇铃之类的玩具逗引着他往前爬，后面可以握着他的两脚脚踝交替推动着宝宝向前爬。

【学爬方法3】协助学爬　宝宝在开始俯趴学爬时，若双臂不知怎样支撑身体，肚子老是贴住地面，这时可以用围巾吊起宝宝的腹部从上面提着胸腹部，或弯腰用双手握住宝宝胸部，让宝宝的双腿跪在地面上，提着宝宝胸部向前爬行，最好前面再用玩具逗引，帮助宝宝体会手膝着地向前爬的感觉，学习手膝爬行。

【学爬方法4】自主学爬　让宝宝俯趴在垫子上，在他附近放置一些好玩的玩具，宝宝为拿到自己想要的玩具，就会自由地翻身、打转、翻滚、爬行，尤其是一碰就滚的小球，当宝宝一碰到球，球就向前滚，滚动的小球吸引宝宝的兴趣，他会爬着去追球。父母要放手，经常让宝宝趴在垫子上充分地探索、练习，宝宝为了够到想要的玩具自己也能学会爬行哟！

第4阶段每天至少半小时让宝宝俯趴在垫子上匍爬、打转、翻滚和手膝协调爬行。

7.学步车、弹跳椅增力添识。在第4阶段，宝宝继续对锻炼腿部肌肉饶有兴趣，设计精良的学步车和弹跳椅能够对宝宝练习腿部肌肉发挥功能。宝宝在坐学步车时，成人一定要跟随保护，以免碰撞到物体发生意外。到宝宝学会爬行时，自然就不用弹跳椅和学步车了。

每个父母都希望自己的宝宝能够早日学会爬行，但你们知道宝宝会爬的重要前提是什么吗？一是胳膊的臂力，宝宝只有具有臂力，才能支撑起胸部和身体，这要靠每天的俯趴、翻身、匍爬、打转、翻滚练习；二是腿部要有足够的力量来支撑身体和往前蹬爬，这要靠4.5个月至会爬之前每天进行1小时的弹跳椅和学步车的练习以增强腿部力量。只要胳膊和腿部有力量，宝宝就会爬行了。

【温馨提示】及时赞扬更欣喜！控制自己的身体并以适当的方式进行锻炼，宝宝会获得很大的乐趣，所以宝宝喜欢练习新技能，更喜欢看到父母对自己的这些行为所表现出来的欣喜。因此，宝宝正在练习或展示他的新技能时，父母要关注，更要大加赞扬！他就会对你露出微笑，然后做得更带劲。

消除隐患保平安。宝宝学会移动身体之后，父母把家庭布置一番是非常必要的。清洁剂和干燥剂置于高处别碰挨，易碎锋利物品收藏好，电源插座安上防护罩，放置不稳物品和楼梯、浴缸等都要做好防护。父母要采取各种防护措施来防止各种意外的发生，而不要指望你的宝宝出生后的头3年能够形成良好的安全意识，宝宝的安全必须由你负责。这样做有两个目的，一是让家庭成为一个可供宝宝进行探险的安全地方；第二，使家里的东西免遭宝宝的破坏。

精细动作发展——塑聪明智慧之源

当婴幼儿练习从一个地方移动到另一个地方时，他们也在组织小肌肉系统。儿童的智慧在他们的指尖上，所谓心灵手巧。为了使婴幼儿的头脑聪慧灵活，父母要从出生开始练习他们的小肌肉精细动作，使婴幼儿的手指灵活自如。

第1阶段　握持撑掌

0—1.5个月

发展特点

刚出生的婴幼儿五根手指还不能伸开，基本上呈半握拳状态，这一阶段主要是练习婴幼儿手指张开的能力。

支持策略

1.握持练习。父母要将自己的手指或小棒之类的玩具从宝宝小指的方向插入他的掌心，一开始他因反射而握住，每天练习，他就会运用自己的意志来握持。

2.俯趴撑掌。让宝宝俯趴在床或垫子上，将宝宝的手掌撑开，练习五指张开，这是精细动作最开始的练习。俯趴撑掌不仅能使宝宝撑开手掌刺激触觉，还能练习俯趴抬头。

第2阶段　三动协调

1.5—3.5个月

发展特点

新生儿孤立的、互不相关的反射行为在良好的刺激训练下，会在第2阶段发展成协调的动作，即眼手、眼耳和眼手口三大简单动作系统开始相互协调。

支持策略

1.眼手协调。可通过逗引宝宝注视小手、进行吊物逗拍和自由抓握等各种游戏，练习宝宝的手眼协调。

【眼手游戏1】注视小手　将宝宝的小手洗净露出，让宝宝去看

去玩、去啃自己的小手，还可给宝宝的手腕戴上带响的手镯或系上花手绢，促使宝宝观察手以及两手相互抓握。

【眼手游戏2】吊物逗拍　让宝宝仰卧，在宝宝上方手能够得着处吊一个小铃铛或玩具，开始父母可拿着宝宝的小手去拍打，使玩具前后摇晃，逗引宝宝去看去拍去够。最好使用婴儿床健身架或地板健身架进行，因为这是帮助宝宝练习手眼技能最好的玩具。

【温馨提示】2.5—5个月大的宝宝都喜欢这种健身架，但5个月以上的宝宝不适合使用（拉倒有缠绕风险）。要挑选一个能够方便悬挂玩具的健身架，上面还可挂上宝宝喜欢的其他玩具，逗引宝宝观看和用手击打。还可让宝宝靠坐在婴儿椅下或旁边的马掌椅上玩，宝宝不用克服重力就能活动他的胳膊和手。

【眼手游戏3】抓握探索　从这个阶段开始，要给他玩具并训练他张开手指去握住玩具的能力，也可准备一些容易抓握的布质玩偶、棉质小围巾、小篮子、小筐子、竹编的小杯子等有边缘又好抓握的物品，还包括各种有把手的小摇铃。宝宝躺着时，将这些玩具放在他触手可及的床边，趴着时放在宝宝前面的垫子上供他触摸、抓握、啃咬，也可在抱起宝宝时手拿着这些小玩具逗引宝宝去够去抓，探索物品的形状、质地，还可以拿到胸前观察、把玩和啃咬，促进宝宝手眼的动作协调。

【温馨提示】这时不宜给宝宝小球玩，会给宝宝带来抓握困难，因为小球圆溜溜的不易抓拿。

2.眼耳协调。眼耳协调，即是宝宝耳朵听到声音，眼睛就转到发出声音的方向，看看发生了什么。可以运用一些玩具和游戏对宝宝进行测试和练习。

【眼耳游戏1】视觉追踪练习　把一个直径约18厘米的彩色物品放在距宝宝眼睛30—46厘米远的地方，稍稍晃动，将宝宝的注意力吸引过来，然后左右缓慢移动，逗引宝宝进行追视，可先练习左右追视180度，再上下追视，最后再做360度环形追视。

【眼耳游戏2】观看移动的物品　引导宝宝观看在桌子上滚动的小球或移动的小汽车、小动物等。在距宝宝20—30厘米处用小的物品吸引宝宝观看，再缓慢移动物品逗引宝宝进行追视。

【眼耳游戏3】听看游戏　在距宝宝眼睛25—30厘米处摇动摇铃引起宝宝的注意，然后边摇边移动摇铃，吸引宝宝进行追视。

通过此种方法可以对宝宝进行听力测查，若发现宝宝对摇动的声音没有反应，就要带宝宝到医院儿科进行专门检查。

3.手眼口协调。手眼口协调就是当宝宝看到玩具时先用一只手去抓握，然后两手一起抓握、注视和把玩，再双手捧着玩具送到嘴里吸吮，最终实现三种行为的组合——手眼口协调。

【手眼口游戏】眼手口协调　宝宝仰卧，在他的手边放上手帕、布偶、摇铃、布球和其他容易抓握的干净物品或玩具，逗引宝宝自己用手去抓握物品，或者父母手拿玩具逗其抓握，支持他一只手抓够物品，拿到胸前再双手捧着玩具把玩啃咬。这时注意，为了能够让宝宝双手捧着物品啃咬，给宝宝的物品不宜太小。

专家试验表明，有丰富的刺激和练习机会的婴幼儿，3个多月就能抓拿住物体，而没有得到刺激和练习的婴幼儿要到5个月才行。所以父母一定要多给宝宝提供刺激和练习小手抓握的机会，让宝宝的小手得到充分的锻炼，为以后学习抓握和撑开手掌爬行做准备。

【温馨提示】2个多月大的宝宝不会自己抓拿玩具玩，父母一定要将物品送到他们的手上。3.5个月以后的宝宝则对自己的行为拥

有了更多的控制力。

第3阶段　拍握握传

3.5—5.5个月

发展特点

婴幼儿早期孤立、反射的行为在第2阶段中发展成协调的动作，到第3阶段可以通过一些有针对性的游戏促进婴幼儿的精细动作进一步的协调和继续发展。

支持策略

3—6个月是婴幼儿手指张握抓拿物品的游戏期，如果练习得早，婴幼儿就能及早学会拿取物品。

1.视觉引导下的伸手拍打物体。第3阶段宝宝的手眼运动变得更加频繁，在视觉引导下宝宝会熟练运用自己的双手。4—8个月的宝宝会使用整个手臂拍打物体，接着是用手抓握和够取物体。

【拍打游戏1】自由拍打婴儿架　为宝宝提供地板健身架或婴儿床健身架，让宝宝仰卧拍打、抓够上面的吊挂玩具；也可让宝宝坐在婴儿靠椅上拍打、抓够上面的吊挂玩具。

【拍打游戏2】好玩的吊球　宝宝仰卧，将带有弹力绳的小球吊挂在宝宝的上方，逗引宝宝用手去拍打、够取，并在胸前双手握玩。

2.手掌抓握。4—8个月的宝宝在视觉引导下第一次抓握是整只手的抓握，被称为“手掌抓握”。宝宝用手掌和四根手指一起抓住物体，拇指没有参与其中。在手掌抓握中，四根手指被限制为一个整体，因为宝宝的手指肌肉尚未发育完善，还不能分开工作。给宝宝提供各种能抓握的小物体，支持他们反复地练习手掌抓握，他们会抓起玩具放进嘴里，拿到眼前观看，把玩具扔掉，又环顾四周抓起更多的物体。宝宝还会运用自己的小手进行摇动、击打、啃咬等动作，能做出比前两个阶段更为复杂和专注的手-眼行为。对物体本身表现出越来越强烈的兴趣，这会在整个第一年的时间里成为宝宝的主要行为。

对物品的探索，尤其是对可以抓、咬、转动、击打的物品的探索，开始成宝宝在第3阶段越来越重要的行为。

【看抓游戏3】袜尖的惊喜　在宝宝4个月能够抓住自己的小脚之后，在他的袜子尖上缝制一个小铃铛或一个大纽扣或绸带之类的小惊喜。给他穿上袜子后，引导他进行抬腿和伸手抓脚的动作，去抓住脚丫上的惊喜，增强肢体的协调性和灵活性。

【温馨提示】为了防止误吞，小东西一定要缝牢！

【看抓游戏4】舞动的彩绸　这是一项设置起来非常简单但又非常有趣的感官游戏，在两把椅子中间架起几根竹竿，在竹竿上挂上五颜六色的绸带，当宝宝躺在绸带下面地垫上的时候，他会试着伸出手去抓住这些绸带，这能锻炼他们手部的小肌肉运动技能。同时，盯着飘扬的绸带也会锻炼他们的注视能力。

3.对掌抓握（部分钳式抓握）。4.5个月左右，宝宝握的能力开始发育，5—9个月时，大拇指和其余四根手指运用对握的方式进行部分钳式抓握。此时，可以提供一些摇铃、动物布偶、盆、筐、糖果、香蕉等易抓握的小物体，让宝宝在成人监视下进行抓握。

【温馨提示】在引导宝宝练习抓握玩具时一定要注意安全，千万不能让宝宝将小物品吞入口中，若没有成人专门看护，给宝宝提供的玩具每个维度不得小于4厘米。

【抓握游戏1】多样抓握　多样抓握包括俯趴抓握、自由抓握和抱递抓握。宝宝俯卧时，手臂支撑全身，在两手能触摸到的地方放几样玩具逗引宝宝主动抓握；或将宝宝面朝外抱着坐在桌子旁边，将几种好玩的小玩具放在桌子上逗引宝宝伸手去自由抓握、

把玩，在宝宝摆弄敲打玩具时，父母同时说“抓抓抓”“拿拿拿”“敲敲敲”“打打打”等语言增加刺激；还可将玩具递到宝宝的手里，让宝宝学习用拇指和其余四指对握的钳形抓握动作，将物品长久拿住。

【抓握游戏2】水气球　在彩色气球里面装水成拳头大小，打结系紧，水气球果冻似的手感会让宝宝很好奇，以此吸引他用手去抓、拍、捏和按压。球掉到地上时因为有弹力还会滚动，这会促使他运用四肢翻身去够，并为开始学爬做准备。

【抓握游戏3】拽气球　将一些五颜六色的瘪气球穿到蒸锅用的篦子上的洞洞里，成人手拿篦子，让宝宝将气球一个个拽下来，宝宝会很有成就感，还锻炼了手眼协调和抓握能力。

4.玩具传手。5个多月时，在宝宝手拿一个玩具时，再给宝宝同只手一个玩具，宝宝可能扔掉手中的玩具，接住这个玩具，你再给他，他就扔掉再接，当他发现扔掉就会失去，手里还是只有一个玩具时，他就会想办法不扔，最后他就将玩具传到了另一只手中，这是一个用玩具引发宝宝思考的过程，要好好地观察和引导宝宝，引发宝宝传手行为。

父母应为宝宝提供各种轻盈的、容易抓握的玩具，因为宝宝的手臂肌肉控制能力有限。但应避免让宝宝接触滚动或移动的物体，如表面光滑的小球，以免给宝宝的抓握带来困难。

第4阶段　给抠摁捏　5.5—8个月

发展特点

第4阶段大多数宝宝还不能移动身体，手和眼仍然是他们行为的焦点，总喜欢够取、给予、扔掉、击打和投掷小物体，充分运用他的手臂和手指进行探索。为了满足他们的这些天然爱好，父母需要为宝宝提供多种可供扔掉、击打和投掷的小物体，以此发展宝宝手指、指尖、手指

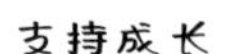

关节及肘关节的精细动作。

支持策略

1.给予和取得。将玩具给予宝宝让他用手握住，然后再从他手中取走玩具。和宝宝玩这样的“给予和取得”游戏，不仅能让宝宝练习抓握拿取物品，还能让宝宝理解语言、人际互动、顺序等，并且能够培育出愿意给予的品质。在这个游戏中，宝宝能学会何时将玩具交给对方，何时该接受玩具，还能学习将自己的思绪集中在一件事情上。宝宝还会从游戏中学会表达自己的意识。如果没有表达自己意识的方法，宝宝就无法顺利与其他孩子交流，而且总是从他人身上取得，不懂得如何给予他人物品。

【抓握游戏4】给予和取得　准备一些宝宝能够抓拿的小物品如玩具小狗，递给宝宝，并说：“给你狗狗，拿着，拿着。”逗引宝宝去抓去拿，若宝宝拿到了狗狗就大加夸奖：“宝宝真能干，宝宝拿走了狗狗。”然后再伸出手说：“宝宝，给我，你把狗狗给我。”宝宝给予时，就将狗狗接住，然后夸奖：“宝宝真能干！宝宝会把狗狗给妈妈了。”

2.食指抠洞。七八个月时，宝宝开始对微小物体感兴趣，7个月时宝宝对小洞特别感兴趣，会用食指伸进洞里抠。

【精细动作游戏1】抠洞　用纸盒挖洞，或在小口瓶子里面放入小纸球或小糖果，逗引宝宝用食指伸进洞口抠出来。

3.食指按钮。7个多月时，宝宝还能学会伸出食指按动按钮。这些电灯按钮或玩具按钮一般都是具有因果关系的设置，宝宝一按就会引起一系列不同的反应，有的是发声，有的是发光，还有的会转动，宝宝特别喜欢摁动这些按钮进行探玩。

【精细动作游戏2】六面台或智力桌　为宝宝购买上面有食指转

盘、按键和带响声玩具的六面台或智力桌，可以给宝宝提供探索和练习手指转、抠、摁、扳等各种精细动作的机会，促进宝宝手指精细动作和智力的发展。

【精细动作游戏3】摁开关　父母抱着宝宝走到房间，逗引宝宝去摁电灯开关，并观察屋里明暗情况。父母先示范开灯：“我来摁开关，你看，电灯怎么样了？”“啊！灯亮了，屋里亮堂堂的。”“我再摁一下开关，灯关上了，宝宝，你看屋里怎么样了？”“啊！电灯灭了，屋里黑暗暗的，什么也看不见了！”然后告诉宝宝，“宝宝，你也来开灯。”边说“宝宝也来摁开关了”边握着宝宝的食指去开灯，再以同样的方法让宝宝去关灯。这样既教宝宝通过开灯关灯练习精细动作并观察室内情况，探索因果关系，还让宝宝学习和理解语言。

宝宝学会后会不厌其烦地反复开灯关灯，父母可以配合宝宝开灯关灯哼唱儿歌：“打开灯，亮晶晶，样样东西看得清。关上灯，黑暗暗，什么东西看不见。”帮助宝宝体会灯的作用和他自己的本领。

4.食指拇指捏取（完全钳式抓握）。7个月以后，宝宝可以用拇指和食指两根手指像钳子一样捏取细小的物体。可以将花生豆、小馒头、葡萄等小的物体放在桌子上。父母先示范，再让宝宝用拇指食指捏取放到小碗里。但一定要注意安全，千万不能让宝宝吞到嘴里，玩后立即收起来。

自发抓握的最后阶段是完全钳形抓握（食指拇指捏取），宝宝喜欢抠小洞、捏取细小的物品，他们就会在材料中寻找小孔和开口，这能促使宝宝使用食指。所以父母除了提供具有这些功能的玩具外，还要为宝宝提供具有小孔、小洞和开口的材料支持宝宝用食指进行探索，如内装纸球的小口瓶子、内装小绒球外面戳很多小孔的盒子和有破洞、裂口

里面装有金钱橘、大枣、核桃、蔬果的袋子，宝宝都会设法运用食指去抠、去揪、去拽，尽其所能地把里面的东西抠出来。

总之，宝宝抓握能力的发展遵循近远发展的规律。在精细动作发展的进程中，最先发展的是从3.5—8个月学会的拍打吊挂的物体，这是肩部与手臂肌肉首先组织起来完成抓取前的动作与拍打。接着是4.5—9个月学会的手腕和手掌抓握，然后是5—10个月学会的拇指和四指对握的部分钳形抓握，最后发展的是7—12个月学会的食指与拇指这种指尖的完全钳式捏物。聪明的父母发现了吗？为什么上面4组数字是“A—B个月”，“A”表示每个动作学会的最早月份，“B”表示每个动作学会的最晚月份，它们之间的差异竟然是如此之大，先后都相差好几个月呢！所以父母一定要给宝宝提供使用和练习这些精细动作的机会，让宝宝早日学会每一个精细动作，以促进大脑的早期发育。

▶ 认知发展——支持主动建构

莉丝·埃利奥特的研究显示，婴儿在出生时就有一些很惊人的复杂认知能力，他们有很多认知本能，感觉可以融合，物体可以分类，有果必有因，数量可以叠加等等，这些认知本能被提前编好，可以用最不成熟的大脑运行，对塑造早期感知经验非常重要。出生后4个月，婴儿就可以根据形状、颜色或数字来分类物体，甚至新生儿在看着数列时，会觉得2和3之间有区别，4和6对他们而言有一定的难度。这也是我指导的16个月宝宝能按指令轻松辨认并拿取10种颜色和10个数字的原因。认知发展促使婴幼儿在成长的过程中不断获取新知识，并提高他们的思考能力和处理复杂信息的效率。婴幼儿是主动的意义建构者，他们从出生开始就运用各种感官积极探索周围的世界，收集有关人和物的信息，探索它们之间的关系并在与人和物的互动中积极地建构各种知识，赋予其意义。

第1阶段　搜集信息，获取物理知识

0—1.5个月

发展特点

婴幼儿出生后通过口、眼、耳、鼻和触觉来探索和理解周围的世界，他们探索软硬、辨别声音、区分气味，分辨妈妈的乳汁、妈妈的气味，这都是在搜集信息，获取有关物理知识。

支持策略

1.抓物和吸吮练习。准备手绢、卫生纸、海绵、小拨浪鼓等物品，让宝宝用手抓握，去感受物品的软硬，增强抓握的能力。将宝宝的手洗干净，拿住宝宝的手指送到宝宝嘴里，让宝宝吸吮自己的手指。

2.寻乳练习。在每次喂奶前对宝宝进行寻乳练习。方法是先用乳头去触碰宝宝的上下嘴唇，逗引宝宝寻找乳头后含住乳头吸吮。而不是每次喂奶时直接将乳头塞进宝宝嘴中，那样宝宝就失去了探索的机会。

3.跟踪追视。父母先用自己的脸引起宝宝的注视，再把脸向左右移动，宝宝会用眼睛追随着父母的脸，有时会连头也转过去。然后再换成颜色和背景反差强烈的彩球或玩具让宝宝练习追视。先左右移动180度，再上下移动，最后拿着玩具绕一个圈做360度环形移动，引逗宝宝的眼睛甚至连头部都跟随着物品的移动而移动。这样的练习可以刺激宝宝视觉，锻炼宝宝的视力及反应能力。

4.输入各种信息。在床上距宝宝眼睛20—61厘米处，悬挂色调明亮的玩具等装饰物，或在床的两边距宝宝眼睛25—30厘米的地方各挂上一个自己制作的黑白分明的人脸玩具，吸引宝宝去看，让宝宝尝试伸手去抓够。还可手拿直径13—15厘米的镜子距宝宝眼睛25—30厘米处让宝宝看清自己的脸。

第2阶段　探索物理特性，感知因果关系

1.5—3.5个月

发展特点

探索物理知识。婴幼儿充分运用感官，通过用眼观看、用手触摸、用嘴啃咬、用脚蹬踹的方式，探索物体的表面、形状、声音和距离等物理知识。

感知因果关系。因果关系是指婴幼儿了解一个行为或事件会引发另一个行为或事件。婴幼儿会把大部分时间花在看、听和了解周围发生的事情上，但并没有真正把行为与其引发的后果联系起来。他们的大脑和身体都非常活跃，他们挥舞四肢和物体互动；他们制造噪音，踢打物体，移动物体；他们做鬼脸发出声音，等待其他人予以回应，慢慢地婴幼儿会注意到这一点，并开始建立“这声音是我制造的”的想法，然后就具有了目的性，测试“我能让这个物体做什么呢？”是他们游戏的核心。于是到了4个月时，婴幼儿会故意做出一些简单的动作引起反应。如他去踢脚头放置的响铃，以引起响声。

预测因果关系。2个月大的婴幼儿就能预测物体在空中移动的因果关系。理解因果关系不仅能帮婴幼儿预测物体在空间中的相互关系，还能帮助婴幼儿建立对个体行为的期望模式。例如手抓吊铃时，能预测吊球离得近还是离得远，期望自己能够碰到吊铃并期望吊铃能响。

支持策略

1.探索物理知识。提供各种宝宝能够用来抓拿啃咬的干净物品或玩具，让宝宝抓握、把玩和啃咬，支持宝宝充分探索物体的物理知识。

2.进行视力追踪。手拿鲜艳的玩具或物品，逗引宝宝进行左右、上下和环形追踪，刺激他的视觉，锻炼其视力。

3.看拍抓够物品，感知因果关系。提供婴儿架或手拿玩具逗引宝宝看拍抓够，促进宝宝手眼动作系统的协调，帮助宝宝感知其中的因果

关系。

4.脚蹬不同的物品，感知预测因果关系。宝宝仰卧时，在脚头放上装有水、面粉、米或铃铛的塑料袋，宝宝踢蹬腿时探索不同的声音和触感，帮助宝宝感知因果关系。

第3阶段　探索因果关系，建构初步分类概念　3.5—5.5个月

发展特点

婴幼儿通过口手感知运动获取物理知识，一旦掌握了抓握的技能，他们就开始探索物体的物理属性，就会将一个物体和另一个物体联系起来，建构逻辑数理知识。

探索因果关系。4个月大以后，宝宝会故意做出一些简单的动作来引起反应。如脚蹬响铃使物体发出声音，最神奇的是单肢打响吊铃。宝宝仰卧，将吊在宝宝上方的吊铃拴上绳子，另一头拴在宝宝的一只手上，开始宝宝四肢乱动打响吊铃，宝宝慢慢地就会发现只要舞动拴住绳子的这只手就可以打响吊铃，于是他就只舞动拴住绳子的这一只手，你们看宝宝具有多么神奇的本领！我的外孙女四五个月时就有这种本领。依次换到另一只手或脚上，她都能找到并单肢打响吊铃。另外，婴幼儿开始注意到照护者可以引发一些事件。如照护者按下一个按钮，音乐就响起来了。宝宝不仅仅知道这一点，还会让照护者知道，他希望照护者重复刚刚的行为。

有了初步的分类能力。宝宝学会了区分人和无生命的物体。宝宝对周围人的期望明显不同于对环境中其他事物的期望，三四个月大的宝宝已经基本可以将事物分成两大类：有生命的和无生命的。在接下来的几个月里，他们将学会区分熟悉的物体和不熟悉的物体，以及他们认识的人和不认识的人。

支持策略

1.探索物理知识。准备一些小物品如手绢、布偶、摇铃、动物玩偶，还有婴儿架上吊起的玩具物品等，让婴幼儿用手、嘴和眼睛对所有能够触摸到的物体进行拍打、抓握，感受物体的表面、形状、距离等，探索物体的物理知识。

2.探索因果关系。使用婴儿架上的玩具及吊起来的小球，让宝宝操控拍打，在脚头放置响物让宝宝踢蹬探索，让他用动作来操控物体，探索他的动作和物体之间的因果关系。

3.区分人和物体。父母及家人带宝宝积极地和人、物进行互动，抱他出去看看人和物并给他一一介绍，主动和他玩，让他感受到人和物体的不同。四五个月时，教宝宝认识熟悉的物体，以帮助宝宝区分熟悉的物体和不熟悉的物体（他对熟悉的物体笑而且用眼睛去找）。

4.为体验客体永久性做准备。客体永久性是指把人或者物体的形象保存在大脑中，并能够意识到即使看不见、听不到，人和物体仍然存在。为帮助宝宝建立起客体永久性概念，最好的方法就是在这一阶段和宝宝玩"藏猫猫"的游戏。

【客体永久性游戏1】宝宝不见了　用干净的毛巾盖在宝宝的脸上，并说："宝宝不见了，宝宝不见了，宝宝去哪里了呢？"观察宝宝的反应，宝宝着急时看他自己是否会将毛巾拿掉，实在太急躁时，父母就将毛巾拿掉，并惊喜地说："哇！宝宝出来了！宝宝出来了！"随后再用毛巾盖住宝宝的脸，反复多次，宝宝就可能自己主动去拉毛巾了，一段时间后他还会自盖自拉自己玩这个游戏呢！

我的外孙女在138天会自盖自拉自玩这个游戏。源于几天前她自己睡着玩时，女儿说她自己用手拉着她的马甲盖到头上，然后又自己拉

掉，听到这些我知道她马上就会玩“藏猫猫”的游戏了，我就有意识地引导她去玩，结果几天她就会自盖自拉了，成人在旁边配合一下，宝宝会玩得很有趣味，同时由于你的夸奖，宝宝还会非常高兴。

【客体永久性游戏2】妈妈不见了　当宝宝正在看妈妈的时候，妈妈突然用干净的毛巾盖在自己的脸上说：“妈妈不见了，妈妈去哪里了呢？”观察宝宝的反应，看宝宝自己是否去将毛巾拉掉，实在太急躁时，父母自己将毛巾拿掉露出脸来，兴奋地说：“妈妈出来了！”宝宝会非常惊喜。游戏反复进行，引逗宝宝自己去拉毛巾找到妈妈。

【客体永久性游戏3】左右找妈妈　宝宝五六个月时，一个人抱着宝宝，妈妈逗着宝宝玩，妈妈突然躲到抱着宝宝的人身后，抱着宝宝的人说：“妈妈呢，妈妈怎么不见了？”正当宝宝疑惑不解时，妈妈突然从一边伸出头说：“哇！”宝宝一看妈妈出来了，会特别高兴，母子对视开心大笑。藏找几次后，宝宝就会左右伸头去找妈妈，找到后都会开怀大笑。

反复玩这几个游戏，能让宝宝体验到不在眼前的东西还会出现，帮助宝宝慢慢建立客体永久性的概念。

第4阶段　探索比较，建构逻辑数理知识　5.5—8个月

进入第4阶段的婴幼儿学会了翻身，有的已学会了匍爬、打转和翻滚，他们对探索各种物品产生了极大的兴趣，婴幼儿这一阶段的经历对他的智力发育有着重要的影响。

发展特点

理解同一性、差异性。这一阶段的宝宝不仅会注意到新奇的物体，还开始分辨出事物之间的异同，这是一项重要的认知成就。当给宝宝提供相同的物体时，会促使宝宝去发现物体的共同特征。比如六七个月大

的朗朗在玩盘子时，遇到另一个同样大小的盘子，他就把两个盘子摞在了一起，这是同样的神经回路在他的大脑中被激活。将新经验融入现有的心理结构中，就建构了同一性知识，儿童心理学家皮亚杰把这一建构过程称之为“同化”。当给婴幼儿添加大的盘子时，会吸引婴幼儿去注意和比较物体的差异，当他发现这个不一样的盘子时，他会遇到难以适应自己现有心理结构的经验，开始有点挣扎，难以接受，但随着时间的推移，他不得不重组心理结构，以容纳或适应这个新经验，皮亚杰将这一过程称为“顺应”，即调整心理结构。当新的经验以这种方式顺应到现有的心理结构中时，他们就建构了差异性的新知识，也叫差异性概念。

理解空间数量。年幼的宝宝喜欢探索物体如何被填充、调整以及在空间里移动，这时就建构了空间关系。最初他们的探索集中于把物体拾起来然后扔到地上，再将物体进行摇晃、敲打或将其扔到一边。婴幼儿喜欢收集和倒出，比如将玩具放进容器中，将其倒出然后再扔进去，这些都是关于物体如何掉落、如何产生声音的简单探索，这也能让婴幼儿了解到容器是用来装物体的工具，在填充容器的过程中建构空间及多少的概念。他们还学会了玩具换手，他们为什么要进行玩具换手？就是因为他们想得到更多的物品，在填充容器时他们发现玩具会越放越多，就在填充玩具中建构了数量多少的概念。

理解客体永久性。这个阶段婴幼儿还没有建立客体永久性概念。6个月时，宝宝逐渐能够记住不在眼前出现的物体和人，但他们不知道不在眼前的人和物体还会出现，于是产生了分离焦虑。即当照护的父母离开时，会变得非常焦躁。分离焦虑的出现表明宝宝在认知上的进步，同时也意味着宝宝无法理解即使成人离开了他依然存在并且还会回来，宝宝的分离焦虑会随着经验的增加和父母的及时安慰而得以缓解。

支持策略

1.建构同一性及差异性概念。为宝宝提供具有同样物理属性的玩具，如大小形状相同的小碗、盘子、塑料筐等材料，让宝宝把玩、探索，支持宝宝建构物体的同一性概念。在此基础上为宝宝添加具有不同物理属性的同类玩具，如在上述玩具中添加不同形状的塑料筐、大小不同的盘子、小碗等材料让宝宝把玩、探索，就能帮宝宝建构物体的差异性概念。

2.建构空间数量概念。为宝宝提供玩偶、核桃、橘子等各种小玩具、小物品，以及盛放这些玩具物品的小筐、盒子等容器，吸引宝宝放进、拿出；提供各种可以抛扔、敲打和滚动的玩具和物品，如用过并洗干净的各种瓶子、不会摔碎的金属或塑料盒子，用过的奶粉罐等，支持婴幼儿去抛扔、敲打探索，以帮助他们建构空间和数量概念。

3.建立客观永久性概念。最好在日常生活中运用一些有趣的游戏，帮助婴幼儿建立客体永久性的概念。

【客体永久性游戏4】不见了，不见了　宝宝六七个月时，妈妈双手并拢用手心捂住自己的眼睛说："宝宝，你看妈妈呢？妈妈不见了？"宝宝正在迷惑不解时，妈妈突然"嘛"的一声将双手翻掌手心朝外向两边打开，并惊喜地说："妈妈出来了！"通过反复玩这个游戏，让宝宝体验到即使看不到妈妈，妈妈还仍在手的后面。随后妈妈教宝宝学玩这个游戏，妈妈说："宝宝呢？我的宝宝怎么不见了？"引导宝宝用双手捂住自己的眼睛，然后妈妈说："我的宝宝出来了。"宝宝打开手，妈妈惊奇地说："我的宝宝在这里！"母子对视大笑。

【客体永久性游戏5】寻找大半盖住物品　宝宝7个月时，妈妈将宝宝喜欢的物品，比如一个小动物、一面小花鼓等，用毛巾或衣

服将其盖住大半，让宝宝去寻找："宝宝，你的小肥猪呢？宝宝的小肥猪怎么不见了，请宝宝帮妈妈找出来好吗？"提醒和暗示宝宝仔细看看在哪里，宝宝找到后妈妈要大力赞赏和表扬。

【客体永久性游戏6】寻找全部盖住物品　8个月时妈妈当着宝宝的面将一个物品，如宝宝的帽子用毛巾全部盖起来，让宝宝找找他的帽子在哪里。

【客体永久性游戏7】找找是在左边还是右边？先当着宝宝的面将一个玩具，如宝宝喜欢的小猴子在枕头的左边用毛巾全部盖起来，让宝宝找找他的小猴子在哪里。然后以同样的方法再将小猴子藏找几次，最后用一条围巾将小猴子藏在枕头的右边，让宝宝去找，看看你的宝宝找向哪边。

从七八月开始，婴幼儿出现了短时记忆，到1.5岁能记忆24小时。8个月时，在宝宝左边的枕头或围巾下面藏起一个物体，他能迅速找到，而且反复几次都能找到，而对藏在右边的物品却不一定能找到，因为枕头或围巾仍放在左边，宝宝可能会犹豫一下还是向左边去找，这是因为这个小物体的存在与他所参与的行为连在了一起，他已经找到了几次，所以他仍向原来的地方找，而不注意物体位置已发生了变化。

父母总的支持策略是投放适合的材料、创设游戏的空间。如铺设方便玩耍的垫子，四周有低矮的柜子，柜子及地面上的筐子里放有宝宝所需的各种玩具。这些游戏的空间和材料能有效地支持宝宝把玩和游戏，宝宝在把玩和游戏中建构各种概念和知识。

语言发展——做语言理解之备

第一时期的婴幼儿虽听不懂多少语言，却在为理解语言及发音说话做准备，因而帮助婴幼儿发展语言最有效的方式，就是根据所处阶段和婴幼儿的能力水平进行交流和回应。

出生后的前8个月是前语言理解阶段，婴幼儿不会与成人对话，又几乎不理解成人的语言，还没有产生真正的语言理解和表达能力。但婴幼儿从出生开始就积极地倾听语言声音，他们注意并记住了不同的音调、语调和节奏，在他们正在发育的大脑结构中协调变化，这些大脑结构赋予了他们理解复杂语言的能力。婴幼儿通过听成人的声音，并结合成人的动作、表情和摆弄的物品，尝试着“理解”某些字词的意义。四五个月时婴幼儿开始认识一些人和物体，五六个月时婴幼儿的身体语言开始出现，七八个月就能用动作来表意。

第1阶段　多样输入　0—1.5个月

发展特点

大脑渴望语言。婴幼儿从出生就喜欢听人说话的声音，更喜欢母亲的声音，尤其喜欢父母抑扬顿挫的节奏、对比鲜明的语调以及夸张的语音为显著特征的“父母语”。

需要互动的语言伙伴。传入的声音、图像和动作通过感觉和运动神经元进入大脑，正是在日常对话中发生的这些社会交流使婴儿能够学习语言。研究表明，仅仅通过音频或视频听到的语音不会促进语言学习，婴幼儿需要互动的语言伙伴来学习语言。

积极学习语言。婴幼儿从出生那一刻起就积极地学习语言。他们识别、分析并把语言组织为模式储存在神经回路中，婴幼儿的语言学习在很大程度上来源于所接触的日常语言和对话，依赖于照护人在语言表达上的积极和慷慨。

支持策略

1.多和宝宝说话。宝宝天生就有一个语言获得装置，并且这种潜意识的能力还处在百分之百的可开发状态，所以他们能轻而易举地掌握难懂的语言。因此，在这潜在能力具有百分之百的活动期里，必须尽可能

地向宝宝输入大量优美的语言，因为给宝宝输入的语言越多，宝宝将来输出的语言也会越多，还能培养出头脑聪明的孩子。在第一时期由于宝宝口腔内的各个发音器官都在迅速地协调发展，语言理解能力和模仿能力也在迅速提高，宝宝会学习正确区别使用各个音节。因此父母要多和宝宝交流说话，提供大量的语言刺激，以促进他们的语言发展。

父母要发现宝宝正在关注的事情，并养成讨论它的习惯。对于0—2岁的宝宝来说，他们的注意力都集中在此时此地，而无法理解视线以外的东西以及过去及未来的事情。他看向妈妈时，就和他说："妈妈，我是妈妈，妈妈在给你换尿布呢，换好了尿布你就舒服了。"当他注意到窗户时，你就告诉他："这是窗户，窗户上面还有窗帘，窗帘上还有漂亮的图案呢！"父母要发现他关注的对象，告诉他所关注对象的名称、形状、颜色和功用等。这些语言都将储存在宝宝的大脑中，到会说话的时候，很多语言就会从宝宝的嘴里冒出来。

2.进行自我谈话。父母在照护宝宝时，可以用语言描述自己正在做的事情，进行自我谈话。自我谈话的价值在于能让宝宝在真实的语境中理解字词与短语，所以父母在各种照护活动中，都要运用自我谈话和宝宝交流。如换尿布、吃奶以及休息时都对宝宝进行自我谈话，为宝宝提供机会来聆听描述性语言。例如，"现在我要给你换布了，请你做好准备，好吗？"或者讲述换尿布的过程中发生了什么。通过自我谈话，即便只有成人在自我描述，宝宝也能积极地听着和看着，收集声音，记忆正在体验的情境，随后逐步学会通过熟悉的言语来预测将要发生的事情。例如宝宝一听到"现在我要把你抱起来走走看看了"后，他就会伸手、抬头，期待将要发生的事情。因此父母无论为宝宝做什么，都用自我谈话的方式向宝宝描述你正在做的事情，不仅能帮助宝宝理解字词和短语，还能帮助宝宝预测即将发生的事情。

3.进行平行谈话。宝宝活动时还要善于运用平行谈话。自我谈话和平行谈话是叙述性的两大类语言，平行谈话是指父母用语言描述宝宝正在进行的活动。例如宝宝在看气球的时候说："宝宝，你在看气球呀，你的眼睛还会随着气球转动呢，宝宝真是太棒了！"当父母关注宝宝的兴趣，并且花时间为宝宝描述正在发生的事情时，就是在促进宝宝的语言发展。

家人还要创设丰富的语言交流环境，在宝宝面前进行正常的语言交流，让宝宝听到家人语言交流的自然声音。

【温馨提示】最好多让宝宝听父母和宝宝交谈和读书的声音，以及家人之间正常的交谈声音，避免宝宝听电视、手机、iPad等电子产品的机械音。因为这些机械音不利于宝宝的语言学习。

◎快乐阅读　黑白挂图

在0—3岁期间最能启迪开发婴幼儿智慧，最能奠定婴幼儿人生基础的，当数引导婴幼儿进行快乐阅读。透过阅读不仅能让婴幼儿学习语言、丰富认知、启迪心智，更重要的还能让婴幼儿学会看书、喜欢看书、养成良好的阅读习惯！

没有一个孩子天生不喜欢看书，只是父母没有把好看好听的书送到孩子手上。宝宝在看书阅读的时候，更喜欢依偎在父母的怀抱，看着优美鲜艳的画面，听着父母亲切动听地讲读，这是无比快乐的时刻，因此父母每天都要和孩子一起快乐阅读，培养优秀的孩子，就从每天和宝宝一起快乐阅读开始吧！

婴幼儿的早期阅读始于图画。婴幼儿是凭借形象鲜明的图画和成人讲读的文字来理解图书内容的。由于刚出生的婴幼儿视力还没有发育完善，而且他们最喜欢看黑白图案，因此第1阶段只能给宝宝看黑白的大挂图。

1.对准视线看大挂图。在宝宝清醒、情绪愉快时，父母一边拿着大挂图，一边说："宝宝，妈妈要和你看挂图啦！"然后将挂图放置在距宝宝眼睛20—30厘米的位置，对准他的视线，轻轻地说出挂图上图案、人物和物品的名称，停留2—3秒后换一张。每次时间不超过1分钟，避免宝宝视觉疲劳。

2.看大的黑白图案。宝宝最喜欢看黑白人脸图像和黑白分明的几何图形、图案。父母可用宝宝喜欢的黑白图案和形象亲切的声音，吸引宝宝的注意力，用和上面一样的方法去讲解黑白图案。

3.用耳朵阅读。对0—1个月刚出生的宝宝而言，阅读更多的是通过耳朵不断积累词汇，所以在宝宝安静的时候，可以读一些胎教读物给宝宝听。

◎快乐识字　激发视觉

蒙台梭利曾说，儿童从出生时就具有吸收性心智。他们能像海绵吸水、照相机照相一样将周围的信息毫无保留地吸收进来。所以虽然没有人专门去教，但只要他们置身于语言环境，就能学会说话交流。冯德全教授提出只要为婴幼儿创设丰富的识字环境，婴幼儿就能像学习语言一样学会阅读识字，使得听觉语言和视觉语言同步发展。因为在婴幼儿眼里是不分物和字的，字和物一样既有形象，又能叫得出名称，他们既然在学会说话的同时能够认识许多的人和物，同样也能够认识很多的文字。

婴幼儿在不同的年龄阶段具有不同的特点，教婴幼儿识字，要根据不同阶段的特点，采用适合的方法，才能做到事半功倍。婴幼儿识字分为3个阶段。0—14个月是识字准备阶段，这个时候婴幼儿不会说话，主要是让他认物、学话，为识字做准备，采用耳濡目染、生活感受等方法，以看字听音为主，能认多少算多少，以培养识字兴趣和识字敏感为

目的。

第1阶段的宝宝视力还非常弱，只能看见光和离眼睛20—30厘米处的物体，眼肌能调节能力差。因此宝宝只要醒着，房间里就要有足够的光线，只有这样，宝宝眼底视网膜上的视锥细胞才能得到最佳激活状态。要有人不断地在宝宝面前晃来晃去，尤其是在宝宝与光源之间的运动更为重要。白天可以拉开窗帘，让宝宝感受到自然明亮的光线，晚上关上灯让宝宝感受到黑夜，逐渐养成“日出而作、日落而息”的生活习惯。可以在网上选择简单形象的视觉激发卡刺激宝宝的视觉。在宝宝精神好的时候，将视觉激发卡拿到离宝宝眼睛20—30厘米的位置，边看边给宝宝介绍激发卡上的内容，其实快乐阅读时给宝宝看黑白挂图，就是一种视觉激发。视觉激发的目的是激发宝宝的视觉意识，并不是让宝宝认知。

第2阶段　对话模式　1.5—3.5个月

发展特点

1岁以内的婴幼儿以接受性语言为主。接受性语言是指婴幼儿以口语或符号的方式理解信息，主要是听成人说话，接收并慢慢学习理解成人所说的语言。良好的语言发音环境能够帮助婴幼儿接收并很快建立对语言的理解。

2个月大的婴幼儿就能够对人微笑，发出特有的咕咕声。这一阶段的婴幼儿已准备好并且愿意成为他人的交谈伙伴。

支持策略

1.建立良好的接受性语言环境。在0—3岁宝宝语言发展的过程中，建立良好的接受性语言环境，和宝宝进行大量的语言交流和互动，通过命名来帮助宝宝识别物体，与宝宝一起唱儿歌、读图画书、玩韵律游戏或唱歌等，教宝宝学习语言节奏和感受语境，以及了解词汇是如何组合

在一起的，这些都是建构接受性词汇的有效方法。

2.与宝宝谈论正在发生的事情。注意观察宝宝，用语言描述宝宝正在进行的活动，在各种照护活动中描述自己的行为，如在喂奶、洗澡、换尿布、哄睡这些生活情境中，自然地和宝宝说话，而不是无声地照护。注意在真实情景中给宝宝输入大量的语言，在各种活动中多给宝宝介绍他所看到的人和物品，面对宝宝时你的嘴千万别闲着，要做个“话痨”妈妈。这些语言结合具体的情景，不仅能帮助宝宝慢慢地理解语言，还会存储在宝宝的大脑中，成为日后开口说话的丰富素材。父母千万不要以为这个阶段的宝宝什么也不懂，对其说话是“对牛弹琴”。其实宝宝是在丰富的语言环境中学习语言的。现在和宝宝多说话，是为宝宝提供丰富的语言刺激，为宝宝理解语言和学习说话做准备。

3.建立“轮流说话”的对话模式。2—3个月的宝宝会发出特有的咕咕声。咕咕声是一种韵母模式，标志着宝宝首次试图进入对话流中。8周左右宝宝开始发出长长的“啊”音，1.5—4个月的宝宝喜欢和他人进行面对面的声音互动，他们已准备好并且愿意成为他人的交谈伙伴。父母应该尽可能多地和宝宝进行两个人的面对面交流互动，像和一个真正的谈话对象那样很自然地轮流说话。父母先欣喜专注地听宝宝发音，然后在宝宝停顿后模仿宝宝的发音作出回应，这样能鼓励宝宝发音，使宝宝了解到自己发出声音，让父母也发出同样的声音，他便会为了想得到回应而发出更多的声音，还会做出一些动作。当你在模仿宝宝的时候，他会注意到你是否在模仿他，你模仿他所发出的声音和动作还可以培育他的思考力。父母在模仿他的发音时，会去除一些汉语中没有的发音，使他发的含混不清的发音由于你的重复而变得清晰，帮助宝宝逐渐形成符合语言结构的发音。这一应一答犹如对话的互动机制有助于宝宝学习“轮流说话”的模式，轮流扮演说话者和倾听者，形成你说我听，我说

你听的人类交流对话模式。

◎快乐阅读　黑红挂图

1.看挂图和大卡片。挂图和大卡片是这个时期宝宝的第一本重要的图画书，卡片中形象的真实性很重要。两三个月的宝宝喜欢色调单一、鲜明的图卡，父母可以把图卡颜色从黑白逐渐过渡到黑红以便于宝宝辨识。父母可以尝试把图形从母亲面孔等真实人或物，逐渐向其他形状物品过渡，以生活中的常见物品、交通工具、动物为画面内容的卡片都能满足宝宝逐渐萌发的指认需要。

2.为宝宝提供帮助。拿好挂图，对准他的视线，用手指的同时，用声音介绍宝宝看到的内容，用语调吸引宝宝的注意，在宝宝兴趣减弱的时候，换不同的图片来吸引宝宝。

3.吟诵好听的儿歌。当宝宝看到一些玩具、物品或美丽的图案时，除了告诉宝宝它们的名称外，还可以吟诵与它们有关的好听儿歌，如当宝宝看玩具鸭时告诉他："宝宝，这是鸭鸭，会游泳的鸭鸭。"然后再给他吟诵有关鸭子的儿歌："小鸭子，嘎嘎嘎，跑到河里捉鱼虾，吃饱了，跑回家，生个大蛋白花花。"朗朗上口、韵味十足的儿歌，既能给宝宝增加乐趣，又能引导宝宝学习语言的发音和节奏。

◎快乐识字　耳濡目染法

宝宝的模仿能力特别强，生活中有语言就学会了说话，有物品就学会了认物，有人际关系就学会了交往，有人的行为就养成了各种行为习惯，那么有字的环境和识字的行为就学会了识字。3岁以内的宝宝用的第一个识字方法是耳濡目染法，即在宝宝所处的环境布置一些字卡和字画，让宝宝每天看见文字、听见字的读音，经常看见成人看书读字，就能认识一些字。耳濡目染的作用就是引导宝宝注意文字、习惯看字和听字的读音，不知不觉产生识字敏感。3岁前，宝宝识字的中心环节是天

天看字、听字的读音，与文字和书本交朋友，建立起识字敏感。当宝宝喜欢文字之后就能认识很多字，并培养起识字能力和最初的读句能力，逐步进入文字阅读阶段。

1.布置识字环境。年龄越小，字体越大，2个月开始在环境里随机放置A4纸打印的单字，这时的字卡大都是单字卡，便于宝宝集中注意力观察字形和记忆，而且白纸黑字，黑白分明，正好和图书上文字的颜色一致，有利于宝宝长大喜欢看书。如将每天照护他的人"爸""妈""爷""奶""姥""宝"等，以及每天都能看见又经常说的物品如"门""窗""床""桌""书"等字贴在墙上，随着宝宝认知范围的扩大及认识物品的增多，再慢慢增添一些新字卡。

2.每天看字、听字的读音。可在宝宝喝奶后或两次喝奶中间，抱着宝宝走到贴着字的墙前，用手指着文字，让宝宝眼看文字，边点边读给宝宝听，引导宝宝看字、听字的读音，每天几次，每次几十秒，最长1分钟。

14个月以前的宝宝处于识字的准备期，这段时间对宝宝识字不做要求，但要创造识字读书的生活环境，使宝宝喜欢看字，习惯于看这种特殊的"物"就达到目的了。

第3阶段　对应认物

3.5—5.5个月

发展特点

第3阶段的宝宝基本上处于音调表现阶段，宝宝借助声音动作与成人进行交流。通过这个阶段的努力，宝宝马上就能理解词语了。父母要养成多和宝宝说话的习惯，尤其是要和他谈论当前正在注意的东西，这将使宝宝自然而然地对包括语言在内的各种声音产生兴趣。在语言学习的过程中，要给宝宝创设丰富的语言环境，并运用一些策略促进宝宝的语言理解。

支持策略

1.对应认物，理解语言。平时和宝宝说话交流时注意将物品、动作、指令与语言相对应，如经常看着宝宝叫他的名字，边指着物品边说出物品的名称，边挥手边说“拜拜”，宝宝看着某个物品、人物或做某个动作时，父母就说出对应物品的名称、人物称呼或这个动作，帮助宝宝物声对应，慢慢认识一些人、物品和动作，理解一些语言。经常和宝宝进行这样的说话交流，宝宝就能认识物品，开始理解语言了。

父母还可进行专门的对应认物训练。2岁前是宝宝认识万事万物的重要时期，从3个多月开始，就可以选一个宝宝最感兴趣的人或物进行训练。如果宝宝看到某个人或物品时眼睛发亮、立即展开笑容，那么这个人或物就是宝宝最喜欢的。如宝宝喜欢兔子，就指着告诉宝宝“这是兔兔。”像这样一天几次去告诉宝宝，几天后在玩具兔旁边问宝宝“兔兔呢？宝宝你看兔兔在哪里呢？”宝宝就会用眼睛去找兔兔。宝宝找到后，父母要大力夸奖。像这样一样一样地教宝宝来认识他感兴趣的人或物，宝宝会逐渐认识一些人和物品。

【语言理解游戏1】找找看　宝宝4—5个月时，父母反复教宝宝认识一个人或物品后，引导宝宝用眼睛去找所说的人或物品。当宝宝的眼睛找到并看着这个人或物时，就立即夸奖，父母的赞赏越多，宝宝认物的积极性越高。

我的外孙女120天就能用眼睛找到她最喜欢的小兔图像，因为她出生20多天后就是兔年，我家门头上挂了个大大的兔子图像，我们每天都引导她几次去找去看。

2.使用提问句进行交流。父母应把宝宝当作一个懂事的孩子和他进行交流。无论在做什么、看见了什么都对宝宝说。4个月以上的宝宝，父母可以大量运用提问式的语句与他进行交流，如“宝宝，你看谁来

了？”“宝宝，你看这是什么呀？”这样的提问可以引起宝宝的注意，而且一提问题，你的语调自然变得抑扬顿挫，就会发出令宝宝喜欢的柔和声音来。宝宝还会因为你的提问而回应，喉咙里会发出“咕噜咕噜”的声音来，这是对话的第一步。父母说话时，要看着宝宝的眼睛，等待着他的回应。不管从他的嘴里说出什么来，都学着他的样子重复他的发音。然后边指着人或物，边向宝宝进行回答和介绍，最好再配上相应的动作。比如把玩具娃娃拿到宝宝的面前，以此为话题对他说：“宝宝你看，这是谁呀？”“啊，是洋娃娃，妈妈手里拿的是洋娃娃。”讲话时声音清晰，语调抑扬顿挫，不能用平铺直叙的低调子。

3.帮助形成符合语言结构的发音。3—6个月的宝宝处于音调表现阶段，开始玩弄舌头和嘴唇，从而发出低沉的“咕咕”声。5个月后开始出现连续音节，宝宝从简单的类似于韵母的a、o、i发音，过渡到更为复杂的类似于声韵母结合的mamama和bababa发音。父母会将这些复杂的发音看成交流，重复宝宝的发音，去除语言结构中没有的发音，帮助宝宝形成符合语言结构的发音。

4.有效使用儿语。父母可以从宝宝4个月开始使用儿语，就是使用重叠词和宝宝进行说话交流，便于宝宝学习和模仿。平时我们说的词语中有很多是现成的重叠词，如“爸爸”“妈妈”“姐姐”等，可以直接使用和宝宝交流，但两个不同字的词语如“皮球”“汽车”宝宝就难学、难模仿了，我们不妨将“皮球”“汽车”改成“球球”“车车”和宝宝进行交流，以此提高宝宝发音说话的积极性。

◎快乐阅读　指看图片

1.看图卡书。4个月的宝宝就可以看图卡书了，4—12个月，主要教宝宝学习认人、认物，扩大认知并表达出来。图卡书帮助宝宝用自己的眼睛掌握、确认事物的特征。适合这个阶段宝宝看的是单幅的认物图卡

书，就是每页图只有一个主体图像，它最能突出每个事物的特征。4—8个月还不能独坐的宝宝，父母可以把他抱坐在怀里说："宝宝，我们要看图画书啦！"然后指着卡片上的图像边看边说："鸡鸡，这是鸡鸡，鸡鸡在这里。""爸爸，这是爸爸，爸爸去上班。"要说出每张卡片的名称及主要特征。每次可以看3—10页卡片，整个看图时间控制在5—10分钟，避免宝宝视觉疲劳。父母还可以将更多家人的单人照片打印出来给宝宝指看，宝宝会更亲切。

2.抓书、翻书、啃书、看书。4—5个月的宝宝，其操控能力有了进一步的发展，往往喜欢触摸和抓取书中的图片、咬书角、抓书页等，这将逐渐发展成熟练的翻书行为。所以这个时候比较适合看那种比较硬的、可以擦干净的纸板书，让宝宝尽情地抓书、翻书、看书、啃书。

3.帮助拿书、翻页、讲解内容。父母可以帮助宝宝以他的方式阅读书籍，帮他把书拿稳、翻页，这能增加宝宝的乐趣和掌控感，还能提高他反复阅读的热情。除了喜欢书的质感，这个阶段的宝宝已经能发现图片的趣味性，通过跟随宝宝的视线，父母可以表现出对宝宝关注对象的兴趣，用手指着它的同时，用声音讲出所看人或物的名称和特点。

【温馨提示】避免电子媒介的负面影响　宝宝能对声音或象征性手势作出反应，所以需要一个人和一个共享的社会环境来学习语言。当宝宝听到或看到有人跟他说话时，就会认真倾听，并用表情、动作和声音积极回应，他们期待回应性的社交伙伴与其进行实时的交流沟通，包括同步的手势、共同的节奏、丰富的语言以及变化的音调等。专家建议2岁以下的宝宝不要接触电子媒介，因为电视、手机不具备回应性，频繁、快速变换的画面和强烈的声音对稚嫩的宝宝会产生种种负面影响，关键是看电视的时间越多，对宝宝进行有效回应的时间越少。引导宝宝最好的方法就是

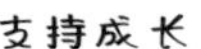

父母和宝宝进行观察、交流、玩耍、看书这样的亲情互动。建议卧室最好不要放电视，宝宝在客厅时最好不要打开电视。

◎快乐识字　习惯养成法

文字是语言的形体和标记，生活中有语言和与之对应的文字，宝宝一来到人间生活就应当接触它、熟悉它。家长不仅要贴字卡，还要挂上字画。当宝宝能趴会玩的时候，就给他玩字卡，翻书给他看图、指着字念给他听，在街上指广告上的字念给宝宝看和听。教宝宝快乐识字的第二个方法是"习惯养成法"，就是将上面这种每天几次看字、听字读音的行为养成习惯，每天进行，一天都不间断，渐渐的宝宝就能形成识字、读书敏感，特别注意文字这种特殊的"东西"。在14个月前宝宝识字的准备期里，不在于宝宝能否识字，只要他注意字并习惯看字、听字，就达到目的了。

刚开始教宝宝识字时，一定要从他认识的并特别喜欢的人和物的字词入手，这些字词都是宝宝熟悉或认识的事物的符号，宝宝学起来会感到十分亲切有趣，也就乐意去学、去记。宝宝能按指令用眼睛看向他认识的某个人或某个物品后，就将相应的字卡呈现给宝宝看，并指着读给宝宝听，然后将字卡贴到墙上，每天让他看，并读给他听。还可将宝宝认过的比较喜欢的字卡如"妈""兔"等做成盒卡，即将两个10×12厘米大的字卡，贴在一个相同大小的2—3厘米厚度的纸盒上做成具有一定厚度的立体盒卡，便于宝宝抓拿把玩。

第4阶段　对应理解　5.5—8个月

发展特点

婴幼儿在这个时期会出现接受性的语言。接受性语言，即婴幼儿能理解别人说话，这是他们第一年语言发展的重要衡量标准。婴幼儿在自己能说出这些词语之前，就理解了这些词语的意思。五六个月时婴幼儿

能用眼睛找到认识的一些人和物；6个月开始理解词语的意思，能用肢体动作表示语言；七八个月时懂得了一些词语的意思，能用动作、表情等与成人交流。

作为一种普遍模式的表达性语言，即婴儿通过说话和手势进行表达，其出现时间晚于接受性语言约5个月。这也意味着婴幼儿接受性语言出现得越早，表达性语言出现的也越早，也就是说婴幼儿理解语言越早，说话也会越早，所以我们要多和婴幼儿说话互动，帮助他们早日理解语言。

支持策略

1. 物声对应，认人认物。在长时间的语言与人、物的反复对应中，宝宝对照护自己的人慢慢有了认识，对自己喜欢而又多次对应的物品也有了认识。对宝宝已经理解的词汇，父母不要再指着说出名称，而是换成提问的方式，比如“妈妈在哪里呢”“哪个是奶奶”“苹果呢”鼓励宝宝自己指出人或物，进而理解语言。

【语言理解游戏2】找到啦　宝宝5—6个月时，家人围坐在桌子四周，爸爸或奶奶抱着宝宝问“宝宝，妈妈呢”，引导宝宝用眼睛去找妈妈，当宝宝的眼睛找到并看着妈妈时，大力赞赏宝宝，接着问“哪个是奶奶”或“爷爷在哪里”，激发宝宝去看去指，当宝宝找到后大家都鼓掌表示赞赏。这种热烈的家庭氛围能激发宝宝认人认物的积极性。

【语言理解游戏3】骑大马　宝宝6—8个月时，父母坐好，让宝宝面对自己骑在双腿上，并握住宝宝的小手，边抖动双腿边说“骑大马，骑大马，过草地，上山坡，呱嗒呱嗒跨大河”，使宝宝的身体也随着节奏上下起伏。当说到“跨大河时”父母的双腿向上猛抬高再放下，宝宝就会立起身体。经过多次说玩后宝宝会理解语言，每当说到“呱嗒呱嗒”时他就会做好准备，说到“跨大河时”他就会配合将自己的身体立起来，并笑得咯咯响。

2. 咿呀学语，鼓励发声。在和宝宝的交流应答中，宝宝开始将韵母和声母组合在一起，从咕咕声变成了咿呀学语，宝宝热衷于循环使用各种组合，6—7个月时，这些早期的声音变得非常系统化，宝宝这时发出的不同声音，在父母看来都传递了不同的意思，把它们看作真正有意义的“话语”，因此常常对此做出鼓励性的点评或提问。比如在这些组合中有两个组合“mama”“baba”父母听了特别高兴，认为宝宝会叫妈妈爸爸了，就大力夸奖宝宝。宝宝很快发现这两个组合使他们的父母更开心，就将这两个组合分配给了对他们回应最热切的父母，这种积极的互动鼓励，能使宝宝付出努力，继续探索和使用各种声音。所以父母要积极鼓励宝宝的发音，对他的发音进行夸奖。

3. 运用手势动作充当语言辅助。对还不会说话的宝宝使用手势辅助交流时，能帮助宝宝有效地理解语言，如用摆手表示“再见”，拍手表示“欢迎”等，表示的动作越多，宝宝理解的语言也就越多。

【语言理解游戏4】我会做　宝宝6—7个月时，父母将他认识的小动物或物品摆成一排，并发出指令，让宝宝按指令做动作，如“请将小兔拿过来”“指指哪个是水杯”“把钥匙递给爸爸”，宝宝做对时鼓掌称赞。宝宝会指、会拿后，逐步增加物品的数量，加大游戏的难度，能锻炼他的倾听、理解和快速反应能力。

【语言理解游戏5】有礼貌　宝宝7—8个月时，父母结合具体情景教宝宝用拍拍手表示“欢迎欢迎”，用握握手表示“你好你好”，用拱拱手表示“谢谢谢谢”，用挥挥手表示“拜拜拜拜”。

宝宝活泼好动，最喜欢活动身体做动作，更喜欢别人的夸奖，上面

这些理解语言的游戏，可以帮助宝宝更准确地理解语言，激发宝宝的成就感。

4. 关注兴趣，清楚表达。父母注意观察宝宝关注的事物，使用清晰、简洁和重复的语言进行描述，从而使宝宝的词汇学习变得容易。父母还要跟随宝宝的兴趣，清楚地说出他所关注的对象。如宝宝正在看狗，就和他说："宝宝，你在看小狗吗？你看小狗张开了大嘴，还伸出了长长的大舌头，你也伸出你的大舌头吧。"如宝宝正在看小朋友，就告诉他说："宝宝，你看哥哥姐姐正在拍手玩游戏，你也来拍拍手吧。"像这样用语言清楚表达宝宝感兴趣的活动是发展宝宝语言最有效的方法。

◎快乐阅读　看图指认

1. 用书充当练习手眼技能的工具。宝宝很喜爱书，对抓书、啃咬、翻书和听故事同样感兴趣。尤其喜欢硬纸板书，宝宝的兴趣不在于书页上印着什么，而在于打开书页和翻动书页等行为所需的手眼技能。换句话说，硬纸板书对于宝宝来说是一个练习简单运动技能的工具。他尤其感兴趣的一个技能是把每张书页当作半个折页，使之来回摆动。6—8个月的宝宝喜欢乱翻书和啃咬，也可以专注地听故事。家长让他随便翻，同时给他朗读书页的内容，不要因此放弃朗读。

2. 指图说名称。这一阶段宝宝最适合的书是没有故事的书——只画着宝宝所熟悉的物品。父母边指着图像边说出人、物的名称、颜色和突出的特征，目的是让宝宝眼睛看着图像，耳朵听着父母介绍的语言，声像对应，学习认人和认物，进而理解语言。如果你能想办法让一个本阶段的宝宝安静地坐好，注意书页上的图像，然后把这些图像的名称说给他听，这将是一件非常有趣且有益的事情。如果你的宝宝特别好动，无法安静地坐着看听图片，你就跟随他的活动，给他说出他所看到或玩着的物品，但在睡觉前一定要让宝宝倾听你给他讲述这些图书。

3. 看喜欢和适合的书。七八个月的宝宝喜欢看富含象声词的图画书，象声词、叠音词和牙牙学语期的宝宝能够发出的声音很接近，宝宝在聆听的过程中能获得自我认同的愉悦感，同时这些声音也便于宝宝模仿，既开心也开口。比如绘本《蹦！》，从头到尾小动物小朋友都在尝试着蹦，因此蹦这个字音伴随着画面反复出现，这和宝宝的发音意外的巧合。七八个月的宝宝在看藏找类图画书时，不断地在“找出来”的过程中“复习”客体永久性的经验，所以有关象声词、叠音词和藏找类的图画书是第4阶段宝宝最适合的书。

◎快乐识字　情景识字法

2岁前是宝宝认识万事万物的重要时期，宝宝说话、识字都要以认识的事物为基础。因为字是表示具体事物的一种符号，宝宝认识了万事万物，就会在大脑里形成这些事物的表象，父母如果再教他认识表示这些事物的汉字，那么宝宝自然会将物和字联系起来，这样就学得快，记得牢。不论是认物还是识字，父母都要结合真实情境调动宝宝各种感官共同参与，才能取得较好的效果。

教宝宝认识熟悉事物的字，无论是名词如“猫”“狗”“梨”，还是动词如“爬”“坐”“站”等，只要宝宝认读兴趣高，就会学得快。因此父母一定要引导宝宝先指认万事万物，知道它们的名称，了解它们的颜色、形态及作用，使宝宝获得丰富的生活经验，再将他们最喜欢的人和物的汉字呈现给他们看，清晰地读给他们听，即使其中有许多难的字，宝宝也是容易接受的。

这个阶段教宝宝先认物，再认字。给宝宝制作的都是单个的白底黑字的大字卡，若是遇到不能进行拆分的词语如“苹果”“饼干”等就直接教给宝宝，宝宝对这些词语也比较感兴趣，因为词语能给宝宝一个鲜

明、完整的意义，从而激发宝宝的学习兴趣。

1. 情景识字。在教宝宝识字时一定要结合具体生动的情景，如当宝宝认识小猫后再次出现猫时问宝宝："猫猫呢？"宝宝看着小猫时，就肯定他："对，这是猫猫，宝宝认识了猫猫"。并将"猫"的字卡呈现给宝宝，读给宝宝听，还可以学学小猫的叫声，伸出手指学小猫抓老鼠，让宝宝将字和活生生的物联系起来。将看过认过的"猫"的字卡添加到墙上，每天几次抱着宝宝来到墙前，让宝宝看着字，并指着字读给宝宝听，读完后夸奖宝宝。家庭环境中的字画、春联等也可给宝宝看，读给宝宝听，一次两三分钟，每天两三次，一天都不要间断。

2. 抓玩盒卡。将宝宝每天看和听的字卡中最喜欢的字如"爸""妈""猫"等做成盒卡给宝宝抓玩，当宝宝抓到一个盒卡时，就夸奖他说："宝宝真厉害，抓到'×'的盒卡啦！"当宝宝扔盒卡时就说："你把'×'的盒卡扔到一边去了，你看'×'生气了！"再把"×"字卡捡回来说："给你'×'的盒卡。"通过抓玩盒卡，宝宝会对一些字产生印象，为以后的识字做准备。

3. 环境识字。看见宣传牌、警示牌上的文字如"爱护花草""小心滑倒"以及广告牌、条幅上的文字也都可以指着读给宝宝听，并和宝宝交流有关内容。如指念"爱护花草"后，就说"我们要爱护花草树木，不能用脚去踩花草，更不能用手去摘花草哟"，引导宝宝从小关注文字，坚持一段时间后，若是看见文字没有给宝宝读，他就会指着字发出"啊，啊"的声音，要你读给他听。

在第一时期最好坚持母乳喂养和母亲照护，每天注意观察宝宝的表情、动作、声音等表现，认真解读宝宝发出的种种信号，及时恰当地回应宝宝，尽量满足宝宝的生理和心理需要。放手让宝宝趴、翻、滚、爬，创造机会引导宝宝进行够、抓、握、拿、摁、捏、敲打等各种探索，积极和宝宝交流说话、游戏互动，夜间和宝宝同床睡觉，多抚摸搂抱宝宝，为宝宝的情感、动作和语言等各方面的发展奠定良好的基础。

【温馨提示】如果有条件的话，母亲最好照护宝宝到2岁，如果因为生活、工作特殊需要，或精神压力大等原因，最少也要照护宝宝到七八个月，8个月之后最好请爷爷奶奶、姥姥姥爷等家人每天进行几小时的替代看护，但照护责任仍是父母的，母亲要交代好如何照护支持宝宝，下班后要尽量进行照护和引导，以弥补因为工作而缺少的陪伴。工作的妈妈也不用担心，只要替代照护的长辈有爱心、积极主动照护，宝宝可以同时和几个家人建立依恋关系，可最依赖的还是妈妈。

第1—4阶段成长自测评估

请在每个阶段结束时对照相应的发展指标对宝宝进行自测评估，将宝宝的各种表现情况在达标情况栏打“√”，并认真回答自测评估总结与反思（见111页），以扬长补短有针对性地养育你的宝宝。

婴幼儿第1阶段（0—1.5个月）成长自测评估

出生时间_____年___月___日　测试时间_____年___月___日　宝宝月龄____个月____天

类别	自测评估内容	第几天	达标情况		
			优秀	达标	不足
身体发育	45天体重_____kg（正常均值5.07—5.46） 45天身高_____cm（正常均值57.2—58.3）				
	45天头围_____cm（正常均值37.8—38.7） 45天胸围_____cm（正常均值37.6—38.6）				
	特别关注：白天拉开窗帘让宝宝感受自然明亮的光线，晚上睡觉时关灯让宝宝感受昏暗，从小帮助宝宝养成日出而起、日落而息的良好作息习惯。				
社会性	1. 凝视人脸，进行面对面对视，还会模仿人的面部表情与动作。				
	2. 注意倾听和看人说话，会发出一些喉音。				
	3. 对着自己的手或物品微笑或对周围的人展露微笑。				
大运动	1. 俯趴时两手撑掌，头能抬起离开所躺的平面并保持几秒钟。				
	2. 仰卧时能转动头部。				
精细运动	1. 俯趴时能够撑开双手手掌、手指。				
	2. 紧握放入手心的笔杆、小棒之类的物品10秒以上。				
	3. 双手半握拳，会高高举起，会将拳头放入口中吸吮。				
认知	1. 看、听、闻、抓周围的人和物，探索物理知识。				
	2. 对移动的玩具进行追视180度和360度。				
	3. 在离耳15厘米处摇动装有黄豆粒的塑料瓶时转头眨眼。				
语言	1. 喜欢看和听人和他说话。				
	2. 同他说话时，发出喉音回答或小嘴模仿开合。				
	3. 听到声音有反应。				
其他	第_____天逗笑　　第_____天笑出声来				
	第_____天会注意自己的小手　　会发喉音_____个				

婴幼儿第2阶段（1.5—3.5个月）成长自测评估

出生时间_____年____月____日　测试时间_____年____月____日　宝宝月龄____个月____天

类别	评估自测内容	第几天	达标情况		
			优秀	达标	不足
身体发育	105天体重_____kg（正常均值6.55—7.05） 105天身高_____cm（正常均值62.1—63.45）				
	105天头围_____cm（正常均值40.35—42.9） 105天胸围_____cm（正常均值40.6—41.75）				
	特别关注：宝宝每天清醒时间变长，反应变得灵敏，会用哭和笑表达意愿需求，要注意观察宝宝的动作表情，准确判断宝宝的意愿需求，给予及时满足。				
社会性	1. 发出咯咯的笑声，表现出欢快的情绪。				
	2. 和父母进行面对面互动，会用微笑、声音、手势等回应父母的问候。				
	3. 对照护人的脸和声音会做出特殊的反应（开始有认识母亲的迹象）。				
大运动	1. 俯卧时用肘撑起半胸，将头抬起90度达15—30秒或更长的时间。				
	2. 身体转向一侧，翻身90度。				
	3. 仰卧时脚能抬高几厘米，用力踢蹬。				
精细运动	1. 眼手协调，注视小手、拍打吊挂的物品，抓握递到手中的物品。				
	2. 眼耳协调追视有响声的玩具。				
	3. 眼手口动作协调，两手胸前握住一些大的轻软物品进行把玩吸吮。				
认知	1. 喜欢拍、抓、摸、蹬，探索测试“我能让这个物体干什么？”				
	2. 2个月时能转动头颈水平追视180度、环形追视360度。				
	3. 能够感知和预测一些因果关系，比如知道脚蹬响铃能发出声音后使劲蹬踹。				
语言	1. 对人微笑，发出“咕咕”声，进入对话流中。				
	2. 父母和他说话时会发出a、i、o等韵母进行应答，形成对话模式。				
	3. 对周围的声响有反应。				
其他	第_____天笑出声　　第_____天会玩手				
	第_____天眼看、挥臂拍打吊挂玩具　　会发_____个长的韵母音				

婴幼儿第3阶段（3.5—5.5个月）成长自测评估

出生时间______年____月____日　测试时间______年____月____日　宝宝月龄____个月____天

类别	评估自测内容	第几天	达标情况		
			优秀	达标	不足
身体发育	165天体重______kg（正常均值7.51—8.05） 165天身高______cm（正常均值65.9—66.9）				
	165天头围______cm（正常均值42.3—43.3） 165天胸围______cm（正常均值42.4—43.4）				
	特别关注：每个阶段宝宝的头围都要在正常范围内，大和小都是不正常的表现。 3个月时宝宝的胸围和头围持平，6个月后胸围开始赶超头围，赶超越早说明宝宝发育越好。				
社会性	1. 会和父母围绕一个物品或动作玩身体游戏。				
	2. 5.5个月左右出现有意啼哭。				
	3. 呵痒时咯咯地笑。				
大运动	1. 5.5个月会仰翻俯或俯翻仰180度。				
	2. 轻拉腕部可以坐起（有的甚至能站起来）。				
	3. 开始学习或已经学会匍爬和打转（会的为优秀）。				
精细运动	1. 4.5个月手掌抓握物品，5个月时会用食指和四指对掌抓握物品。				
	2. 5.5个月前用手拍打、抓够视野内的物体。				
	3. 听到响动，眼睛和身体都转向附近发出声音的地方。				
认知	1. 听到金属落地的声音用目光看向地面进行寻找。				
	2. 拍打、抓握、蹬踹物体，探索物理知识和因果关系。				
	3. 初步区分人和物体（对人和物的反应不一样）。				
语言	1. 发出“mamama”“dadada”的连续音节。				
	2. 父母和他说话时喉咙里会发出“咕噜咕噜”的声音来。				
	3. 听到说人或物名时用眼睛找到目标或用眼睛看大人手指的方向。				
其他	第______天180度俯翻仰　　第______天仰卧时手能抓足				
	第______天够着吊球　　已认识______个人或物				

婴幼儿第4阶段（5.5—8个月）成长自测评估

出生时间_____年___月___日　测试时间_____年___月___日　宝宝月龄___个月___天

类别	评估自测内容	第几天	达标情况		
			优秀	达标	不足
身体发育	240天体重_____kg（正常均值8.36—9.0） 240天身高_____cm（正常均值69.7—71.3）				
	240天头围_____cm（正常均值43.8—45.0） 240天胸围_____cm（正常均值43.7—44.9）				
	240天牙_____颗（正常均值2—8）				
	特别关注：从6个月开始给宝宝添加各种辅食，6个月至1岁是宝宝味觉发育的敏感期，宝宝乐意接受各种食物，要陆续给宝宝添加多种多样的食物，这样宝宝长大后不挑食。				
社会性	1. 能用故意啼哭、叫声或小把戏吸引成人的注意。				
	2. 懂得大人面部表情“高兴、悲伤、生气”等。				
	3. 对陌生人有躲避行为。				
大运动	1. 手膝着地四肢协调地爬行。				
	2. 自己拉物站起。				
	3. 俯卧时自己坐起来，叫他名字时会挪动屁股向你移动。				
精细运动	1. 6个多月会玩具传手。				
	2. 7个多月会用食指抠洞、转盘、按键和探入瓶中取物。				
	3. 会用完全钳形即拇指和食指捏住小的物品（千万防止吞入口中）。				
认知	1. 喜欢玩小物品，探索分辨物体之间的异同。				
	2. 击打、抛扔、填充物体，探索因果及空间关系。				
	3. 寻找用东西盖住大半和全部的物品。				
语言	1. 认识一些人和物品，对语言做出相应的动作反应，如按吩咐把玩具给奶奶、妈妈等。				
	2. 理解一些语言，用手势动作表示“谢谢”“再见”等。				
	3. 咿呀学语，用声音和成人积极进行交流互动。				
其他	第_____天匍爬　　第_____天360度打转				
	第_____天连续翻滚　　第_____天按吩咐拿玩具				

总结与反思

1. 你的宝宝哪些方面做得非常好？宝宝为什么会做得这样好呢？你要再接再厉，继续加强和努力，使宝宝在这些方面继续保持良好的发展优势。

2. 你的宝宝哪些方面达标，做得比较好？宝宝为什么会达标呢？今后你要怎样去做呢？

3. 你的宝宝在哪些方面发展不足，没有达标，为什么会出现这种情况呢？你要怎样进行调整、改进和加强呢？

4. 宝宝有代表性的趣事或有价值的事件有哪些？

第4章

第二时期

（8—14个月）快速起航

在第一时期（0—8个月）语言、动作发展的基础上，进入第二时期（8—14个月）的婴幼儿将会在语言、动作以及认知等各方面都快速起航，有着突飞猛进的发展。

婴幼儿进入第二时期具有三个方面的明显标志：一是获得了移动能力，当你把宝宝放在地板上时瞬间就不知道他爬到了哪里，四肢协调爬行促进了婴幼儿站立、行走、探索、语言和性格的发展；二是已经理解了一些词语的含义并能听懂一些指令，如理解“妈妈”“爸爸”等词语和“挥手再见”“坐下”等指令；三是对待非家庭成员显露出非常害怕的样子。如果你的宝宝具备了以上几项本领，说明你的宝宝就真正地进入了第二时期，第二时期具有自身的特殊性，对婴幼儿的发展也很重要。

第二时期的特殊性

第二时期的养育工作发生了极大的变化。例如，婴幼儿具有移动自己身体的基础能力后，就能很快地获得扶站、扶走以及学会自己走路的能力。再如，婴幼儿获得语言理解这种基础能力后，就能理解更多的语言，还将会很快学会发音说话。因为教育成果的质量取决于婴幼儿的主要看护人，所以看护人的水平参差不齐，意识千差万别，婴幼儿的发展也存在着很大的差异。只有很少数的婴幼儿在8—36个月这段时间获得最充分的教育和发展，一般宝宝的潜能都不能得到充分的发挥。

第二时期的重要性

对语言智力发展的重要性。第二时期的婴幼儿将很快学会说话，如果这一时期婴幼儿的语言发展得特别好，就能从他身上看到这种稳定的语言能力，还预示着良好的智力发展。如果婴幼儿1岁时能说出50个左右的字词，而且能说出两个不同字的词语，那么这样的婴幼儿就具有语言天赋。我指导的宝宝有的1岁时能说出很多词语，还能说出两个不同字的词语，在儿保所进行体检时，语言发展达到了1.5岁的水平，14个月的时候能说出常用称呼和常见物品，那这样的宝宝不仅具有语言天赋，还预示着一流的智力发展。

对社会能力发展的重要性（连同第三时期）。8—24个月的经历在很大程度上决定着婴幼儿的性格、社会习惯以及日常的幸福水平。到2岁时有的婴幼儿受父母的影响可以成长为一个善于与人交往并且感到幸福快乐的孩子，而有的婴幼儿在父母的影响下则可能成为一个难以相处并且感受不到幸福的孩子。婴幼儿2岁以后会开始与同龄的伙伴进行交往，而不再像以前那样以母亲为社会交往的中心，母亲对待婴幼儿的态度、社会行为方式的影响会大大减弱，而且婴幼儿2岁时形成的人格性格会维持好长一段时间。

对技能与热情的重要影响。这一时期的婴幼儿和玩具的互动及愉快而兴奋地玩耍能促进特定技能的发展，并培养对生活的热情和好奇心。缺少探索和玩耍的婴幼儿没有热情并且黏人。

是教育效果最明显的时期。第二时期是教育效果最明显的时期，到2岁后就不会出现这么显著的变化。科学养育能加速婴幼儿的发展，父母了解婴幼儿的特点并进行科学养育，会使婴幼儿各方面的发展明显优于同龄儿童，而且还能避免在第三时期出现爱哭闹、好发脾气等令人烦恼的现象。

一、第二时期——阶段划分来施策

第二时期的婴幼儿将快速起航、迅速发展，对这一时期进行细致地划分，可以帮助父母了解婴幼儿快速发展变化的特点，有针对性地养育。

第5阶段　共同注意

8—10个月

婴幼儿特点及表现

八九个月大时，婴幼儿进入一个新的社会性发展阶段，这个阶段的婴幼儿能理解别人的想法，这种进步主要体现在婴幼儿从关注他人的行为延伸到关注他人的想法，大约发生在婴幼儿开始爬行的同一时期。当婴幼儿爬行或走进周围的世界时，他们会体验发现新事物的喜悦，但这种因新发现而产生的自由与兴奋带来了情感上的两难境地，当出去探索时，婴幼儿最终会远离为他们提供抚慰和安全感的人，于是婴幼儿发明了一种聪明的方法来解决这种情感困境，他们掌握了几项新技能，让他既可以尝试探索这个大千世界，又可以回到温暖安全的怀抱，与值得信赖的父母分享自己冒险进入周围世界时所发现的一切。

这些技能中的第一项称为“共同注意”，是指婴幼儿看着一个物体，希望父母也看着这个物体，婴幼儿一直注视着这个物体，直到父母也注视着这个物体时才罢休。或者婴幼儿看着父母的脸，父母看着一个物体，婴幼儿也顺着父母的目光去看这个物体。这种有意识的目光转移，有助于婴幼儿收集他人认为重要的信息。共同注意是婴幼儿真正对他人感兴趣的东西表现出兴趣的标志，处于这个年龄阶段的婴幼儿似乎在想，当你看到某个东西时，我也应该看看那个东西，因为它一定很重要。

回应性支持策略

1.和宝宝形成共同注意。要特别关注宝宝所注视的对象，当宝宝注

视某个物体时，父母也注视那个物体；或者用自己的目光、表情、语言吸引宝宝注视自己所注视的对象，和宝宝形成共同注意，相互分享彼此的兴趣和想法。

2.介绍解释共同注意的对象。在宝宝和成人共同注视一个对象形成共同注意时，父母对共同注意的对象进行命名、介绍和解释，这样能促进宝宝的语言理解和发音，扩大宝宝的认知，增进亲子之间的情感和交流互动。

进入第6阶段的重大行为标志

1. 快速熟练爬行、翻越障碍爬行、扶站扶走、蹲下捡物。

2. 填充、扔、推、手摇、击打、敲动、拉伸物体，进行各种探索。

3. 按成人的指令指出所说物品或图片，用动作表意。

4. 有的会称呼“爸”“妈”或开口说出其他的词语。

第6阶段　指向表达

婴幼儿特点及表现

宝宝在九到十个月大时还会出现另一项新的社会技能，即指向表达。作为他们与人分享兴趣的一种方式，宝宝开始指向物体，通过指向表达，宝宝能够让他人一起关注他所感兴趣的物体。指向表达是宝宝特有的一种表达形式，是一种用手势、肢体动作进行的表达。宝宝这时还不会说话，只能用手势、肢体动作来表达自己的见闻和请求。他们一直指向某个物体，直到旁边的人也看着他所指向的物体，其含意是“我正在看着这个，我也想让你看看这个”或者“我想要这个东西，我想请你帮我拿”。

在提出请求时，指向表达也是一种强有力的交流工具。通过一系列同步的指向与手势加上词语的发音，宝宝能影响他人并获得他人的帮助，以达到自己的目标。例如，当父母走近时，宝宝指向桌子上的杯

子，用手抓住父母并说“水”，父母可能就明白“哦，你想要喝水，我给你倒一杯水”。

指向表达是一种将自己与他人的思维进行连接的姿势。例如，宝宝看到有人指着一个物体，顺着手指的方向，宝宝就会推测那个被指着的物体对那个人来说是重要的或是想要的。通过指向和解释，宝宝能理解别人的意图，促进社会性发展。在2岁时，被教导使用简单的手势或动作来表示想要的物体的宝宝拥有更大的词汇量。相比那些没有系统学习过运用手势的同龄人，学过运用手势的宝宝在2岁的时候将多理解50多个词。因此，指向表达在以后的时间里将要继续大量使用，这样还能促进宝宝语言能力的发展。

指向表达可能意味着注意或者分享，也可以是请求帮助、提供帮助或是共享有用或有趣的信息。指向表达这种技能对宝宝来说标志着认知和社会性的重要发展，当宝宝开始指向表达时，就意味着他们已经开始意识到他人的想法是重要的，这表明宝宝正在发展出从他人的视角看待事物的能力，共同注意与指向表达创造了宝宝与他人之间的联系，既保持了一定的距离也能给宝宝带来安全感。

回应性支持策略

1. 猜测指向表达的意图。父母要注意宝宝指向表达的动作姿势和表情，给予解读和恰当的回应；也可用自己的指向表达及语言吸引宝宝的注意，引起宝宝的猜测。

2. 对指向表达的对象进行命名、解释和描述。用心解读双方指向所表达的意图，进行描述、解释或征询，尽量满足宝宝的要求，以促进宝宝的语言理解和发音，增加亲子之间的感情，促进宝宝的认知和社会性发展。

进入第7阶段的重大行为标志

1. 爬上3—10个台阶，爬上沙发或等高的物体。

2. 在各种形式的爬、坐立、站起、快速扶走之间灵活转换。

3. 尝试用左右排列、里外嵌套和向上堆叠的方式将物体排序。

4. 开始出现表达性语言，会开口说出第一个字或词语。

第7阶段　社交参照

婴幼儿特点及表现

开始参照他人的建议。“社交参照”是指婴幼儿进入陌生的环境或遇到陌生的人时，在不知如何行动时将他人的目光和表情作为自己的行动参考。这种典型的现象可以在1岁大的时候出现。如宝宝在面对一个陌生人给的食物或玩具时，通常会先看看父母，而不是直接接住物品，如果父母微笑或点头，宝宝就会接住物品；如果父母皱着眉头或摇摇头，宝宝就不会接住物品。

社交参照提供了避风港的同时也会产生一些负面的影响。宝宝很兴奋地探索周围的世界，当他们远离直接信赖的保护者，遇到不确定的情况时，就会将他人的目光、表情作为自己行动的参照，这样的社交参照为他们提供了避风港。但是他们也面临着潜在的风险，因为可能会受到他人的监视和反对，他们可能会看到他人皱眉、摇头或听到一些负面的声音，而不是微笑和令人平静的话语，这些会给婴幼儿带来一些负面影响。

是诊断发育迟缓并采取措施的重要时期。在快过1岁生日时，如果宝宝没有出现任何“共同注意”“指向表达”或“社交参照”的迹象，那么宝宝可能出现了潜在的发育问题，如自闭症障碍，其特征是在社会性和情绪互动、语言和非语言交流上存在困难，而且起源于非常早期的发育，因此开展早期识别和干预，以支持退缩的宝宝是非常重要的。

回应性支持策略

1. 提供正面的行为参考。父母注意观察宝宝的表情及动作，在宝宝遇到新情景或行动产生不确定性时，及时用目光、表情及动作为他提供正面的行为参照。

2. 避免做出一些负面的行为参考。在社交参照时负面的做法会给宝宝带来负面的影响，因此成人在给宝宝提供社交参照时要避免出现摇头、皱眉或泄气的表情和声音等一些负面的行为，尤其是宝宝1岁之后。

3. 注意发现宝宝是否有发育迟缓的迹象。当宝宝九到十个月以后，父母就要留心发现宝宝是否具有“共同注意”“指向表达”或“社会参照”的迹象，若到1岁时婴幼儿仍没有迹象，就应当带宝宝到专门的医疗机构进行检查、干预和支持。

进入第8阶段的重大行为标志

1. 出现了违拗行为，说出“我的、不、宝宝的”等词语。

2. 能独自站立或自然行走几步，进行三级连爬。

3. 在父母的帮助下将形状块从相应的孔洞中放入形状盒。

4. 有意识地称呼家人，用手指出或拿出常吃、常用、常见的物品或图片。

二、第二时期——应有能力得发展

第二时期婴幼儿的5大能力怎么样呢？我们的目标是帮助父母支持婴幼儿的5大能力在每一阶段都得到应有的发展，那么下面就讨论一下该如何达成我们这一时期的目标。

▶ 大动作发展——稳步挺立于世界

当宝宝在环境中移动、滚动、爬行或蹒跚学步时，他们就到了生命

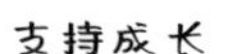

的一个新阶段，这些已经会爬行移动的宝宝很快就能学会走步，昂首阔步挺立于世界了。

宁爬勿走，爬爬进阶

宁爬勿走。爬行可以锻炼宝宝的颈、胸、腰、腹、背与四肢的肌肉，不仅可以促进骨骼生长和韧带灵活，更为站立行走打下基础。科学研究证明，爬行能加强大脑中各神经元的联系，刺激大脑语言中枢，为婴幼儿的语言学习做好准备，婴幼儿爬得越多，学习说话的速度越快。爬行是开发婴幼儿多器官协作能力的最佳运动，能帮助婴幼儿内耳前庭和平衡能力的提升，促进婴幼儿的感统发育，预防感统失调。爬行更能培养婴幼儿的本体感觉，婴幼儿今后学习的所有动作技能都从本体感觉开始。因此，在这一时期一定要让婴幼儿充分地爬行，而不是急于让婴幼儿学会独立行走。过去我们可能羡慕谁家的宝宝走得早，现在我们要羡慕谁家的宝宝爬得早、爬得好、爬得时间长。

爬够4个月。宝宝一生中走路的时间很多，但爬行的时间就这短短的四五个月，因此我们要确保能让宝宝在这个时期至少爬上4个月，因为一般的婴幼儿大约爬行4个多月就自动会走路了。

熟练爬行。将家打造成清洁、安全、开放的环境，任宝宝去爬行和探索，去他想去的任何地方，进行他想探索的任何活动，父母的任务就是时刻关注宝宝的一举一动，确保他的安全。

父母还可以鼓励宝宝按指令和要求爬着去完成任务。如“请宝宝找找爸爸在哪里？”“请找找你的汽车在哪个房间？”“请宝宝去看看狗狗在哪里？并把它拿过来。”宝宝爬着去找时，家人就跟在他的后边给他助威和保护，当找到时就大加赞赏，这样不仅能提高宝宝爬行的积极性和成就感，还能促进宝宝的语言理解和发音说话。

障碍爬行。在家里设置枕头、靠垫、被垛、纸盒、纸箱、板凳等障

碍物，用玩具逗引和鼓励宝宝翻越各种障碍物取到玩具，观察宝宝是怎样通过障碍物的，是从上面翻越过去的呢，还是从旁边绕过来呢？必要时父母进行一些提示或提供一定帮助和支持，家人还可以和宝宝一起翻越障碍爬行，增加宝宝的乐趣。

手脚快爬。手脚快爬是宝宝手脚着地快速爬行，这样的爬行不仅速度快，还能练习宝宝的四肢协调能力。宝宝为了拿到快速滚动的皮球或奔跑的汽车，爬着爬着抬高臀部、手足快爬去捡玩具。父母可以布置宽敞的场地，通过追赶玩具或和宝宝比赛，促使宝宝手脚快爬。

楼梯爬行。8—12个月期间，宝宝能爬上20厘米的高度，正好和一般楼梯的台阶高度相符，宝宝觉得很有趣，而且会反复进行练习。

父母一定要给宝宝提供练习爬台阶或楼梯的机会，自己家有更方便，没有就设法找有台阶的地方进行练习并在旁边加以保护，防止宝宝坐下来休息时坐空摔下来。

登高攀爬。在11—12个月的时候宝宝会获得第二种攀爬技能，一次能爬上40厘米高的地方，正好是沙发的高度。父母要鼓励宝宝大胆地去攀爬和探索。关于爬高的探索，有个很好的案例。

【精彩案例1】请不要打扰我的探索！一个快1岁的小男孩，尝试着自己爬上沙发，他一条腿站在地上，一条腿攀到沙发上，双手扒着沙发用力往上爬，可惜他一用力，攀到沙发上的那条腿就滑下来了，可他就是这样一次又一次地尝试，一连尝试了20次都没放弃，终于在第21次的时候他的另一条腿也爬上了沙发！此刻自己爬上沙发的小男孩是多么的欣喜呀！经过自己不懈地努力，终于爬上了沙发！

更难能可贵的是这个男孩的父母，能够放手和支持宝宝自己爬沙发，而且能让宝宝进行这么长时间、这么多次数的尝试和探索！心急和心疼的父母肯定不会看到这精彩一幕，也错失了宝宝探索的机会，宝宝也就体会不到成功的喜悦了。

三级连爬。1岁之后宝宝对于攀爬十分熟练，会爬上客厅的沙发、扶手并且继续爬上靠背甚至桌子。几乎每个宝宝都经历过这个三级连爬的过程，既令宝宝因探索新的地方而感到兴奋，也给宝宝带来了危险，所以父母既要鼓励宝宝大胆探索攀爬，又要在旁严加保护宝宝的安全。

【精彩案例2】我是多么的了不起！妞妞6个月就能拉着沙发站起来，13个月能爬上沙发，14个月竟从桌子上爬到了自己的餐椅上。这一刻非常惊险！只见她四肢趴在桌子的边缘上，用手去摸桌子旁边她的餐椅桌板，桌子和餐椅桌板之间还隔有大约10多厘米的间隙，她想从桌子上爬到自己的餐椅里，于是就用一只手去按餐椅的小桌板，可能一是想找到一个支点按着爬过去，二是还想按按小桌板是否稳当和安全，等这两个问题都确认后，她就按着小桌板勇敢地将脚也跨过去了，并顺利地爬到餐椅的小桌板上，然后迅速地坐到了座位上，脸上露出了成功的喜悦！

宝宝的潜能是无限的！在这爬高上低的年龄，只要宝宝自己敢于去探索和尝试，父母都要默默地支持，在旁不动声色地观察和鼓励！只有这样宝宝才能饱览人间的精彩，获得全面的发展！

拉站扶走，自然行走

拉站。宝宝在独立坐起来的同时也将学会拉着东西自己站起来。宝宝大约6—8月时学会拉站，如果不会，父母可以通过给他提供支持来教他，如让他拉着你的手或拽着你的衣服或扳着沙发自己站起来。一旦宝宝学会了站立，他就会探索坐姿的变化，包括跪坐、脚跟坐、双脚坐或坐在双膝间。

扶站。站着玩玩具是宝宝最好的扶站练习。9个月左右可让宝宝趴

在茶几、沙发或齐胸高的矮柜上面玩玩具。为了确保宝宝的安全，父母可以坐在宝宝身后的矮凳上，双臂展开，两手扶在宝宝两边所趴物体的边缘，形成一个既自由又封闭的安全空间，宝宝可以在这样一个自由安全的空间里站着开心地玩玩具，不知不觉地就学会了扶站。

扶走。必须有一个促动的因素使宝宝左右移步，那么这个促动因素一定是移动玩具。宝宝学会扶站后，将桌上宝宝喜欢的正在玩的玩具往一边移动，促使宝宝使劲伸手去够，再将玩具向一边移动，当宝宝伸手仍够不到玩具时就会向一边移动脚步去够，于是再次将玩具向一边继续移动，宝宝为了够到玩具就再次向一边移动脚步，这样一直往一边移动玩具，宝宝的脚步就往一边连续移动，重复这样的过程宝宝就会慢慢地自己左右移动脚步去够远处的玩具，学会扶着物体走路，即扶走了。

宝宝熟练扶走之后，父母如果将玩具移到茶几相邻的一边，宝宝就要扶着物体转弯移动才能够到玩具，等宝宝能够转过茶几的四个角，即能扶住茶几移动一圈时，宝宝差不多很快就会走路了。

还可以给宝宝准备一个游戏围栏，既可以让宝宝扶着游戏围栏拉站和扶站，还可以在没人照护时把宝宝放入其中安全玩耍，可解一时的燃眉之急。

自然行走。10个月左右宝宝就可在爬、坐、扶立、扶走各种动作之间自由地进行转换。当爬累了的时候他就会坐起来休息一下，当看见远处有好玩的玩具他就又爬过去玩，遇到能拉的东西他就拉着站起来进行扶站和扶走移动，当在很近的距离内即使没有可扶的物品时，只要有好玩的玩具吸引，他可能就直接走几步去拿玩具了。

为了帮助宝宝进行各种动作的自然转换，能够自然而然地学会走路，父母要在沙发前的地面上铺设地垫，在沙发旁放上玩具柜，在沙发、玩具柜上放上宝宝最喜欢的玩具，创设自由爬走的安全环境，宝宝

就可以灵活转换活动方式，自然地就可以走上几步了。

【学走游戏1】奔向玩具柜　在柜子和沙发、柜子和柜子之间留有较短的距离，上面放有宝宝喜欢的玩具，当宝宝想玩玩具时或想变换位置玩时，就能直接走上几步拿到自己想玩的玩具或走到自己想去的地方。这既能支持宝宝的探索，又能促使宝宝学习走路。

【学走游戏2】亲人呼唤　亲人和亲人之间留有一点距离，轮流呼唤宝宝的名字，要他到自己这边来，宝宝就能来回走上几步奔向亲人。

【学走游戏3】推学步车助行走　让宝宝站在学步车后面推着走，既安全又有趣，宝宝可以走到他想去的地方。注意要让宝宝在宽阔平坦的场地上推，成人要紧随身边加以保护。

【学走游戏4】追拿玩具　当宝宝可以走上几步后，父母手拿玩具逗引宝宝来拿，宝宝边走父母边往后退，宝宝不知不觉就能追走一段距离。

宝宝通过开放环境的锻炼和学走游戏的练习，很快就能自然行走了。

学骑滑板车和奔跑

可为宝宝购买骑滑两用的滑板车，本时期开始时可以让宝宝坐着蹬地滑行，会走稳之后就可以和宝宝一起扶着车把，学习站着滑行，宝宝扶住车把站在滑板车上，用一只脚蹬地慢慢滑动，多多尝试就能学会了，开始时家人一定要扶住车把和宝宝一起进行尝试，并随时加以保护。骑行滑板车既能增加宝宝的平衡感，又能练习腿部肌肉和快速反应能力，还可以在不愿意走路的时候，以滑板车代步增加趣味。

大动作发展比较好的宝宝已经走得很稳了，可以通过追赶、滚球、

抓泡泡等方式学习奔跑，因为在大人追赶、追球和抓泡泡时，宝宝自然而然就跑了起来（下一时期详细讲解）。

沙滩球上练统合

感觉统合是指将视觉、听觉、触觉、前庭觉、本体感这些感觉信息输入大脑并组织起来，经过大脑的统合完成对外界的反应，感觉统合是大脑和身体协调发展的基础。0—3岁是感觉统合障碍的预防期，3—6岁是感觉统合训练的黄金期，6—12岁是感觉统合训练的补偿期，13岁之后感觉统合基本定型。0—3岁是发展感统的关键时期，这个阶段没有做好，等到出现问题再去矫正需要花费更多精力且不一定能有好的效果。

如何在游戏中锻炼宝宝的感觉统合呢？那么就从9个月开始，让宝宝仰、趴、坐在沙滩球上，父母坐在床上或椅子上双手拉住宝宝的双手，通过来回推动宝宝带动球的滚动，让宝宝用各种姿势保持身体平衡状态，以发展宝宝的感觉统合能力。

《婴幼儿养育照护专家共识》指出：1岁以内婴幼儿每天趴卧至少30分钟，可分几次进行；1—3岁每天至少三小时各种强度的身体活动。在第二时期1岁之内主要指的就是爬行，无论宝宝会不会走，父母每天都要让宝宝至少爬行30分钟；1岁之后进行爬行、攀爬、站、走、跑、骑车等各种强度的各项身体活动共计3个小时，还可以让宝宝在沙滩球上练统合。

【温馨提示】宝宝能爬会走之后，一天到晚翻盆弄罐，一刻都不得安歇，这既有利于宝宝的探索，满足宝宝的好奇心，也给宝宝的安全造成了威胁。父母不能为了宝宝的安全去阻止宝宝的探索，而是要将危险的物品移走或进行一些防护，如给插座装上防护套，给盛放贵重物品的柜子和坐便器装上防护扣，给宝宝创设

自由安全的环境，支持宝宝去爬行探索。宝宝具有走路能力时，父母要为宝宝提供各种走的机会，支持、鼓励和保护宝宝大胆地走，千万不要多抱或用童车推着宝宝走，这样做会使宝宝缺乏积极性、主动性和探索的热情。

▶ 精细动作发展——感官探索尽情做

《0—3岁婴幼儿发展适宜性实践》一书中指出：8—18个月是多感官探索时期，当婴幼儿在环境中移动、滚动、爬行或蹒跚学步时，他们每天大部分时间都在练习大小肌肉的使用，如抓、击、拍、打、扔、推、拿等。这一时期的婴幼儿沉浸于独自游戏和探索，不需要成人和同伴的参与。他们利用手边一切可以利用的物品来理解世界，并通过多感官探索来建构知识和概念，还会在充分探索操作的过程中获得各种能力。从这一时期开始，父母不要去命令宝宝，命令会剥夺宝宝的选择权，拥有选择权的宝宝才能建立真正的自信。父母要注意观察宝宝想干什么、要干什么，尽量支持宝宝去做，创设环境或准备一些材料让宝宝去操作时，让宝宝自己选择，他乐意玩什么就玩什么。

充分探索和实验

第二时期的婴幼儿也被称为“实验期的孩子”，因为这一时期的婴幼儿好奇心强，爱动好做，什么都想看和摸，什么都想尝试一下，比如登高够物、推拉物品、扔摔玩具等，在这个时期婴幼儿所做的事情都是实验性的，要尽量引导婴幼儿去做这些实验，看看他到底想做什么。即使宝宝拉桌布把东西打碎了也不要责骂他，因为他在做实验中有了新的发现，手够不到的东西如果拉桌布就够到了；有的宝宝可能把玩具一个个扔到地上，父母也不要阻止他，可能扔完后他自己就会一个个捡起来，然后再扔再捡，他是在做重力实验；他们把贵重物品弄碎也不要训斥他，因为他在摔扔中发现有的东西能摔碎，有的东西摔不碎。宝宝就

是这样在实验中、在探索中学习知识增长智慧的。

婴幼儿一出生就拥有从环境中学习的探究心，运动能力、语言能力和掌握技能的能力都是在满足探究心的前提下得以发展的，因此父母要让宝宝充分地尝试和实验，并在旁边仔细地观察，看他是怎样想、怎样做的，必要时给予一定的引导。父母要尽可能地满足宝宝的这种探究心，这是养育宝宝的第一要务。

不要对宝宝说“不”

第二时期的宝宝喜欢爬高上低，“老鼠洞”都能掏个遍，这可能会给宝宝带来安全隐患。但父母尽量少对第二时期的宝宝说“不”，而应该对家里做出调整，别让宝宝碰到危险、易碎或贵重的物品。当阻止他够一个物品时，就和不赞成他探索自然的天性建立了联系，这样就扼杀了宝宝的好奇心。当看到宝宝去玩不想让他玩的物品时，可以使用转移注意力的方法，立即拿来一个别的能玩的物品或玩具，对新体验的强烈兴趣会使他的注意力立即转移到新物品上来，同时拿走你不想让他玩的物品。对宝宝说“不”是扼杀他的好奇心，而分散注意力是转移好奇心的方向，能保护宝宝的探究心。

创设情境　解决问题

父母可以运用一些物品创设一定的问题情景，引导宝宝尝试探索和进行解决。

在丰富多彩的日常生活中，有很多机会可以让宝宝去探索。如一个玩具掉到土坑里或小水坑里，看看宝宝怎样把它捞出来。雨后带宝宝散步时碰到了一个小水洼，看看他怎样过去，是跨过去还是绕着走过去等等，引导宝宝自己去尝试探索。父母要留意生活中的很多事情，多引导宝宝去尝试、探索并想办法给予解决。

【解决问题游戏1】够远处物品　在宝宝手够不到的地方放一个

他喜欢的玩具，在一旁放一根棍子，看他是否能用这根棍子作为工具去够取那个玩具。能的要大力进行夸赞，不会的给予引导解决。

【解决问题游戏2】够高处物品 在比宝宝稍高的地方放上点心或宝宝喜欢的玩具，在旁边放一个板凳或一个可以当台阶的箱子，看宝宝是否会踩着板凳或箱子去拿点心。

【解决问题游戏3】取玩具 在宝宝面前铺一条毛巾，上面放上他喜欢的玩具，让他把毛巾上面的玩具都取下来。然后看他面对毛巾上够不到的玩具会怎样做。接下来不把玩具放在毛巾上，而是放在毛巾的边缘，这样的话，宝宝还会拉吗？即使一开始会拉，也不会拉第二次了。这时候，宝宝对毛巾和玩具之间的关系已经有了充分的认识。

【解决问题游戏4】寻宝 父母当着宝宝的面把东西藏起来，然后让宝宝去找。还可将三个碗倒扣在桌上，在其中一只碗的下面放一些食物，上面再用餐巾纸盖上10秒钟，然后把餐巾纸拿掉，让宝宝找一找食物放在哪一个碗下面。如果能找到，意味着宝宝的智力发展得不错哟！还可以变化食物的位置让宝宝多找几次。

【解决问题游戏5】开汽车 让汽车在光滑的地板上开动，再在铺有毛巾的平面上开动，父母和宝宝一起观察汽车在地板和毛巾上开动的情况有什么不同。再让汽车在水平面和斜坡上开动，在斜坡上开上去，再开下来，观察汽车跑得有什么不一样，汽车在哪里跑得快。

【解决问题游戏6】找找在哪里 1岁宝宝很容易找到盖有一层织物的物品，而对盖有三四层的要花10—15秒才能找到或中途放弃。先在物品或玩具上盖一层围巾，让宝宝找一找玩具在哪里。

然后盖2层、3层、4层再让宝宝找一找。宝宝如果放弃，就过段时间再试试，宝宝在17个月时就能坚持玩下去。

小物品玩出大智慧

这一时期的婴幼儿由于有了坐和爬的能力，可以探索微小物品了。他们喜欢把一个容器装满又全部倒出，会花很多的时间去探索一些小物品。

儿童的智慧在他们的指尖上，所谓手脑连心就是锻炼双手能够培养出思维敏捷、头脑聪明的宝宝。手的精细动作的发展不像大运动那样外显，而是更为隐蔽，会被很多父母所忽视。其实精细动作比大运动更能反映宝宝的心智发展水平，因为控制手的操作来自大脑的最高区域，运动动作越精细，支配它们的相应脑区越大，每次进行手部精细动作的练习，都能调动起大脑相关区域的活动。研究表明，通过手部活动刺激大脑能提高宝宝的智力水平。灵活精准的精细动作，有利于宝宝在日常生活中做好吃饭、穿衣、刷牙这些自理动作，使他们得到心理上的满足，提高自信心。

既然通过摆弄小物品，宝宝可以练习手的精细动作和手指的灵活性，刺激脑部的发育，变得更加聪明智慧。那么，父母可以为宝宝准备各种小球、小瓶子、小盒子、核桃、橘子、大枣等一些小物品、小玩具，还有筐子、盒子、瓶子等一些容器，让宝宝在摆弄、敲打、装进拿出等活动中进行各种探索，不仅能练习手指的精细动作，聪明头脑，还能探索因果关系、数量概念。

1. 拿捏操作练协调。进行手眼协调的训练，表面上看只是锻炼了手和眼睛，实际上锻炼的是宝宝的大脑，在一次次的信息整合中大脑会变得更加灵敏。运用生活中各种各样的材料，让宝宝拿进拿出、塞来塞去、套来套去，既能增强宝宝小肌肉的发展，锻炼手指手腕的灵活性，

还能增进手眼协调能力。

【手眼游戏1】球球进洞　准备大小不同的球和一些抽纸盒、鞋盒或大的饮料盒，可以根据球的大小选择盒子，小球选小的盒子，大球选大的盒子，比如牛奶箱大小的盒子就对应海洋球大小的球。在盒面的半边开个圆洞（大小正好能将球塞进去），另外半边剪一个大的敞口，这样宝宝就能从敞口中看到他塞进去的球在盒子里滚动。

宝宝先拿一个球往洞里塞，从敞口拿出来再塞。这样可以练习宝宝手眼协调的能力，还能练习追视抓握的能力。再准备很多球，宝宝把球一个个从洞洞里塞进盒子，同时就能从敞口的另一边看到球滚下来，这能增加宝宝的乐趣和成就感。

还可以在盒面挖一大一小两个洞，给宝宝大、小两个球，当宝宝塞大球的时候，就要选择大的洞，这样宝宝对大小就有了真切地体验。如果再挖一个洞，给宝宝再添一个球，情形又不一样了，宝宝就能感受大中小了。

再挖一排排大大小小的圆洞，请宝宝把毛绒球、海洋球或其他大小的球一个个从相应的洞塞到盒子里，宝宝不仅要注意洞的大小，还要选择大小合适的球才能塞得进去，在玩的整个过程中，宝宝都要注意观察、思考和手脑配合，这对宝宝的观察力、思考力、手脑并用能力和专注力都是很好的锻炼。

就这样引领宝宝由易到难一样一样地玩，如先玩大的球，再玩小的球；先玩一个球，再玩许多球；先玩一个洞，再玩两个、三个……宝宝可以玩上好长一段时间。

【手眼游戏2】装小球　准备一些彩色小绒球、一个小口的瓶子，父母手拿瓶子，将瓶口对着宝宝，鼓励宝宝把绒球一个一个

塞到瓶子里，待宝宝熟练后可让宝宝自己一手拿瓶，一手塞球。

【手眼游戏3】抠纸球　准备一个小口瓶，将餐巾纸团成一个个小纸球装进瓶里，引导宝宝用食指把瓶中的小纸团一个个抠出来或倒出来。也可以将小绒球装到小纸盒里，在纸盒上挖个洞让宝宝用食指将小绒球从纸盒里一个个抠出来，或打开捏出来。

【手眼游戏4】穿障碍取球　在一个抽纸盒里面用针穿上一条一条的水平细线绳，在盒子底部放些小球，让宝宝的手指穿过这些绳子，拿出下面的小球。

【手眼游戏5】捡豆豆　将花生豆和蚕豆混放在盘子里，然后请宝宝把花生豆拣出来放在小碗里。父母可以先拣几粒花生豆放到小碗里做示范，然后请宝宝将花生豆全部拣出来。最后再请宝宝将剩下的蚕豆一个个捏起来放到另一个小碗里，这也是让宝宝按照同种特征进行分类，练习有目的地收集哟！

【手眼游戏6】套吸管　将粗细不同的吸管剪成四五厘米左右的小段儿，让宝宝把细的吸管插到粗的吸管里边，然后把最细的吸管插到细的吸管里边。父母一定要看护好，要求宝宝只能按这样的方法玩，千万注意安全，不能乱戳。

【手眼游戏7】摘苹果　用绿色和棕色的纸剪成一棵苹果树贴到墙面宝宝坐在地上能够着的高度，在苹果树上用双面胶粘上红、黄、绿色的海洋球当苹果，请宝宝把树上的苹果摘下来放到篮子里。最后还可以帮宝宝数数一共摘了几个红苹果。这个游戏形象逼真，不仅能锻炼宝宝的手眼协调能力和抓握能力，还能让宝宝辨认颜色、数数，丰富宝宝的认知。

【手眼游戏8】拔“小草”　用绿色的纸剪成宽0.5厘米、长三四厘米长的“小草”，粘在一块硬硬的大纸板上，往地板或桌子上

一放，请宝宝把地上的"小草"一棵棵地拔掉喂小羊。这个游戏能锻炼宝宝手指的抓捏能力和手指关节的灵活性。

【手眼游戏9】揪毛毛　找到废弃不用的棉垫子或装有棉花或高弹棉的坐垫、枕头、旧棉衣，在上面挖出能钻进宝宝食指的圆洞或小缝。随便拿来一只小动物，告诉宝宝："冬天到了，小动物冻得瑟瑟发抖了！啊，这里有很多的棉花，请你赶快揪一些棉花盖在小动物的身上吧！"创设这样的有趣情景，既能丰富宝宝的认知，又能激发调动宝宝操作的热情，培养宝宝手指的多种精细动作。

2. 捏住操作练精准。日常生活中有很多现成的生活用品，巧妙运用就能引导宝宝通过一些捏来捏去、装来装去的游戏，练习捏取的精细动作和手指精准控制的能力。

【精准游戏1】存钱币　准备一个储蓄罐和一些硬币，告诉宝宝要将这些钱存进储蓄罐里，请宝宝将硬币一枚一枚从小口塞到储蓄罐里。

不妨先观察一下宝宝会怎样塞，当横着塞不进去时，会变换方向竖着塞吗？

会塞1元的硬币后，还可以让宝宝去塞5角、1角硬币。还可以在小盒子上面挖大小两个小口，请宝宝将若干个1元和5角硬币塞进去。再挖一个最小的口，准备几个1角硬币，请宝宝将这三种硬币从三个洞里塞进去。这对宝宝的眼力和手眼协调能力都有很大的挑战。

【精准游戏2】扣子站队　在一个衬衣盒盖上粘上一条一条的双面胶，请宝宝将扣子一个一个立着粘在双面胶带上，扣子就像排队一样一个个、一排排"站"好了，宝宝可有成就感了！还可以

按大小、颜色、形状给扣子排队，既手脑并用练习精细动作，又能感知大小、颜色和形状，真是一场练习手脑眼的盛宴！

【精准游戏3】装棉棒　把棉棒倒在桌子上，告诉宝宝："哎呀，妈妈一不小心把棉棒弄撒了，请你帮妈妈把棉棒捡起来收好。"鼓励宝宝把棉棒一根根捏起来装进盒子里放好。

【精准游戏4】采茶　在抽纸盒的上上下下横着用针穿上一条条水平的线，在线上别上很多彩色的回形针当茶叶。"宝宝，茶园里长出了很多新茶叶，请你把茶叶采下来好吗？"父母以此鼓励宝宝将回形针一个个捏下来。

【精准游戏5】逮住毛毛虫　准备几根五颜六色的绳子，将绳子剪成一段段三四厘米长彩色的"毛毛虫"，再准备一块绿色的布或围巾铺在地上当草地，将五颜六色的"虫子"撒到草地上，告诉宝宝草地上生毛毛虫了，请宝宝逮住毛毛虫放进盒子里，不然它们会把小草吃光的。

【精准游戏6】小刺猬　妈妈用拳头大小的黏土团捏成一个小刺猬的造型，告诉宝宝，刺猬妈妈刚生下一只可爱的小刺猬，可小刺猬还没长刺呢，请他帮小刺猬长上刺。鼓励宝宝捏起已经剪好的一段段的粉丝插到小刺猬的身上，让小刺猬身上长满刺。

【精准游戏7】取卡子　在纸盒上面穿上一条条的水平线，在线上夹上很多小发卡。父母手指发卡对宝宝说："宝宝你看，是哪个调皮的小动物将这个发卡给卡在这里了，请你帮忙捏住小卡子一个个取下来吧。"

【精准游戏8】卖烧烤　在网上买一些木质的，比硬币大一些中间有孔的彩色几何形状片和细棒（如买不到就用硬纸板剪和一次性筷子代替）。父母告诉宝宝："我们来玩卖烧烤的游戏，请你

把烧烤串起来烤一烤。”

父母先在细棒上串好一两个做示范，再鼓励宝宝去串。宝宝串好后父母拿着吆喝：“卖大烧烤了！卖大烧烤了！”宝宝既分辨了大小、锻炼了精细动作，也会很有成就感，同时还能进行语言的学习模仿。也可以按同一形状去串，如一串圆形的、一串方形的；还可以按颜色去串，如一串红色的“番茄”，一串黑色的“木耳”；更可以按数量去串，如串1个、2个、3个“鸡蛋”。

以上这些游戏可伴随宝宝的成长和认知的发展一直玩到两三岁呢。

这些构思精巧的动手游戏，取材于日常生活，会激发宝宝的动手愿望，促进宝宝的手眼协调、精细动作和精准控制能力的发展，使宝宝的小手更精巧灵活，头脑更聪明智慧。

父母还可以发现和利用身边的小物品，自己设计一些动手的游戏，更可以利用日常生活中的机会，引导宝宝动手动脑，帮助解决一些实际问题，促进宝宝的手眼协调和大脑发育。

3. 对孔入洞启智慧。12个月时，宝宝就可以玩几何形状盒的游戏了。几何形状盒有各种各样的造型，如房子、汽车、正方体等，四面有各种形状的图形洞，还有配套的几何形状块。游戏时要将几何形状块从相同形状的洞洞放进盒子。

由易到难。和宝宝玩几何形状盒的玩具时要本着由易到难的原则，先玩圆形、椭圆形的，再玩正方形、正六边形、正三角形、心形的，最后再玩其他图形以及一些不规则的形状块。

直接帮助。开始阶段，宝宝对几何图形盒玩具还不太熟悉，妈妈要给他直接的帮助和指导，提升宝宝的游戏体验。如当宝宝选择一个红色的圆形块时，妈妈就手拿玩具盒将圆形的洞口为他转过来，然后扶好玩

具盒，以便宝宝对准圆洞把图形块放进去。妈妈引导他把圆形块放到合适的位置后，提醒他开始往下压，宝宝就能成功地把圆形块放到洞洞里了，妈妈为他鼓掌，宝宝会感到特别开心。

协助式支持。父母要帮宝宝找到对应的图形洞并对准，宝宝往里放时要帮他拿好玩具盒，角度对不好时要提醒他变化角度去放，当他对准往下压时父母要顶住玩具盒。总之，父母要关注宝宝的兴趣，为他设置每一步的任务，提供必要的帮助，尽量让他自己去完成任务。

几何图形盒的游戏对宝宝有很大的价值。宝宝在玩的过程中要对应图形、对准洞口、还得顺利进洞，这些不仅对宝宝的手眼协调要求较高，还使宝宝对颜色尤其是形状有了真切的感受，当宝宝经过努力将图形块放进盒子里时，他又获得了对形状、颜色、大小及数量的真实体验，更获得了成功的喜悦！

▶ 认知发展——支持建构获知识

父母作为婴幼儿主动学习、主动建构知识的支持者，不仅要了解婴幼儿各个阶段学习建构的知识内容，还要知道如何支持婴幼儿建构这些知识概念。

第5阶段　建构空间、因果、分类概念　8—10个月

随着时间的推移，婴幼儿越来越熟练地使用双手，甚至用脚来探索，大约到8个月的时候，他们会把一个动作与另一个动作联系起来，探索物体的特性，从而建构很多逻辑数理概念。

探索空间概念

空间概念是指物体在空间里的填充、调整以及移动。宝宝非常善于观察人和物在空间里的填充、调整以及移动，他们通过操作物体以观察如何装满容器、推动汽车和积木、把物体嵌套在一起、连接物体使物体保持平衡等，从而建构空间关系概念。

①填充　他们开始学会填充，就是将物品装满容器。父母可以提供一些小物品和可以盛放小物体的容器，宝宝喜欢填充和倒出并在填充物体的过程中建构没有、满以及多少的空间概念。

②移动　他们用手推球和汽车，扔物品，使物体发生位置移动，然后再爬过去拿回来，从而建构了重力、重量、速度、空间的初步概念。

支持策略　提供安全自由的空间和可以用来扔、滚、推的物品，如各种小动物玩偶、摇铃、钥匙串、橘子、核桃、大枣等，以及盒子、筐子、盘子、瓶子、罐子等各种容器，支持宝宝进行填充和移动，从而建构各种空间及数量概念。

探索因果概念

到8个月大时，宝宝会敲打和摇晃物体、会推动大球、打开柜门、按动开关，以引起有趣的反应。当他们击打一个物体并导致其移动时，敲打或蹬踢导致其发声时，或者摁压拉伸一个物品使它们变形时，便建构了因果关系。宝宝只要看到自己行动的结果，就会乐此不疲。

特定的动作是如何引起特定反应的？他们就是这个问题的研究者，反复进行探索和发现。有时他不知道这个物体是如何反应的，会想“如果我这样做会发生什么呢？”因此他们喜欢探索玩具和活动的因果关系。有时他们的行为已经具有了目的性，比如把物品扔掉再拿回来，把瓶子竖起来击倒再竖起来，他们通过自己的探索进行验证。

由于他们的操作产生特定结果时，他们会想“这些反应都是因为我的操作而引起，我是多么厉害呀！”所以因果探索不仅能让宝宝探索因果关系，还能激发宝宝的自信心和成就感，因此要给宝宝提供上面那些能引起一系列因果反应的玩具。

支持策略　提供各种能摁、捏、敲、拉、踢等能引起因果反应的玩具，支持宝宝进行各种探索。这类玩具能产生各种各样的反应，因此要

提供具有如下特征的4类材料：

①摇晃时会发出声音或光的玩具，如各种摇铃、能发光的小棒等。

②掉在地上或撞到墙上会引发不同反应的物品，如罐头盒、奶粉罐、塑料瓶与盖子等。

③简易且安全的物品，如门把手、门锁、铃铛、铃鼓、沙球、敲琴等乐器。

④富有张力和阻力、可拉伸的物品，如有弹性的皮筋、松紧带、袜子等。

探索分类概念

分类是区分物体的差异并把相同的物体放在一起，把不同的物体分开的一种活动。分类是数数的基础，能丰富各种认知，培养宝宝的观察、比较、思维和动手能力。当宝宝发现相同属性的物体时，他们就积极地探索和比较，例如，他们在把玩几个大大小小的碗时，将一个特征和另一个特征联系起来，发现这些碗的形状、材质甚至颜色都是一样，但碗的大小是不一样的。他们通过探索，尝试将几个大碗放在一起，又将几个小碗也放在一起，在此过程中他们就建构了大小分类的概念。父母看到了要夸赞："宝宝真厉害！把大的碗放到一起了，又把小的碗也放在一起了！"

宝宝会根据物体不同的属性（如大小、颜色、形状、材质等）进行分类、分组和排序。上面的例子中宝宝是按碗的大小来探索分类的。当遇到形状大小一样但有红、黑两种颜色的小碗时，宝宝就可能会按颜色给小碗分类。

支持策略　父母应当为宝宝提供只有一个属性不同的物体促使宝宝去建构分类的概念。如形状、颜色一样而大小不同的碗；大小、形状一样颜色有红有白的小球；大小、颜色一样而形状有圆有方的筐子等材

料，都能吸引宝宝去进行探索分类。

第6阶段　扩展分类、排序、平衡和数学概念　10—12个月

在简单的游戏中，婴幼儿运用他们越来越多的物理知识来建构不断丰富的逻辑数理知识。

扩展分类

在上一阶段分类探索的基础上，可对宝宝的分类进行扩展，如在材料上进行扩展，以强化宝宝已经掌握的分类；还可以扩展属性，引导宝宝按照不同的属性探索分类，让宝宝感知物体不同的属性；还可以扩展种类，如投放不同颜色、不同形状的物品，引导宝宝在分类的过程中感知不同的种类。

①扩展材料。上一阶段已帮助宝宝按一个属性建构分类的概念了，在第6阶段首先要扩展材料，如果上一阶段是提供大小不同的碗探索大小分类，那这一阶段就可以提供颜色形状相同，但大小不同的球、筐等材料帮助宝宝继续探索大小分类。比如上一阶段用红黑小碗探索对颜色的分类，这一阶段就准备红黑颜色的其他物品如小球、小盒等让宝宝继续对颜色分类进行探索。在提供一种材料支持宝宝探索按一种属性给物品分类的基础上，慢慢提供多种同样属性的材料，帮助宝宝在多次探索的过程中巩固先前的分类概念。

②扩展属性。分类是按物体不同的属性进行的。我们先思考一下可以按照物体的哪些不同属性进行分类呢？（大小、颜色、形状、图案、轻重、干湿、材质、数量、功用等）如果先支持宝宝进行各种红、黑颜色的分类探索后，接着就可扩展到用各种不同大小的材料支持宝宝探索按照大小的属性进行分类。如果先进行了各种大小分类探索后，就可扩展到按颜色分类，然后再扩展到按照形状等属性分类。

③扩展种类。怎样引领宝宝向多种类型分类进行扩展呢？比如在按

颜色属性进行探索时可先引领宝宝进行红、黑颜色的分类，再扩展到提供红、白颜色的材料分类，宝宝就在分类的过程中认识了红、黑、白，再接下来就替换成黄、绿、蓝的材料分类，宝宝就是按照这种认知顺序去感知和认识颜色的。所以父母最好按照这样的顺序投放各种颜色的材料。宝宝大约在1.5岁时认识红、黑、白3种颜色，2岁时再认识黄、绿、蓝3种颜色。按形状属性进行分类时要从圆形扩展到正方形、三角形等各种形状，慢慢地宝宝也会认识各种形状。

建构排序的概念

序列是指根据事物的不同在心理上进行排列。婴幼儿一旦具备了区分差异的技能，就会对自己提出更复杂的挑战——根据差异排列物体，即排序。排序有三种方式：

①排列　排列是根据物体大小、高矮的差异进行排序。如将汽车按照大小排队，将套娃按高矮排队等。

②嵌套　当宝宝把小物体嵌套在大物体里时，就发明了另一种建构排序的方法——嵌套。经过试错，他们发现较大的物体在形状上与较小的物体相同，而且可以容纳较小的物体。当他们探索物体如何嵌套时，便建构了大小、形状、多少以及体积和顺序之间的关系，嵌套导致物体由多变少。多次反复练习之后，他们仅仅通过观察物体就能识别哪些物体能嵌套，哪些物体则不可以。

③堆叠　利用摩擦与压力，让一个物体站在另一个物体上时就形成另一种排序叫堆叠。例如，宝宝可能会把一个小的圆锥体套在另一个大的圆锥体上，使这个结构变得更长。当把一个锥形塑料杯、塑料桶或可回收的纸杯堆叠在另一个上面时就会做成高塔或者长棒。堆叠使矮的物体变成了高的物体。

支持策略　父母为宝宝提供5—10个套盒、套碗、套塔3种不同的嵌

套玩具，还有大小不同的碗、盆、盒、一次性杯子等，给它们按大小编号。开始时由易到难，将5个玩具中的1、3、5号或10个玩具中的1、5、9号拿出来玩，其余的收纳起来，需要的时候再进行添加。要将这3个玩具投放到显眼的位置，吸引宝宝探索按照大小进行左右排列、里外嵌套和向上堆叠，宝宝一般采取的是试错的方式，尤其是嵌套时若拿一个嵌套不进去，他就会换一个再嵌，我们要允许宝宝反复试错，直到排列成功。当宝宝排列成功时，一定大力表扬赞赏，以鼓励宝宝排列的积极性。

建构平衡的概念

当宝宝能够坐立或站立保持平衡的时候，就开始主动建构平衡的概念了。一旦宝宝发现圆形的物体会滚落下来，而扁平的有棱角的物体会保持不动后，他们就喜欢把一个物体放在另一个物体上并使其保持稳定，进行平衡的探索。宝宝对平衡的探索围绕下面三个方面进行：

①什么样的物品能进行平衡搭建？是圆形的还是扁平的、没棱角的还是有棱角的？

②什么样的平面才能进行平衡搭建？是低矮的架子、倒置的箱子、篮筐、盒子还是枕头呢？

③什么样的位置才能进行平衡搭建？是放在物体的中央还是物体的边缘？

这些问题都有待于宝宝一个方面一个方面、一遍一遍地尝试和探索，当他们寻找这些问题的答案时，便加深了对平衡的理解。

支持策略　投放皮球、积木、纸盒、纸杯之类的材料，支持宝宝进行平衡尝试和探索，引导宝宝用各种各样的物品在各种平面、不同位置进行尝试和探索平衡堆叠。开始时父母可以任意拿一个物体放在另一个物体上，有的可能滑下来，有的则可能搭上去，宝宝也会模仿父母这样

去玩，玩着玩着，宝宝通过试错，自己就能发现怎样建构平衡了。

建构多种数学概念

宝宝在进行空间探索时，开始喜欢填充，接着通过扔和推进行位置移动，再接下来就是将物体竖立再推倒进行重心、重力试验。

①玩装满和清空容器的游戏。宝宝最喜欢装满和清空各种容器，当他们把容器装满并将其清空时，便建构了更多、全部、一些、没有、很多、很少等概念。装满和清空容器或许是一个很麻烦的游戏，但它提供了大量学习形状、颜色、大小和数量的机会，这些都是重要的数学概念，为宝宝的数学学习奠定了基础。

②玩扔和推的游戏，建构轻重、远近和移动的概念。

③玩站立和击倒的游戏，建构重力、因果、空间和时间的概念。

支持策略　提供各种小东西和容器，吸引宝宝玩装满和清空的游戏；提供能够进行推和扔的物品吸引宝宝去推和扔；还可以提供能够站立的大小高矮不同的瓶子、盒子、管子、罐子等物品，吸引宝宝去玩站立击倒的游戏。

第7阶段　自发分类、认识颜色、积木游戏、综合材料　12—14个月

自发分类

分类和排序是数学的基础概念。婴幼儿1岁后开始进行自发分类，在出生后的第2年，婴幼儿开始寻找特定类型的物体，比如专门去寻找各种球来滚着玩。他们会根据形状、大小、颜色和功能自发地进行分类和排序，当有可用的容器时，婴幼儿会开始有目的的收集。

①添加　他们最先进行的是添加，是在放有一两个物品的容器里添加一些同样的物品，例如在放有一两个红色玩具的红色筐子里添加一些红色的玩具。

②匹配　宝宝对填充以及清空容器的热情使他们愿意进行分类和排

序，他们能根据容器的颜色、形状等属性匹配同样属性的物品放到容器里。如看到大的盒子就去收集大的玩具放进去，看到红色的玩具就放到红色的筐子里，这里容器就起到了标记的作用，促使宝宝去寻找相同属性的材料放到相应的容器里。

③聚焦　随着时间的推移，他们会变得更加聚焦，会寻找某种特定的物体，例如他们可能去寻找一些小汽车放在地板上玩，也可能去寻找各种小球滚来滚去。

支持策略　父母通过提供形状、颜色、大小与玩具相对应的容器来支持宝宝进行目的明确的搜集活动。比如投放各种红色和白色的碗盘餐具和盆筐等容器，开始他们可能会寻找一些小碗来玩。但随着时间的推移，宝宝会注意到一组非常相似的物体中存在着差异性，如相似的小碗有颜色差异，他们会用红色的小盆自发地收集红色的小碗。刚开始时父母还可以在红色的小盆里放上一两个红色的小碗作为示范或标记，引导宝宝添加同样的小碗。如果有和玩具一样形状的容器，他们就自发地收集。例如具有行动能力的宝宝可能会寻找所有圆形的碗盘放在圆形的盆子里，这就是最初的具有标记功能的容器。当宝宝有目的地这样做时，父母就用语言描述他们的活动“宝宝真能干，你把红色的玩具都装到了红色的盆里，它们都是红色的。”“宝宝你把圆形的碗和盘放到了圆形的盆里，宝宝真是太厉害了！你看它们都是圆形的。”这样就帮助宝宝在玩耍探索中建构了分类、颜色、形状的概念，父母的表扬还增强了宝宝的成就感和自信心。

认识颜色

认识颜色对于1岁多的婴幼儿来说绝非一件易事，因为以往婴幼儿认识的人和物都有具体直观的形象，而颜色是从众多物品中抽象出来的一个共性概念。有的宝宝2岁就能认识10多种颜色，而有的宝宝3岁多了

连红、黄、蓝都分辨不清。要让宝宝及早准确地认识颜色，必须把握认识颜色的时间、顺序和方法，才能做到事半功倍。

①时间　宝宝1岁开始，需要用两三个月的时间才能学会认识第一种颜色——红色。因为红色是从多种物品中抽象出来的，宝宝认识红色是第一次学习共性概念，理解这个共性概念要比以前学认单个物品如自行车、苹果难得多。因此，要容许宝宝用两三个月的时间来学习。

②顺序　教宝宝认识颜色的顺序是：红—黑—白—绿—黄—蓝—紫—灰—棕和一些过渡色。要按照这样的顺序先引导婴幼儿认识红色，因为红色醒目又比较稳定，是宝宝最容易认识的。待宝宝对红色认识巩固后再学习认识黑色、白色，黑白颜色十分分明也比较稳定，再认识绿色、黄色和蓝色等。要按照这样的顺序一种一种地认识，切不可打乱顺序或一下同时教宝宝认识几种颜色，造成宝宝视觉认知上的困难。

③方法　宝宝认识颜色要有一个循序渐进的过程，这个过程可分为三个阶段，即匹配—辨认—命名，叫“三阶段教学法”，具体如下：

阶段一——匹配，收集红色的玩具。准备三四种玩具共10多个，以红色为主，放在一个小筐里，然后拿出一个红色的小盆告诉宝宝用这个红色的小盆来收集红色的玩具，要边拿边说：“这个是红色的，把它放到红色的小盆里。”直到把红色的玩具放完，剩下的几个不是红色的，把它推到一边说：“这几个不是红色的，红色的小盆不要它。”最后端着小盆说：“这些都是红色的玩具，我们收集了一盆红色的玩具！”父母可以经常反复地和宝宝玩收集红色玩具的游戏，直到宝宝自己能独立地将红色的玩具全部收集到红色的容器里。

阶段二——辨认，指认红色的玩具。父母和宝宝在桌前或地板上坐好，准备3种颜色的玩具5—6个在宝宝面前摆成一排，父母问“哪一个是红色的玩具？”宝宝指出红色的玩具。夸奖后继续问“红色的玩具在

哪里？请你拿出红色的玩具。”宝宝将红色的玩具指认找完后，请宝宝找一找家里有哪些红色的物品，宝宝每找到一个都对其大加表扬。以后无论带宝宝到什么地方，都别忘了让宝宝找一找红色的物品。

阶段三——命名，说出红色玩具。宝宝会指认红色的玩具和物品后，父母准备几个几种颜色的玩具，拿出一个红色的玩具问宝宝“这是什么颜色的玩具？”宝宝说出“红色”就是给红色命名。继而还可以扩大到生活中，父母指着宝宝周围环境中红色的物品问宝宝“这是什么颜色的花？”“这是什么颜色的衣服？”等，引导宝宝去回答。这一阶段是最难的阶段，要待宝宝经过前两个阶段对红色有一定的认识和把握，能够认识辨认红色后，才能进入第三阶段引导宝宝给红色命名，切不可一上来就问宝宝“这个玩具是什么颜色的？”或“这是什么颜色的袜子？”这样的问题太难了，宝宝会不知所措的，还会挫伤宝宝认识颜色的积极性。

为什么在日常生活中有的宝宝两三岁了，还不认识颜色呢？

究其原因，一是父母不了解宝宝认识颜色的时间，一直没有引导宝宝去认识颜色；二是不了解宝宝认识颜色的顺序，一下同时教宝宝认识几种鲜艳的颜色，致使宝宝难以分辨；三是父母不了解“这是什么颜色？”这种对颜色进行命名的问题是最难的问题，一上来就问宝宝这样最难的问题，致使宝宝丈二和尚摸不着头脑，影响了宝宝认识颜色的兴趣和信心，还会产生负面效应，即越问越糊涂，越问越不会。正确的方法是要先匹配、再辨认，最后才能命名。

支持策略　支持宝宝按照认识颜色的时间、顺序和方法，提供需要的材料引导宝宝在搜集玩具、玩玩具的游戏中进行颜色匹配、指认和命名。三阶段教学法不仅是教宝宝认识颜色的好方法，也是教宝宝认识图形、数字和文字的好方法，每个宝宝对任何事物的学习都需要经历这样

三个循序渐进的过程。

【认色游戏1】配对找朋友　准备红、黑、白、绿色的纸板各2块，打乱顺序后请宝宝将相同颜色的纸板摆在一起。或者准备红、黑、白、黄颜色的袜子、手套各一双，请宝宝给相同颜色的物品配对找朋友。

【认色游戏2】找汽车　宝宝认识两三种颜色后，将红、黑、白颜色的汽车或其他物品摆成一排，请宝宝快速拿出妈妈说出的汽车。如妈妈说“红色的汽车”，宝宝迅速拿起红色的汽车。开始妈妈可以说得慢一些，等宝宝熟练一些后逐渐加快说的速度。此游戏可以巩固宝宝对颜色的认识，还能锻炼宝宝的倾听能力和快速反应能力。宝宝最喜欢找到后家人的夸奖，会让他有满满的成就感！

积木游戏

婴幼儿一旦学会平衡，能够轻松地坐立和站立时，就开始探索如何使一个物体和另一个物体连接，搭建更高、更长或更大的物体，这就是积木游戏。大约1岁的时候，婴幼儿开始表现出将一个物体与另一个物体连接起来的兴趣，这是连接物体以形成新事物的序幕。婴幼儿在连接与建构方面的试验与他们的收集兴趣紧密相关，他们喜欢收集很多很多的物品，将这些收集的物品捧着、抱着，还有的放在一些容器里，当放不下时他们就会将收集的物品放在地板上或桌子、椅子上，无意间可能将这些收集的物品一个挨一个，这是最初的连接，还会将一个物体放在另一个物体的上面，这是最初的堆叠与保持平衡，在这个过程中他们建构了长度、线条、高度和图案的概念，积木游戏能使婴幼儿建构形状、大小、长短、高矮、多少等空间数量概念。

支持策略　投放正方体的积木、皮球、小筐、纸盒、纸杯等材料，支持宝宝玩积木游戏，引导宝宝通过尝试、探索，最终发现并用正方体积木或纸盒、纸杯左右连接成“长火车”，上下连接堆叠成“大高楼”。

综合材料

收集和投放各种形状、样式的套叠器具，如各种大小、形状、造型不同的碗、杯、瓶子、盒子等，吸引婴幼儿进行多种形式的探索。具体材料清单如下：

①大小不同的5个方形套盒、大小不同的5个圆形套盆。一套大小不同的带鼻套锅、一套大小不同的心形套盘，这些都是形状相同、大小不同的物品。

②形状大小相同的一摞圆形纸杯、一摞矮的方形小碗，5个相同的方形和圆形的盒子、盘子，5个相同的小茶杯。这些都是形状不同、大小相同的物品。

③盛有乒乓球和其他物品的几个瓶子。保证瓶子的高矮、形状、粗细、重量都不一样。

④在正方形盘子里放6个相同的圆形杯子，1个方形的收纳盒里放6个方形的小盒子（像月饼的盒子），小盒子里放各种不同的树叶、花朵和用丝带串着的一串手镯。

投放上面这些丰富的综合材料可以用来干什么呢？它们能够帮助宝宝建构哪些知识概念呢？可以利用这些丰富的材料吸引宝宝进行分类、排序、填充、嵌套、堆叠、击倒、平衡等各种探索和游戏，在游戏探索中能够建构大小、形状、颜色、数量、空间、因果、时间等概念，能让宝宝探索玩耍一二年。

支持策略　将上面这些玩具材料一摞一摞、一盒一盒整齐地摆放在低矮的柜子上，吸引宝宝运用不同大小的碗盆锅盒进行嵌套或堆叠，运

用相同大小的杯碗盘盒进行分类排序、运用各种不同的瓶子进行竖直击倒，也可以运用大小收纳盒进行收集活动，宝宝在丰富的游戏中能够建构各种知识和概念。

▶ 语言发展——理解说话双管下

经过第一时期的语言理解准备，8个月的婴幼儿进入了真正的语言理解时期，开始懂得了一些词语的意思。理解的标志是能够服从如“坐下”“亲亲妈妈”和“挥手再见”等指令，而且对理解词语和短语的意思表现出越来越强烈的兴趣。有的宝宝10个月左右就能开口说话了，开始进入了语言萌发期，大多数宝宝则在1岁左右开始说话。

语言发展的差异性

婴幼儿语言理解能力与学会使用语言能力（交谈）的差异是非常大的。对身体发育正常的婴幼儿来说，语言理解能力开始发展的时期都是第6—8个月之间，语言理解能力会在接下来的两年中稳步提高，并呈加速发展趋势，而说话能力在8—20个月开始发展，表达性语言开始起步。婴幼儿的语言是理解的多，说出的少。

宝宝之间的语言发展差异是很大的。有的宝宝九到十个月就开口说话了，而有的宝宝要到2岁时才能开口说话。我们一般认为开口说话早的宝宝语言能力发展就好，其实前2年中衡量宝宝语言发展的标志是语言理解的能力，说话的能力并不是宝宝在头两年中语言发展的标志。

如果一个宝宝在14个月的时候还不会说话，但他其他方面发展都很正常，那么他很可能没有任何问题。

如果一个宝宝在14个月的时候还不能理解一些词语的意思，那么他的语言发展就很可能滞后了。

很多聪明的宝宝在18和19个月之前还不能说出多少词语，但是到了快满2岁的时候很多话都能开口讲了。

语言支持策略

这一时期宝宝语言发展的任务是语言理解和发音说话要双管齐下，既要让宝宝理解更多的语言为学习说话做准备，又要开始教宝宝学习发音说话，将理解的词语说出来，学会更早开口说话。本时期要针对宝宝语言发展的状况进行支持提升，实际上在各种社交互动中，支持宝宝语言发展的机会随处可见。

第5阶段　我说你做

语言发展特点

8—10个月时宝宝开始进入了真正的语言理解时期，懂得了一些词语的意思，能根据成人的语言指出人或物、用动作表意并能用行动做出来等。

语言支持策略

“我说你做”是指成人用语言说出词语或指令，让宝宝用眼睛看、用手指出、用动作表示或用行动做出，帮助宝宝理解更多的语言，为下一阶段的开口说话做准备。本阶段支持宝宝语言发展的策略有以下三个。

1.针对兴趣进行表达交流。在宝宝8—10个月不怎么会说话之前，父母支持宝宝语言发展最有效的交流方式是观察宝宝关注的事物，跟随宝宝的兴趣，清楚地说出他所专注的东西，包括物品的名称、特点等，使用简单清晰以及重复的语言，通过变换语调来进行强调，从而使宝宝的词汇学习变得更加容易。比如宝宝看见了一辆小汽车，噌噌地爬过去抓住汽车玩了起来，这时父母要根据宝宝的兴趣和活动进行描述：“啊，宝宝看见了车车，宝宝抓住了车车，宝宝真厉害！”当宝宝在转动汽车轮子时，父母说：“轮子，这是汽车的轮子，汽车有了轮子才能跑呀。”只有当宝宝的目光转移之后，父母才能移开目光转移话题。再

比如带着宝宝在阳光下散步时，宝宝津津有味地看着一只白色的小猫，这时妈妈就描述小猫的动态："小猫也在晒太阳""你看，小猫伸懒腰了""小猫在舔尾巴呢""小猫在洗屁屁，小猫也在搞卫生"，这样跟随宝宝的兴趣，表达他看到的鲜活灵动的真实情景，会有助于宝宝对语言的理解和词语的学习。

2.运用共同注意认人认物。共同注意的好处在于两人同时注意一个物体。当宝宝和父母共同注意一个物体时，父母就高兴地指出名称，还可以说说这个物体是什么样的，有什么用等。这样宝宝就能够通过共同注意来认识物体，理解语言，也为学习发音说话做准备。

3.父母发出指令，宝宝行动。宝宝虽然不会说话，但已经能够理解一些词语的意义，按成人的指令行动了。父母可引导宝宝按指令指出物品。如"宝宝，哪个是飞机""球球在哪里"，引导宝宝指出飞机和皮球。还可以引导宝宝用动作表示语言，如"宝宝你吃饱了吗？用小手拍拍肚肚说吃饱饱了。"宝宝还能按成人的吩咐去行动，如对宝宝说"宝宝，兔兔呢？把兔兔拿来""宝宝，把桃桃递给给奶奶"，指导宝宝按照指令行动。还可让宝宝爬着去行动，如对宝宝说"宝宝，去找找你的熊熊在哪里""爸爸呢，你找找爸爸在哪里"，成人可跟在宝宝后面看着他爬到相应的房间去找，别忘了在找到后大力夸奖，增强宝宝的反应和行动的积极性。最后再邀请宝宝学着说找到的物品。宝宝理解的语言越多，说话就越早。

【认物游戏1】指出玩具物品　将宝宝新认识的七八种玩具或物品摆成一排，引导宝宝指出每一个物品。如"哪个是小鸡""皮球在哪里，把皮球给我""你的奶瓶呢，拿起你的奶瓶"，宝宝需要认真倾听，理解说话的语言，才能指认出来。

【认物游戏2】认部位　从七八个月开始就可以教宝宝学认第一

个身体部位了，宝宝对眼睛、嘴巴、鼻子甚至手脚哪一个感兴趣就先教认哪一个，每天围绕这个部位多次指认，而且最好认识了第一个身体部位后，再认识第二个，每认识一个新的部位都和以前认识的身体部位一起复习一下，如“张开你的大嘴”“拍拍你的小手”“摸摸你的耳朵”。

【理解语言游戏】小马　父母坐在地板或矮凳上，宝宝骑在成人的双腿上，和成人面对面手拉手，父母边唱歌曲（或放歌曲《小马》）“小马小马，摇摇尾巴，跟着爸爸去玩耍，东边跑跑，西边跳跳，苞谷里苞谷里摔一跤，苞谷里苞谷里摔一跤。”边拉着宝宝的双手按节奏上下颠簸，当唱到“东边跑跑”时，身体往左边倾斜，当唱到“西边跳跳”时，身体再往右边倾斜，当唱到“苞谷里苞谷里”时使劲上下颠簸，当唱到“摔一跤”时，手推宝宝身体向后倒下。这个游戏不仅歌曲欢快，宝宝百玩不厌，还能让宝宝练习对语言的理解，当唱到一些歌词时宝宝就做相应的动作，最后还应声倒下，玩得非常开心。

◎快乐阅读　指出物品

1.玩书看书。宝宝喜欢爬行探索，且手指的抓握能力也逐渐成熟。若将书本放在宝宝面前，他会出现很多探索书本的行为，如拍书、打书、旋转书、打开书、翻页，把书合起来，甚至出现啃书、撕书的行为，宝宝对待书本的行为就像玩玩具一样。父母在和宝宝一起看书时帮助宝宝捧住书本，邀请宝宝翻页，用手指图或者以某种随机顺序等方式阅读。若父母经常和宝宝一起快乐阅读，宝宝一些看似破坏书本的行为会渐渐减少，并以适宜的行为来翻书、看书。

2.指图说出名称。父母支持宝宝语言学习的重要方法是指出物品，指出书上的人或物品，为其命名并讲述引起宝宝兴趣的内容。宝宝从早

期抓取书中的图片发展到自己指着图片看书的阶段后，指着图片的动作比其他任何时候都多。当宝宝指图片的时候，他表现出自己的兴趣，父母最好说出宝宝所指物品的名称，并加以描述。同样，只要被指的物品在宝宝的视野范围内，他就能够跟随他人的指引。所以在这个阶段，当父母指着图片说出物品的名称时，宝宝也更容易跟父母这样做。

3.帮助练习指认技能。当宝宝的语言开始发展，并且开始清楚一些词语意思的时候，父母在帮助宝宝阅读书籍的方式上会稍有不同，要让宝宝积极地参与练习这一新技能。所以一起看图片的时候，对于宝宝已经认识的物品、理解的词语，父母不要再指着图片说出名称，而要换成提问的方式引导宝宝参与指认，如问“蚊子在哪里呢”“哪个是母鸡呀”“你能找到小鸡吗”，鼓励宝宝用手指出来，帮助宝宝认物和理解语言。

这一阶段适合宝宝看的绘本：《从头动到脚》这本书能让宝宝边看书边模仿做动作、边交流对话。8个月左右是宝宝陌生焦虑的最典型时期，会表现出对家人特别是对母亲的强烈思念，《连在一起》《抱抱》是表现亲情和依恋的图画书，宝宝会非常喜欢看。

◎快乐识字　生活感受法

第5阶段的宝宝继续认识生活中的人和物和最喜欢的人和物品的汉字。家人在教宝宝认识任何事物和文字时，一定要让宝宝对所认识的事物或状况有充分的直观感受，能看的让他们看一看，能摸的让他们摸一摸，能尝的就让他们尝一尝。如吃香蕉时让宝宝看一看“香蕉，黄黄的香蕉”，让他摸一摸香蕉“弯弯的”，剥开来让他闻闻香蕉“香香的”，再让他尝一尝香蕉“甜甜的”，引导宝宝先全面认识感受后，再出示“香蕉”字卡给宝宝看，并读给宝宝听。在教宝宝学习一些动作的词语，如“坐”“爬”时，和宝宝一起做一做这些动作，再指认文字。

结合这样全面、深刻的生活感受，宝宝看到认过的汉字时就会联想到曾经有过的生活感受，使平面呆板的汉字变得生动活泼起来，有利于理解和记忆。

1.物、图、字结合认。可先让宝宝玩一些实物和玩具，获得真切的生活感受，再让宝宝看对应的图卡，指认图片，并将宝宝认识的最喜欢的物品或图片对应的字呈现出来让宝宝看，给他读出字的读音，这样宝宝就会在认识一些物品后去注意相对应的字。可以给宝宝买正面有图、反面有字的卡片，在生活中先认实物，再认相应的图片，最后翻开后面的字给宝宝看和读，也可以给宝宝买或写一些无图字卡给他们看和认，将物、图、字建立联系，形成记忆。家人要将学认过的字卡贴在墙上让宝宝每天坚持看和读。

2.玩盒卡游戏。将宝宝特别喜欢的字做成盒卡给宝宝抓玩，若是说到什么人或物，宝宝能抓到相应的字就视为他认识该字了。等宝宝认识2个以上的字时，就让宝宝按父母的要求去拿盒卡，若宝宝拿对了，要拍手大力赞赏宝宝，激发宝宝识字的积极性。

3.字物、字图配对。家人还可以和宝宝去玩字物、字图配对找朋友的游戏。先将宝宝认识的两三种物品摆成一排，将相应的字卡摆在下面一排，请宝宝按照要求拿出物品、玩具或图片，然后再拿出相应的字卡，给他们找到好朋友。如“请宝宝将小狗拿过来。”“再将‘狗’的字卡也拿过来，给它们找到好朋友。”“宝宝帮它们找到好朋友了！宝宝真是太厉害了！”如果宝宝不会拿也很正常，继续坚持玩，宝宝慢慢就会拿的。

第6阶段　先认后说　10—12个月

本阶段婴幼儿在父母的引导下会认识越来越多的人与物，理解越来越多的语言，并能通过多种形式如表情、动作等与人互动。

语言发展特点

大多数婴幼儿在12—16个月进入语言萌发期，有的宝宝9—10个月就会有意识地称呼爸爸妈妈，说出第一个有特定意义的词语。他们能在理解词语和句子的基础上，通过模仿学习发音，说出一个字或两个重叠音的词语甚至两个不同字的词语或短句。10个月时，有的宝宝能说出第一组词，通常是家庭成员的称呼或经常使用、看到的物品。如“妈妈”“抱抱”“猫猫”等。他们学习的词语类型有很大的差异，一些宝宝学习了更多的名词，也就是表示人和物的词语，而另一些宝宝学习的更多是与社会交往有关的词语比如“抱抱”或“不”。虽然有些宝宝1岁生日前会开口说话，但并不多见，正常的宝宝会在8—20个月时开口说第一句话。

语言支持策略

这个阶段的重点还是要引导宝宝学习理解更多的语言，语言理解是衡量宝宝第一年语言发展的标志，因为语言理解是发音说话的基础，只有认识的物品和理解的词语，宝宝才能说出来，只有现在输入的语言多，宝宝理解的语言才多，日后说出的语言才多。所以本阶段支持婴幼儿语言发展的策略是先认后说，即创设丰富的语言环境，通过与宝宝交流互动，引导宝宝认识更多的物品，理解更多的语言，并引导宝宝将他理解的词语说出来。

1.三位一体玩物认物。在和宝宝玩玩具、看卡片时，可以将实物、图片、玩具三位一体一同进行。

一是看说实物。如在外面遇见可爱的小狗时，看看小狗，甚至走近小狗去摸摸，然后和宝宝一起谈论小狗“雪白雪白的毛真可爱，黑溜溜的眼睛转来转去，红红的舌头向外耷拉着。”和宝宝一起学学小狗的样子等，最后离开的时候和小狗摆摆手再见。

二是看认图片。回家后带宝宝翻看有关狗狗的书，找到小狗的图片和宝宝一起指认，并模仿书上的狗狗眨眨眼睛、伸伸舌头等。

三是玩玩具。看完实物和图片再和宝宝一起玩玩小狗的玩具，一只毛茸茸的可爱的电动小狗，摇着尾巴在屋里走来走去，宝宝爬过去追着看，家人和他一起谈论电动小狗："狗狗走得真快，宝宝终于追上狗狗了！"

四是交流谈论。又过了几天，妈妈突然听到外面有狗的叫声，就说："宝宝你听，谁在叫？""汪汪汪，是谁在叫呀？"宝宝听了听，指了指外面，好像是说前几天在外面看到的那只狗在叫，听到狗叫的声音他们又讨论起狗，宝宝第一次发出了"狗"的声音。通过看实物——认图片——玩玩具——说话交谈，促进宝宝语言理解及表征能力的发展，经过多次谈论和模仿，宝宝最终会说出所认识的物品名称。

2.解释指向表达。指向表达是一个手势动作，是不会说话的宝宝与他人进行交流的一种特殊表达方式，父母也会用指向表达来引起宝宝的注视和注意，它可以立即被翻译成词语和短句，将指向的物体变成可以命名的物体，将宝宝指向表达的意思用语言描述或表达出来，帮助宝宝学习理解词汇和发音说话。

指向表达可以表达请求帮助、提供帮助或是和他人共享有用或有趣的信息。比如在地垫上坐着玩的时候，10个多月的坦坦突然用手指着放在柜子上的汽车，妈妈顺着坦坦指向表达的手势看向了汽车说："坦坦，你是想要柜子上的汽车玩吗？"坦坦点头应了一下，妈妈就说："好的，我来帮你拿。"妈妈将柜子上的汽车递到坦坦的手里，坦坦开心地用拿着汽车的手拱了拱表示感谢。像这样关注、解读、命名和解释宝宝指向表达的物体，并尽量满足宝宝的需要，既能帮助宝宝理解词汇和学习语言，又能促进与宝宝的交流表达，增进亲子之间的感情。

3.转换成重叠词说出来。本阶段既是宝宝认物理解语言的重要时期，又是教宝宝学习发音、开口说话的重要开始。父母在帮助宝宝认知图片、物品和通过一些动作理解语言的基础上，一定要宝宝将认识理解的人物、物品或动作的名称说出来，在支持宝宝学习发音说话时，最好将词语转换成易发音的重叠音说出来。因为此阶段宝宝处于模仿发音说话时期，能发出的音很少，尤其不能连续发出多个不同的音节，重叠音容易发，特别适合刚学说话的宝宝。实践证明这是宝宝语言学习的最有效支持台阶。等到宝宝1.5岁左右能够说出50—60个重叠词，发音说话的能力增强时，再改成正规词语，父母从此也要减少使用重叠词的“婴儿语”跟宝宝说话交流，帮助宝宝学习规范语言。

【语言理解发音游戏1】斗斗飞　开始时宝宝先伸出两根食指表示小虫，父母可握住宝宝的手边说“斗斗”边将宝宝的两根食指碰在一起表示两只小虫在斗，说“飞”时两手迅速向两边打开，表示虫虫飞走了。然后反复说做，宝宝就可以说出重复的语言“斗斗”和“飞”了。同时这也是个眼手协调的好游戏，熟悉后宝宝自己能单独说玩这个游戏。两根小小的食指能从两边远距离地对准相碰，可不是一件容易的事哟！

【语言理解发音游戏2】关门开门　宝宝竖起两根食指表示两扇门，父母握住宝宝的手边说“关”边将宝宝的两根食指竖着向中间移动，说“门”时将两根食指竖着碰在一起表示关上了门，说“开门”时，将两根食指竖着向两边移动表示门打开了。然后反复说做，宝宝还能跟着父母学说“关门”“开门”呢！这也是一个很好的手眼协调游戏。

【语言理解发音游戏3】动物儿歌

斗虫 虫， 虫虫飞，（边说歌谣，两手食指边按横杠节奏对碰三

下，说“飞”时双手展开像飞跑状）。

斗鸡 鸡， 鸡鸡啼，（边说歌谣，两手食指按节奏对碰三下，说“啼”时右手五指并拢放在头上做鸡啼状）。

斗狗 狗， 汪汪汪，（说“斗狗狗”时，两手食指按节奏对碰两下，说“汪汪汪”时双手五指并拢，放头两侧摆手并点头两下）。

斗猫 猫， 喵喵喵。（说“斗猫猫”时，两手食指按节奏对碰二下，说“喵喵喵”时双手五指叉开放嘴两侧做捋胡须状两下）。

上面的游戏简单有趣，既能通过模仿小动物，练习宝宝的精细动作，又能丰富宝宝的认知，学习宝宝最爱说、最易学的小动物的名称和叫声，没准时间长了宝宝还能学会接背和背诵这首儿歌呢！

◎快乐阅读　指认命名

1.将阅读内容和生活体验联系起来。宝宝快满1岁的时候，快乐阅读的方式可以更丰富一些，将书中的内容和宝宝自己的生活体验联系起来，使宝宝更加投入。此时快乐阅读最简单的方式，就是父母鼓励宝宝模仿图片中人物的动作。这是从宝宝早期的动作游戏中自然发展而来的，在宝宝学习词汇的时候，将书中的内容与他自己或身边的其他人联系起来，对他很有帮助。例如父母和宝宝轮流指着图中大象的鼻子，然后找到自己或者爸爸的鼻子，在每个关键点，父母重复“鼻子”这个词语，就能在游戏中鼓励宝宝学习“鼻子”这个词语了。同样父母也可以通过模仿图片中的动作，帮助宝宝理解图片代表的意思和对应的词汇，首先将图片和自己及宝宝的动作联系起来，最后鼓励宝宝模仿做出动作。比如母子一边看着图片一边说：“小马会转头，宝宝你会转头吗？”“你看，妈妈也会转头，你也来转转头吧。”“啊！宝宝也会转头了！”宝宝在模仿时理解了动作，学习了发音，是学习语言最直接、

最有效的方式。

2.跟随兴趣指认命名。看图书中的插图帮助宝宝形成对真实世界中的事物更抽象的表征，所以在快乐阅读的时刻，当宝宝感兴趣的话题被命名时，宝宝的词汇学习会变得更加容易。有研究发现在宝宝学会的前20个词中，大约2/3是父母在这种指引和命名的情境下学会的。比如发现宝宝对小猫的图片感兴趣时，就指认小猫。如问宝宝："猫猫呢，猫猫在哪里？"请宝宝指出猫猫。然后再指着小猫的图片问："宝宝，你说这是谁呀？"引导宝宝说"猫猫"。"你看猫猫在伸腿呢，你也学猫猫伸伸腿吧。"像这样围绕着宝宝的兴趣去指去看、去说去做，就能促进宝宝语言的快速发展。

3.朗读绘本文字。宝宝的口语表达能力十分有限，一开始只是重复地发出一些无意义的声音，慢慢会说出第一个有意义的字词，如"妈妈"或"狗"等。但他们可以逐渐理解成人说的简短句子，而且对理解词语和短语表现出越来越浓厚的兴趣。因此，当父母经常朗读情节简单的绘本时，宝宝会慢慢理解与他们生活经验有关的词语和句子，而且在父母指引的线索下注视特定的图片，甚至会指出或拿出他们认识的图片，模仿说出反复重复的字和词语，所以父母每天一定要给宝宝朗读绘本哟！

【翻书游戏】翻翻书找到啦　10个月左右宝宝最喜爱翻书，还能认识一些常见的物品，可以通过游戏，引导宝宝在书中找到他熟悉的人和物。在宝宝翻看他喜欢的书时，父母将书中他认识的人物、动物或主要角色编入儿歌，如"小鸡小鸡你在哪，翻翻书找到啦！"宝宝听到后迅速翻书，找到小鸡。父母要立即夸奖："小宝贝，真能干，找到小鸡笑开颜！"然后再问宝宝，"你找到谁啦？"邀请宝宝一起指着小鸡说："鸡鸡，鸡鸡。"宝宝在

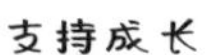

书里认识了什么，父母就将其编进儿歌，让宝宝翻书找出来，并邀请他学着说一说。这样宝宝既理解了语言，认识了物品，又学习了发音说话。

◎快乐识字　对应识字法

认识生活环境的字。给家里的各种物品贴上相应的大字卡，引导宝宝物字对应认识文字。如在门上贴“门”字，窗上贴“窗”字，墙上贴“墙”字，床上贴“床”字等。宝宝能用眼看、耳听的方式关注文字，对字产生敏感。一开始贴单字，每样都要做两张，一张贴在实物上，一张贴在墙上。

为什么识字卡需要两张呢？这是为了防止宝宝只通过看实物和摆放字卡的位置来识字，促使宝宝注意看字形、分辨字形，懂得同样的字形不论在什么地方都念一个音，这样即使文字搬家了，宝宝也能认识。运用两张字卡还可以让宝宝通过看和玩，做到既注意实物，又注意观察字形、分辨字形。

在实物如门、窗、墙、床、桌、椅、镜、钟、画、花、杯、碗、盆上贴上相应的字卡，每天指给宝宝看三四个物品，再指着每个物品上贴的字，读给宝宝听，并将相应的字卡贴在宝宝坐着和站在地上都能看清的高度。每天带宝宝看读实物上的字卡，再带宝宝到墙前找读对应的字卡。

宝宝识字的关键是要看清字形，并把字形和字音联系起来。父母可以和宝宝玩以下游戏，帮助宝宝去注意字形：

【识字游戏1】找物认字　妈妈摸着门教宝宝：“宝宝这是门，开门关门，打开门我们可以出去，关上门谁都进不来了。”宝宝认识门后，妈妈说：“宝宝，门呢？咱家的门在哪里呢？”宝宝爬着找到门后，妈妈拿着字卡对宝宝说：“啊！宝宝找到门了！

对这是门，这是‘门’的字卡。”

【识字游戏2】向字宝宝问好　宝宝认得几个物品后，父母引导宝宝按指令问好。父母说：“小宝宝，有礼貌，过去向门问个好！”宝宝就爬着或走着去找门，这时，父母说：“门，你好！”宝宝指着“门”字表示向门问好，然后再向其它物品问好。

【识字游戏3】找到好朋友　父母拿掉床上的字卡说：“宝宝，你到墙上帮‘床’找到好朋友，好吗？”若是宝宝找到了“床”字，父母立即夸奖：“宝宝真是太厉害了，帮‘床’找到了好朋友，这两个字都是‘床’。”这样宝宝就会注意观察字形了。

【识字游戏4】玩盒卡　将宝宝找过的字做成盒卡，加上原来认玩过的盒卡让宝宝一起抓玩，宝宝抓到哪个父母就说出他抓到什么字，或者父母说出某个字，让宝宝去抓，这就是初步认识，父母要大力表扬，拿不对也没关系，和宝宝继续玩，只要每天坚持，迟早会入门的。

第7阶段　又认又说　12—14个月

语言发展特点

经过1年的输入、交流互动，大多数宝宝1周岁时开始说出第一组词语，真正进入了词语萌发的时期。宝宝理解的词语数量——接受性语言，远远超过他们能说的词语或短语的数量——表达性语言。在1—1.5岁期间，宝宝每个月大概能学会3—8个词语，语言缓慢发展。

语言支持策略

本阶段支持婴幼儿语言发展的任务是又认又说，父母既要大量输入，引导婴幼儿认识更多的事物，理解更多的词语，又要让他们将理解的容易发音的词语说出来，尽早说出更多的字和重叠词，最好能说出不

同字的词语，为下一阶段学说双词句、三词句做准备。

1.说出正在专注的对象。10—14个月大的时候，宝宝能够与他人共同关注一些人和物品。父母要注意到宝宝正在看着、指着或者摆弄某个东西，并说出宝宝正在专注的东西的名称，实际上，这种做法越多越好。如带宝宝出门，宝宝的眼睛一直盯住一位小姐姐，妈妈看见了就说："宝宝，这是小姐姐，你叫姐姐。""你看小姐姐在骑滑板车，姐姐骑得多快呀！""宝宝也学姐姐骑滑板车好吗？"父母还要善于使用平行语言去描述宝宝的活动，并对他注意的物体进行指认和命名："宝宝，你看你踩住了什么？""你说树叶、叶叶。""你看，地上有很多树叶。""小树叶踩上去还沙沙得响呢！""宝宝踩树叶，妈妈也踩树叶。宝宝你说踩！踩！踩！"于是母子一边玩一边说。一旦将词语与宝宝的活动、环境相结合，父母将宝宝看到和接触的物品进行指认、命名和描述，和宝宝交谈所做的事情，对宝宝认识新的物品、理解新的词语都会有很大的帮助。

2.多措并举，开口说话。1岁的宝宝进入了语言的萌发期，父母要多措并举，引导宝宝开口说话。

①提问"是什么"。在带宝宝观察或玩耍时要提问"是什么"，这会让宝宝开口说出话来。在父母问"是什么"时，宝宝不仅要观察辨认是什么人或物体，还要开口说出来才能实现交流互动。现实生活中总有一些宝宝比别的宝宝语言发展慢得多，父母急得不得了！通过询问观察，发现这些宝宝语言发展慢的原因除了遗传因素和语言环境的差异外，关键是父母的提问方式不对，他们的宝宝都1岁多了，已经处在语言萌发、开口说话的时期，可父母仍问"公鸡在哪里""哪一个是苹果"这种只需宝宝用手指认的问题，还说"我家宝宝什么都懂，就是不会说话"。他们的宝宝为什么不会说话呢？原来他们问的是只需宝宝用

手去指的问题，而使宝宝错失很多开口说话的机会。所以面对10个月以上开始学习说话的宝宝，我们一定要问“是什么”的问题，促使宝宝将所看到的人或物说出来。如宝宝在看树上的小鸟时，父母要问：“宝宝，你在看什么呢？”宝宝就要将看到的对象说出来，这样就获得了语言表达的机会。宝宝也可能不会说，这时父母就告诉宝宝：“鸟鸟，宝宝在看鸟。”给宝宝提供模仿说话的机会。

②宝宝表达后再满足。有的家长过分疼爱理解宝宝，生活中宝宝有很多的需求不用表达，只要眼一看、手一指，家人立马心领神会、立刻满足，致使宝宝失去了很多练习说话的机会。生活中宝宝想干什么、想要什么等，家人都延缓行动，装作没明白、不理会，鼓励宝宝说出来，只有等宝宝用语言表达出要求后再进行满足，哪怕每次只说出一、两个字词来，父母再补充完整，日积月累宝宝就能开口说话，学会说很多词语和短句。

③见人打招呼问好。这个时期是宝宝口头语言发展的关键时期，父母既要大量地输入语言，还要引导宝宝输出语言。见到小朋友或长辈，要教宝宝学习打招呼，如见到一个奶奶就跟宝宝说：“宝宝，你看这是谁呀？”宝宝要根据她的年龄进行判断，就得认真观看、仔细打量，他可能会说：“奶奶”，父母立即夸奖：“对，就是奶奶，宝宝快喊奶奶。”宝宝喊奶奶后也要夸奖：“宝宝嘴真甜！”“宝宝真有礼貌，宝宝问奶奶好！”如果宝宝迟疑着不说，就教他说：“奶奶好！”分别时再提醒宝宝说：“奶奶，再见！”父母像这样见到人就引导宝宝打招呼、问好，能使宝宝从小就有礼貌，成为一个善于与人交往的人。我的外孙女14个月就能分辨年龄进行称呼，她看见年龄大的家长会称呼“奶奶”，看见年轻的家长会称呼“阿姨”，不仅如此，在她15个月到我的单位时，看见年轻的老师叫阿姨，看见几个和我同龄的老师叫“姥

姥”，而对其中一个瘦的、漂亮的、显年轻的奶奶喊“阿姨”。看，宝宝是多么有眼力啊！

3.低调纠正式提升。对于已经开始用声表意，甚至已经开始真正使用词语的10—16个月会说话的宝宝进行低调纠正式的提升方式，他们的语言发展可以从稍有变化的交流中获益。如果宝宝说得对，父母就重复或模仿，以鼓励宝宝说话的积极性；如果宝宝能力尚有欠缺或说得不对，也不要直接否定，而是在回应时以正确的方式说出来。比如宝宝可能会一边用手指着一边说：“苹……”父母就给予回应：“哦，苹果，你想吃苹果呀，我来帮你拿苹果。”这样父母没有直接告诉宝宝说错了，只是自然地将宝宝向正确的方向引导。在宝宝最初两年语言学习的过程中，这种低调纠正的提升方式对宝宝的语言学习非常有帮助，比如宝宝看见一匹马说是狗时，父母则回应说：“是的，它看起来像只狗，可它身体很大，它是一匹马，你说马。”这样既在回应宝宝的过程中保护了宝宝说话的积极性，又在不知不觉中纠正了宝宝的错误，还教会宝宝正确地认识物品和发音说话，这是提升和发展宝宝语言最好的方法。

◎快乐阅读　多样看书

1.多种方式吸引看书。这个时期的宝宝逐渐学会自由行走，他们热衷于走动，到处寻找有趣的事物，也容易被其他事物所吸引，无法安静下来阅读。这是发展的必经历程，父母可以把握他们喜欢听故事的短暂片刻，使用多种方式来吸引他们对绘本的注意力，如制造音效、指图、表情、动作、声韵等，也许一开始只能持续1分钟，但当宝宝熟悉阅读的形式，了解阅读的内容后，专注绘本的时间就会逐渐变长。选择具有重复性且押韵的绘本，甚至可以让宝宝拿着玩具听父母读书，嘴里嚼着健康的小零食看书等，宝宝慢慢地就会发现书里有很多好看好玩的东西，不知不觉地就愿意跟随父母看书阅读互动了。

2.多种形式表现对词汇的理解。宝宝这个时期理解的词汇量迅速增长，他们会用各种方式表示对绘本中词汇的理解。例如，看到书中的小狗，会模仿小狗的叫声；看到小鹿做出踢腿的动作，也会模仿踢腿的动作。在父母问问题时，会用手指着问题的答案，有时还能用一、两个简短的字词来回答。在和宝宝一起阅读时，父母可以边朗读，边让宝宝指认、模仿动作、学学叫声等，以多种形式表示对词汇的理解。

3.灵活运用提问方式。这个时期的宝宝进入了语言萌发阶段，父母既要设法促使宝宝将认识的人或物品说出来，以促进宝宝的口语发展，还要继续帮助宝宝认识更多的人和物，理解更多的词汇和语句，为说话做准备。这个时期，父母引领宝宝快乐阅读要依据宝宝的认知发展水平，灵活采用不同的提问方式。刚开始阅读一本新书时，面对新的人物和动物时，父母和宝宝一起看看认认讲述图书，然后可问宝宝“某某在哪里”或“哪个是某某”等问题，引导宝宝去指认人或物，理解更多的词语，并邀请宝宝一起说出指认的人或物品。

面对宝宝熟悉的人和物，就要问“是什么”的问题，促使宝宝认真观察并说出来。如边指边问：“这是谁呀？”“那是什么小动物呀？”宝宝需要观察辨认后回答：“奶奶”“猫猫”。当宝宝说对时，父母就重复宝宝说的话，以表示肯定，并大力夸奖，以增强宝宝学习新词和说话的积极性，若宝宝不会说，父母就告诉并邀请他一起说，这样就给宝宝提供了模仿学习和开口说话的机会，将大大促进宝宝语言的萌发。

【找书游戏】听指令找书　给宝宝看大量的图书，等宝宝熟悉各本图书的名称及内容后，把所有熟悉的绘本一排一排摆放整齐，妈妈说书名或书上的动物、人物名称，宝宝快速将该书拿出来，开始妈妈说得慢，宝宝拿得也慢，宝宝每拿对一本，妈妈都点头或竖起大拇指进行表扬肯定，慢慢加快速度，培养宝宝的倾听和快速反应能力以及动作的敏捷性。

◎快乐识字　游戏识字法

进入第7阶段的宝宝有的已经会走路了，也认识了很多的物品，父母可以利用宝宝爱玩耍、爱游戏的心理采用游戏识字法，引导宝宝在游戏和玩耍中不知不觉地快乐识字或复习巩固。

1.寻宝游戏。准备一个漂亮的大盒子，里面装上宝宝刚认识的或最喜欢的物品或图片，以及相应的字卡。

【寻宝游戏1】摸一摸　父母边念儿歌“大盒子装着宝，让我摸摸有什么”边让宝宝去摸。宝宝摸出什么，父母就和宝宝一起说出物品的名称，并将实物摆成一排，摸出字卡就读出来也摆成一排。通过有趣的摸、看、说，手眼并用，帮助宝宝认识物品及相应的汉字。

【寻宝游戏2】配一配　把相对应的物品、图片、字卡弄乱，再让宝宝一一匹配，可以巩固对物和字的认识。

【寻宝游戏3】是谁不见了　让宝宝闭上眼睛，父母先从实物开始一个一个将它们拿走，宝宝睁开眼睛后，父母问“是谁不见了”鼓励宝宝说出来，不会说的，父母拿出来告诉宝宝，这样不仅巩固了宝宝对物品和字卡的认识，还培养了观察和记忆能力。

留心生活情景中宝宝喜欢的、感受比较深的人物、动物、物品、食物、玩具等，随机写出相应的字卡教宝宝认读，然后再制成正规字卡，运用寻宝游戏再次学习和复习巩固。

2.字卡游戏。父母还可以单独运用字卡，和宝宝玩很多好玩的游戏。

【字卡游戏1】搭桥　父母边念儿歌“小卡片手拉手，搭成小桥走一走”，边鼓励宝宝去拿字卡排成一排来搭桥，父母则读出宝宝所搭的字，如“宝宝搭个‘妈’”“宝宝又搭个‘爸’”等。

宝宝在拼搭游戏中不知不觉地学习了认字。

【字卡游戏2】动物走　宝宝任意拿一个玩具小动物到桥上走一走，动物走到哪个字上，父母就读出哪个字。也可让宝宝手拿动物走到父母所说的字上，宝宝走对后，父母要大力表扬哦！

【字卡游戏3】回家　父母说：“天黑了，字宝宝要回家睡觉了。”父母说什么字，宝宝就将这个字卡拿回家（贴回相应的物品上），若宝宝不认识，父母就递到宝宝手里，直到将所有的字宝宝全都拿回家。

父母坚持每天和宝宝玩几分钟字卡游戏，练玩一段时间后，宝宝就能慢慢跟着读出字音来。这个阶段只要宝宝高兴地看大人指字、读字，就必须给予表扬。

▶ 社会性发展——快乐植入婴儿心

作为父母，除了支持宝宝的智力和语言发展，还要支持和帮助宝宝成长为一个能够感受到生活愉快的人，因为快乐的情绪有利于婴幼儿智力的发挥和身心的健康，幸福快乐更是每个人所追求的终极目标，当然也就成为了父母培养婴幼儿的重要目标，也是这一时期父母必须重点加强和认真培养的内容。

怎样将宝宝培养成为一个快乐的宝宝呢？

做言行的示范者，言传身教

怀特说，8—24个月期间，妈妈“对婴幼儿人格的塑造以及日常的幸福感有着巨大的影响力”，8—24个月“父母的影响可以使婴幼儿成长为一个善于与人交往并且生活幸福快乐的孩子，或是成为一个难以相处并且感觉不到生活幸福的不快乐孩子。”而且2岁婴幼儿形成的性格人格会稳定很长一段时间，那些快乐的2岁孩子在以后仍然是活泼快乐的，而不快乐的孩子在今后相当长的时间也不会有多大的变化。

宝宝的发展在8个月左右进入一个新的时期，认生之后对妈妈更加依恋，他的很多行为都是围绕着看护人——主要是母亲进行的，他每天做什么、玩什么都是妈妈安排或决定的；他能够做什么，不能做什么，都要征得妈妈的同意；他遇到了什么问题，碰到了什么困惑，也得寻求妈妈的帮助。妈妈尊重宝宝的兴趣，支持宝宝去做他想做的事情，宝宝就十分开心快乐、积极乐观；如果父母经常限制宝宝的行为，这个不行、那个不管，宝宝就不会开心快乐，活动也不积极主动。父母的言行决定着年幼宝宝的情绪状态和快乐水平，父母一定要学会从婴幼儿的角度考虑问题，用平等、尊重的言行和宝宝互动，营造一个轻松愉快的氛围，使宝宝每天开心快乐的生活。

在8—24个月这两个时期里，父母的情绪状态对宝宝会产生很大的影响，若父母是富有爱心、包容、积极乐观的人，宝宝也会包容大度、积极乐观；若父母抱怨易怒，宝宝也会消极易怒，宝宝从父母身上学到的最初的社会技巧和待人接物的态度，对宝宝性格的形成和日常的幸福感有着巨大的影响。为了使你的宝贝成为一个开心快乐的宝宝，做父母的一定要做一个豁达大度、积极乐观的人，做个快乐的示范者，积极的践行者，在各方面进行言传身教，为宝宝提供潜移默化的积极影响，你的宝宝也会变得开心幸福快乐。

做轻松的交流者，把握好度

怀特说，宝宝被阻止与父母或其他看护人进行自由轻松的交流，而且如果有各种玩具和空间可供探索，宝宝就会对人表现出越来越少的兴趣，而对客观世界的兴趣越来越浓。这个阶段的宝宝对人的兴趣要稍微超过对客观世界的兴趣。所以妈妈在鼓励宝宝与人交流的同时，也要支持宝宝探索客观世界，两者一定要把握好度。

一方面父母对宝宝不能过度关心，更不能溺爱娇惯、包办代替宝宝

做事情，不舍得宝宝离开自己身边一步。如果这样，宝宝2岁时很可能会成为一个整天围着妈妈转的黏人宝宝，他想独占妈妈的时间和注意力。这样的宝宝往往会对探索客观世界和练习运动技能失去兴趣，2岁后兴趣依然还在妈妈身上，而不会转到同伴身上，这样的宝宝显然跟不上成长的步伐。这个时期宝宝的三种兴趣即社会交往（主要是和妈妈的交往互动）、对客观世界的探索兴趣和练习新运动技能的兴趣应当是平衡的，偏向任何一方都会造成一定的问题。

另一方面，父母对宝宝也不能过于严厉。妈妈对宝宝社会探索的反应可以塑造一个快乐、惹人喜爱的2岁宝宝，也可以塑造一个以自我为中心、闷闷不乐的2岁宝宝。宝宝具有极强的探索欲望，特别是能爬会走之后，什么东西、什么地方他都想去摸一摸、看一看，什么人他都想去和他玩一玩，但到底能不能、行不行？他都要征得妈妈的同意。不断遭到拒绝的宝宝2岁时可能不敢靠近自己的妈妈，由于屡次遭到拒绝，而与其主要看护人也变得很疏远，就会成为一个对人不感兴趣，不爱与人接触交往的孩子。如果没有玩具及空间得以探索，2岁时就会成为一个无所事事的空虚的宝宝。

做敏感的观察者，有效回应

8个月的宝宝是一个探索者，他会探索所有允许他接近的地方。这就需要父母在家中做好安全防护，并提供宽敞的场地和丰富的物品，尽最大可能让宝宝在家中探索。这不仅能拓展宝宝的好奇心，促进其智力发展，还能平衡宝宝与父母之间的社会兴趣，避免宝宝对父母过度依赖，帮助宝宝愉快度过2岁前对父母的依恋期。

8—10个月，宝宝会开始意识到父母能为他提供帮助，也开始寻求别人对他的小有成就和聪明行为的称赞，这是宝宝成就感的最初表现。这个阶段，宝宝会开始向主要看护人表达自己的感情，会主动依偎、拥

抱甚至亲吻父母，他们还会盯着你的眼睛明确地表达对你的愤怒。父母要注意观察宝宝的一举一动，做敏感的视察者，及时恰当地回应宝宝，给宝宝提供必要的引导和帮助。

①抓住走来的教育机会。在探索的过程中，你的宝宝可能因为某个发现或成就而兴奋不已，或因某个困难而感到沮丧，无论遇到哪种情况他都会越来越多地向你寻求帮助和安慰，向你分享他的发现。当宝宝向你靠近的时候，你要抓住这样的教育机会。

②立即进行有效的回应。当宝宝每次向你走来，要回应宝宝正在关注的事情。比如宝宝可能拉着你的手，去看他新搭的一座高楼，你要放下手中的事情，和他一起去欣赏，并夸奖他一番，他会特别有成就感。

③有时也要等一等。当你有急事的时候，你可以告诉他必须要等一等，不要立即放下你手中的工作，这对宝宝社会能力的发展是十分重要的。让宝宝了解到，大部分时候他是第一位的，但有时其他人的需要比他的更重要，把宝宝的注意力引导到你正在做的事情上来，有助于缓解宝宝的急切情绪和防止以自我为中心。比如，他正在玩玩具，你在做饭，他走过来拉着你给他帮个忙，这时你要告诉他“好的，不过你要等一下，我要把这个菜炒好，不然菜会煳掉的”让他等待一下，使他知道有时别人的事情比自己的更重要。

④满足要求，用完整的短句回应。针对宝宝的情况满足他的需求，同时用简短完整的语言进行回应，表达一两个相关的想法。“你的小手弄疼了，来，妈妈给你吹口气就不疼了，噗！噗！噗！”“你的汽车跑到沙发下面，够不到了是吗？那你想想可以用什么东西把它够出来呢？”一旦你的宝宝对这种回应表示满意，并进行下一步探索或是继续下一件事情，你就随他去就行了。

上述这样的回应可以让宝宝知道在遇到自己解决不了的问题时，可

以向他人寻求帮助；还让宝宝知道人外有人，自己解决不了的事情有的人可以解决，以培养宝宝与人交往合作的意识。还能让宝宝感受到有时别人的需要比自己的更重要，防止宝宝以自我为中心，最重要的是让宝宝感觉到他很重要，每次妈妈都在意他、帮助他；也能使宝宝得到语言上的示范，智力上的引导，凡此种种都能给宝宝的成长提供有效的支持。

值得注意的是，父母不要一味地为宝宝提供帮助，不要变成宝宝的万能工具，只有宝宝自己无法完成的任务才能给予帮助。父母的关心、关注、回应、帮助会给宝宝带来心灵的慰藉，使宝宝开心快乐，幸福成长。

做权威的树立者，慈爱坚定

第二时期的婴幼儿不会自我控制，父母只能对他进行外部控制。如果不在早期开始对婴幼儿进行有效的控制，以后就变得难以解决。因为早期婴幼儿的记忆力还不强，而他的好奇心非常强，并且还没有和父母对抗的经验，父母能在控制婴幼儿不良行为的过程中逐步树立权威。

从8—14月开始就建立一套坚定而有效的规则是十分必要的，因为等到下个时期他们的自我意识产生、意志力增强，就会产生违拗行为，如对抗父母，试探自己的权利，挑战父母的权威。从8个月开始，父母就要控制婴幼儿的不良行为，引导他们去遵守一些规则，为迎接婴幼儿之后更大的挑战做好准备。

①转移注意力，控制红灯行为。8个月后大部分宝宝都会开始独立移动，在宝宝做出不安全或不可接受的红灯行为时，如摆弄电线、插座，损毁电视机、金鱼缸、手机等，就要限制宝宝。父母要向他传达明确而坚定的限制信息，要让他明白这种行为是不被允许的，而且把自己的指令重复两次以上。如果宝宝还不停止其不良行为，父母立即采取行

动。可以运用分散宝宝注意力的方法，立即拿来一个他喜欢的玩具或物品，同时移走禁止他接触的东西，这是一个非常有效的方法。但对于无法移动又危及宝宝安全的物品，就要采取限制宝宝身体的做法，利用所有8—14个月正常的宝宝不喜欢被迫一动不动地待上2秒或3秒钟以上这一特点作为一种控制手段，把宝宝转移到另一个房间，让他为自己的行为付出一些代价。让他面对你，用力抓紧他的双臂，但不要掐他的肩膀，只是牢牢地抓紧他的双臂使他一动也不能动，两三秒后他就会反抗并大哭起来，你继续坚持15秒钟，他会表现出越来越强烈的反抗，这时再回到原来的房间。不要给宝宝讲道理，讲了他也听不懂，也不呵斥他，会伤害宝宝的感情，而是将他做的不许可的红灯行为和限制他身体活动的痛苦经验相联系。这样的一种限制可以阻止宝宝不良行为的发生，坚持多次之后就会有效果。

②设立明确的界限，他人的利益不容侵犯。10个多月后有的宝宝被抱起来时会拽父母的头发，有的在吃奶或无聊时咬父母，那么父母需要让他明白他的这种行为是不被允许的。当宝宝的行为侵犯了别人的利益时，你要严厉地告诉他不可以这样做。让他知道这个世界上他不比任何人重要，为宝宝设立一个明确的界限，毕竟你是和宝宝待在一起最多的人，而且对于宝宝成为什么样的人具有重要影响，并且要和其他家人保持一致立场，这样才能形成教育合力。

③采取慈爱而坚定的态度，将限制和规则贯彻到底。宝宝有着较短的集中注意力时间，以及通常较为顺从的天性，必须让宝宝在这个时期对规则有所认识。比如不能乱砸物品，不能侵犯别人的利益，一旦设定了规则，父母必须贯彻始终，说不行就是不行，对待宝宝的态度要坚决。用慈爱的态度坚持，这是父母每天都要尽到的责任。宝宝通过与看护人的交往，学会人际关系的规则，父母的坚持会让宝宝学习遵守规

则，也能让宝宝感受到父母的权威。这里父母的权威是指宝宝在违背一些规则时，父母说不行的一定坚持到底，无论如何都不行，以树立父母的权威。而在其他事情上则要充分尊重宝宝的自主性，宝宝愿意或喜欢干什么，父母就支持并引导宝宝大胆去做、去探索，让宝宝有放有收，既自主活泼，又行为得体。

不论你选择以上哪种方法，都会使你的宝宝在当时感到不高兴，但如果你希望他成为一个快乐的宝宝，那么这种短暂的不快是不可能避免的。你的目标应当是确保当你说“不”的时候，不论他再哭再闹，你都不能改变决定。2岁之前的宝宝不那么容易与你疏远，他还是会依恋你，如果父母养成坚持到底并使自己的要求得以遵守的习惯，那么就能树立父母的权威，宝宝接下来出现的违拗行为就容易处理了。从宝宝成长的角度来讲，这样短暂的不快也是不可避免的，因为宝宝有快乐，也要有悲伤，生命无常，月有阴晴圆缺，人有旦夕祸福，在引导宝宝学习遵守规则的过程中，让宝宝经历一些痛苦也是必要的体验和历练。

凡是受到严格管教的宝宝，都会成为更快乐的宝宝。怀特说：“和从8个月开始直到3岁前都没有受到行为干预的宝宝相比，那些从8个月开始就受到严格管教的宝宝，无一例外地都会在以后成为更快乐的宝宝。”因为受到严格管教的宝宝知道一些规则是必须遵守的，他也知道谁是家里的权威，因此不会乱发脾气，也不会和父母较劲，就会变得积极而快乐。

从本时期开始，父母言传身教的示范，张弛有度的关怀，慈爱坚定的立威，能帮助宝宝今后成为一个懂得规矩、行为得体、感受到生活幸福快乐的孩子奠定良好基础。

自理能力——自主精神自小成

吃饭自理能力的培养

关键时期乐意吃。8—18个月是多感官探索时期，这一时期，宝宝每天大部分时间都会利用身边一切可以利用的物体练习大小肌肉的使用，他们把餐具当玩具，把吃饭当游戏，所以宝宝特别喜欢自己吃饭。吃饭也是练习大小肌肉的最佳活动。

自理意识自小成。宝宝的自理意识是从小开始培养并形成的。习惯了大人喂饭的宝宝不愿自己吃饭，更不会自己吃饭，不但没有生活自理的意识，更没有生活自理的能力。宝宝8个月进入多感官探索期后，每天非常乐意使用餐具自己吃饭，父母可以把一日三餐作为宝宝练习大小肌肉和精细动作的良好机会，不仅能让宝宝学会自己吃饭，还能培养宝宝的生活自理能力。

自己吃饭是从不会到会的一个逐步熟练掌握的过程，父母需要给予宝宝足够的时间尝试、练习，不能怕弄脏了衣服，弄脏了地面，难收拾打扫。和一个能够自己吃饭，能自理生活的宝宝相比，这又算得了什么呢？如果一味地因为这些原因不让宝宝尝试学习自己吃饭，那么到了两三岁以后，宝宝就习惯了喂饭的方式，到后来拖累和麻烦的还是父母自己。

如何培养吃饭自理的能力呢？我们先来看看《婴幼儿养育照护专家共识》上关于婴幼儿的营养照护和自理生活能力方面的要求吧。

> 6月龄培养固定时间、固定场地的进餐习惯……每次在推车和餐椅上时间小于1小时。
>
> 7—9月龄开始学习固体食物的咀嚼、吞咽技能；
>
> 10—12月龄学习抓食，用杯饮；
>
> 1岁半左右可以让幼儿练习用匙进食。

综上所述，可以按月龄采取一些措施培养婴幼儿的吃饭自理能力。

①开始就让自己吃。6个月提供营养辅食，可以让宝宝和家人同步吃饭，有宝宝的专用餐椅、固定的餐位和宝宝专用餐，培养固定时间、固定场地进餐的习惯。

7—9个月吃固体食物学习咀嚼、吞咽技能时，让宝宝练习手拿固体食物自己吃，自己捧奶瓶喝奶，自己捧杯喝水。吃泥状辅食时让宝宝坐在父母旁边带桌面的婴儿椅上，开始使用勺子自己尝试舀饭送到嘴里，这时父母可以同时用另一把勺子帮助宝宝舀饭入口。主要是让宝宝练习自己握勺，凹面朝上舀取食物，愿意用手抓时，就让他用手抓食物吃。

9—10个月时，宝宝喜欢使用左右手，就让宝宝两手各拿一把勺子往嘴里舀饭。因为从出生就开始练习精细动作了，手指手腕的灵活性和力度可以让宝宝自主使用和控制餐具。

【精彩瞬间】10个多月的九儿坐在自己的小餐椅上，小桌板上放一盘五颜六色的蛋炒饭，只见她左右手各拿一把勺子，右手舀一勺放到了嘴里，左手也去舀，舀了几下终于舀到了，也送到了嘴里大口吃起来，她一下又扔下勺子用手抓起来，吃得津津有味……

②手抓吃饭也可以。在学习吃饭过程中，有时宝宝急等着吃，可勺子总是不听使唤，那么宝宝就可能扔掉餐具用手抓着吃，为了培养宝宝自主吃饭的积极性，宝宝用手抓着吃也是被允许和支持的，无论是烙饼、面条，还是蛋炒饭，只要宝宝愿意抓就让他去抓着吃，这样宝宝能享受探索各种不同质地食物的乐趣。

③1岁就能协调吃。每餐都坚持让宝宝自己拿勺舀饭，父母在一旁协助，11个月后宝宝就可自己使用餐具独立吃整顿饭了，每日三餐都和家人一起进餐，规律饮食。

【精彩瞬间】一岁多的九儿坐在家人旁边的餐椅上，餐桌板上放着一小碗碎面条和一小盘煎鸡蛋饼，只见她一手拿勺一手拿鸡蛋饼，吃一口舀来的面条，咬一口手里的蛋饼，左右手交替，吃得津津有味，娴熟自得。

④吃饭练得手灵活。14个月的宝宝能根据不同食物灵活调整舀饭方法，是从上往下舀，还是从下往上舀，还是手拿勺子往旁边顶住碗边，还是改用手抓，这需要宝宝每次根据饭菜的形状、掌握灵活位置，通过探索获得。每每经过这样的探索练习，宝宝的手指动作会更协调、更灵活！可以说每日三餐是宝宝练习手眼协调的极佳活动，而且不用花费精力准备材料，不用耗费心力考虑时间地点，宝宝自己用手吃饭是最好的智力活动。各位父母一定要坚持利用宝宝每日三餐吃饭的机会练习宝宝的手眼协调和精细动作的灵活性，增强宝宝的自信心，培养宝宝的生活自理能力！

【自我反思】大家想一想，培养宝宝自主吃饭用了多长时间？还能培养宝宝的什么能力？会给宝宝和父母带来哪些好处？

睡觉自理能力的培养

一旦习惯了搂抱哄睡，宝宝就想一直让父母搂抱哄着睡觉，这会给父母带来很大的麻烦和困扰，也不利于宝宝自理能力的培养。

大部分用奶瓶喂养的宝宝在6个月、母乳喂养的宝宝通常在8个月之后都能一觉睡到天亮，大约9个小时，并且白天有两次小睡，时间总共为3个小时左右，就是说8个月后宝宝就形成了一觉睡到天亮的睡眠习惯。如果从这时开始就让他自己睡在自己的房间里，就会习惯成自然，父母会轻松很多。现在的父母处在信息智能化的时代，工作的压力很大，宝宝若能够自主睡觉，就能给父母提供大量工作学习充电的时间。广西师范大学一位颇有建树的年轻女教授给我们上课时讲了很多她如何

学习如何研究的案例，当得知她有一个一两岁的女儿时，我们惊讶地问："你有这么小的孩子，怎样能兼顾学习和研究呢？"她平淡地说："孩子不是早就睡觉了吗？"我想她的宝宝肯定是自主睡在自己房间里的。

每晚给宝宝盥洗后，就要注意观察宝宝是否出现了以下几种困倦信号，比如宝宝是否有揉眼睛，眼睛睁不开，开始烦躁不安，轻碰后过度啼哭，无故找事等情况。只要宝宝有任何一项，就说明宝宝已经发出了困倦信号，就可以抱宝宝到房间开始睡觉了。宝宝越困就越容易入睡。

你要做的是把他抱上床，检查尿布，告诉他你爱他，然后离开、关上门、看表，等待5分钟。宝宝可能一会儿就会睡着，也可能不会。如果没睡着，他可能还不够困，可能是故意性啼哭，你可以进房间把玩具给他，让他坐起来，但不要抱他，等到困倦信号再次出现，然后重复这个过程，把他放进小床，告诉他你爱他，离开房间并关上房门，看看表，给他5分钟的时间。如果他仍然在哭，就再次重复这个过程，在几天之内，如果你能坚持这种方法，宝宝就会养成习惯，等他困了的时候，你把他放在小床上，他就会睡觉。

怎样使宝宝一觉睡到天亮?

如果你的宝宝在夜里啼哭，你应当听听看这是不是一个在一两分钟之内就会自动消失的小状况，如果一会儿他不哭了，那么不要管他，他马上就要睡着了。

如果宝宝哭得越来越厉害，就应当迅速到他屋里，看看有什么问题，但是不要把他抱起来，而是检查一下他的尿布，如果需要就给他换一个，不要同他说太多话，要迅速完成你的事情，然后离开房间，关上房门看看表，给他30分钟的时间。

如果他仍然在哭，你要走进他的房间再次快速检查，然后告诉他你

爱他，现在是睡觉时间，每个人都需要睡觉，离开房间，关上房门，不要再进去。通过这种方法，在4至10天之内，宝宝就能一觉睡到天亮了。宝宝一旦接受了这种方法，就会变得更加快乐。

【温馨提示】宝宝生病了怎么办？如果宝宝生病了，就要停止对他使用这种方法，并尽最大的努力去安抚他，这种睡眠训练可以过后再进行。

如何进行睡前阅读？每晚先给宝宝盥洗，再和宝宝一起快乐阅读，然后等待宝宝发出困倦信号后，抱他到自己的房间睡觉。

在具有重要影响的第二时期，母亲最好还是亲自养育照护宝宝。父母要支持宝宝爬、站、扶、走，稳步挺立于世界；提供玩具、材料和动手的机会，引导宝宝手脑并用进行各种操作探索；通过言传身教影响、亲切交流互动、积极回应引导、规则权威规范、自理能力培养，使宝宝各方面快速起航，茁壮成长！

【温馨提示】本时期可以进行替代照护，但有条件的还是建议母亲亲自照护。因为这一时期是宝宝对母亲比较依恋的时期，也是母亲对宝宝行为习惯、性格和日常幸福感产生重要影响的关键时期。如果必须进行替代照护，照护宝宝的责任仍然是母亲的，除了上班时间请人替代母亲照护，其余时间仍然由母亲按计划来照护，母亲要安排交代好照护宝宝的目标任务，安排好活动的内容、照护的方法以及注意事项等，别人是协同母亲进行照护，母亲要尽量将替代照护的不良影响降到最低。出去工作的母亲也不用担心因此而影响亲子依恋关系，只要像上面讲的那样去做，宝宝还是和妈妈最亲。

请在每个阶段结束时对照相应的发展指标对宝宝进行自测评估，将宝宝的各种表现情况在达标情况栏打“√”，并认真回答自测评估总结与反思（见182页），以扬长补短有针对性地养育你的宝宝。

婴幼儿第5阶段（8—10个月）成长自测评估

出生时间_____年____月____日　测试时间_____年___月____日　宝宝月龄____个月____天

类别	评估自测内容	第几天	达标情况		
			优秀	达标	不足
身体发育	10个月末体重_____kg（正常均值8.8—9.44） 10个月末身高_____cm（正常均值72.3—73.8）				
	10个月末头围_____cm（正常均值44.5—45.7） 10个月末胸围_____cm（正常均值44.4—45.6）				
	10个月末牙_____颗（正常均值0—6）				
	特别关注：最好和家人同时就餐，有专门的宝宝餐椅和固定的位置。每餐为宝宝准备适合的宝宝餐，引导宝宝自己用餐。				
社会性	1. 出现了和成人共同关注同一个人或物的迹象。				
	2. 做不可接受的事情时能用转移注意力的方法将其引开。				
	3. 当父母说“不许”时有时会停止正在进行的动作。				
大运动	1. 运用手膝熟练爬、翻越障碍爬、手膝快爬等不同形式快速自如地爬行。				
	2. 扶站时能蹲下捡物，进行左右移步扶走。				
	3. 在成人扶持下坐着蹬地滑动滑板车。				
精细运动	1. 用食指、拇指捏取葡萄干或爆米花1分钟内放入碗或瓶中4个。				
	2. 能将大球、小球放入大小不同的洞中。				
	3. 看成人示范后能拉绳取到玩具。				
认知	1. 填充、扔、推、捡回物品建构空间数量概念。				
	2. 手摇、击打、敲动、拉伸物体以探索一些因果关系。				
	3. 将颜色、大小等属性相同的物品放在一起，不同的物品分开。				
语言	1. 按成人的指令指出所说物品或图片。				
	2. 用姿势表意，如再见、欢迎、握手、亲亲等。				
	3. 会按成人的指令行动，会称呼“爸”“妈”或开口说出其他的词语为优秀。				
其他	第_____天按吩咐拿玩具　　第_____天指认身体部位3处				
	第_____天认识大拇指　　第_____天会手足快爬				

婴幼儿第6阶段（10—12个月）成长自测评估

出生时间_____年___月___日　测试时间_____年___月___日　宝宝月龄____个月____天

类别	评估自测内容	第几天	达标情况		
			优秀	达标	不足
身体发育	一周岁体重_____kg（正常均值9.24—9.87） 一周岁身高_____cm（正常均值75.1—76.5）				
	一周岁头围_____cm（正常均值45.2—46.3） 一周岁胸围_____cm（正常均值45.1—46.2）				
	一周岁牙_____颗（正常均值2—8）				
	特别关注：父母注意宝宝是否有“共同注意”“指向表达”“社会参照”的迹象。若宝宝没有任何一项，则预示宝宝可能有潜在的发展问题，应立即带宝宝到医院进行检查干预。				
社会性	1. 指向人或物表示分享和请求。				
	2. 不可接受行为被制止时已经有些意识。				
	3. 社会兴趣、探索世界和练习新的技能三种兴趣尽量保持平衡。				
大运动	1. 爬上3—10个台阶登高。				
	2. 攀高爬上沙发或等高的物体。				
	3. 在各种形式的爬、坐立、站起、快速扶走之间灵活转换。				
精细运动	1. 经模仿学习后能正确盖上大小瓶盖。				
	2. 会用勺舀饭，手抓饭吃。				
	3. 拿油粉笔或粉笔乱画，留有画下的痕迹。				
认知	1. 尝试探索将大小、形状等属性相同的物体放在一起，不同的物品分开。				
	2. 尝试用左右排列、里外嵌套和向上堆叠的方式排列物体。				
	3. 尝试将一些物品直立起来再推倒探索平衡。				
语言	1. 模仿动物叫声1—3种。				
	2. 有意识地称呼“爸”或“妈”或无意识地发出“爸爸爸”“妈妈妈”“奶奶奶”等音节。				
	3. 用手指出或拿出常吃、常用、常见的物品或图片。				
其他	认识身体部位_____处　能爬高台阶_____个				
	按指令做动作_____个　第_____天会用勺盛饭入口				

婴幼儿第7阶段（12—14个月）成长自测评估

出生时间_____年___月___日　测试时间_____年___月___日　宝宝月龄____个月____天

类别	评估自测内容	第几天	达标情况		
			优秀	达标	不足
身体发育	14个月末体重_____kg（正常均值9.6—10.21） 14个月末身高_____cm（正常均值76.96—78.3）				
	14个月末头围_____cm（正常均值45.6—46.62） 14个月末胸围_____cm（正常均值45.62—46.8）				
	14个月末牙_____颗（正常均值4—12）				
	特别关注：关注宝宝身体发育状况，如果宝宝身体发育达标，食欲好，可继续母乳喂养。若宝宝瘦弱，发育不达标，食欲又不佳，可考虑断掉母乳，但每日需要添加配方奶粉。				
社会性	1. 在行动不确定时通过动作表情参照他人的建议。				
	2. 出现了违拗行为，常说“我的”“不”“宝宝的”等词语。				
	3. 看父母表情行事，一般能听从父母的管教。				
大运动	1. 进行三级连爬，爬上沙发、扶手和靠背或凳子、椅子和桌子。				
	2. 能独站和自然行走几步。				
	3. 坐着蹬地独立骑滑板车。				
精细运动	1. 能将大小扣子放入相应的开口中。				
	2. 正着拿书、从头起、打开、翻页、合上能做对3—4项。				
	3. 在父母的帮助下将形状块从相应的孔洞中放入形状盒。				
认知	1. 尝试通过添加、匹配和聚焦的方式收集颜色、大小或形状相同的物品。				
	2. 尝试匹配、指认红色。				
	3. 尝试将物品进行堆叠连接变成“高楼”“火车”等新物体的积木游戏。				
语言	1. 开始出现表达性语言，会开口说第一个字或词语。				
	2. 别人叫自己名字时有反应。				
	3. 有意识地说出3—5个字词。				
其他	搭积木_____块	第_____天会用棍子够取玩具			
	独自走稳_____步	第_____天扶栏杆上楼梯			

总结与反思

1.你的宝宝哪些方面做得非常好？宝宝为什么会做得这样好呢？你要再接再厉，继续加强和努力，使宝宝在这些方面继续保持良好的发展优势。

2.你的宝宝哪些方面达标，做得比较好？宝宝为什么会达标呢？今后你要怎样去做呢？

3.你的宝宝在哪些方面发展不足，没有达标，为什么会出现这种情况呢？你要怎样进行调整、改进和加强呢？

4.宝宝有代表性的趣事或有价值的事件有哪些？

第 5 章

第三时期

（14—24 个月）小儿初成

经过8—14个月的快速发展，绝大多数婴幼儿在第三时期开始时已经具备了独立行走的能力，他们可以去任何他想去的地方探索。而且大多数婴幼儿获得了语言能力，已经能够开口说话了，也知道了一些做事的规则。更重要的是，再经过14—24个月的学习和交流，他们就能用完整的语言和人对话，通过父母的影响，婴幼儿就能形成稳定的人格，到2岁的时候就成为一个复杂而基本合格的小孩子啦！本时期对婴幼儿的发展成长具有特殊的重要性，正如怀特所言，14—24个月可能是宝宝头三年中最有趣、最困难，也最激动人心的时期。

一、第三时期——阶段划分来施策

第8阶段　自我意识

14—17个月

心理发展特点及表现

出现自我意识。在14—16个月期间，宝宝会第一次产生自我意识，这种自我意识的表现是开始说“不”“我的”“我”。比如当你让他把玩具给你，他抓住说“不，我的”开始对自己的玩具表现出占有欲，常常说出自己的名字，如“丽丽的”；也表现为要吃自己想吃的食物，开始对衣服挑剔，并且开始抗拒父母的一些简单要求，他会开始看看违背父母意志的后果，“不”这个词成了他的口头禅，处处表现出和你对抗的行为。

进行权利测试，挑战父母权威。随着自我意识的出现，宝宝开始意识到自己是一个具有社会力量的独立个体，为了确定自己的权利到底有多大，14—17个月的宝宝会对主要看护人的决心进行一番试探，一点点地去挑战父母的权威。比如父母不让宝宝做某件事情，宝宝非要试着去做，或者让他做什么，他偏偏不去做，他要试试违背父母意愿有什么后果。为什么宝宝会有这种状况？因为每个宝宝都要经历从完全依赖他人以及没有自我意识到能够独立面对这个世界的过程，这一阶段就是这个过程的开始。

规则问题变得更加紧迫。随着违拗现象的出现，宝宝的意志更加强烈，不论什么事情都想尝试一番，加上这一阶段的宝宝喜欢攀爬，喜欢把东西放到嘴里，使这个时期的规则问题变得更加紧迫。当宝宝有不可接受的行为时，我们已经看到分散注意力对于8—14个月的宝宝非常有效，但对于这一阶段的宝宝这个办法就没用了，因为这个阶段宝宝的顽固态度开始出现，那该怎样做呢？

顺应支持策略

1.尊重和满足心理愿望及需求。这个时期的宝宝开始能说会走，有了自我意识，渴望探索周围世界，表现出强烈自主的意愿，比如坚持要自己穿衣、吃饭、大小便和玩玩具。在语言上反复使用“我”“我的”“不”等来表示自己的自主性，常常和大人唱反调，更重要的还学会了怎样坚持和放弃，开始有意识地决定做什么不做什么，处处都想显示自己的力量。父母如果满足宝宝的心理愿望及要求，在保证宝宝安全的前提下，放手让他们去试去做，支持他们去大胆探索，不仅能培养宝宝的探索精神，锻炼宝宝的自理能力，学会做很多事情，而且还会让宝宝增强自信心和自主能力。如果父母过分溺爱，对宝宝大胆探索自主做事的意愿加以限制，或者不公正地惩罚宝宝，宝宝就会产生羞怯的性

格。宝宝做好了，父母给予肯定，让宝宝有自主感、成就感；没有做好，父母也要平静接纳，相信宝宝经历了一次锻炼。

2.明确规则，树立权威。为了满足宝宝的自主感，父母要支持宝宝去探索和尝试，但对一些危及宝宝安全和违背社会规范的行为，就要明确规则，加以限制和引导。这个时期父母要树立权威，如果说不行，无论怎样都不行，因为只要宝宝的权利一次实现，他下次会争取更大的权利。可以说这个阶段宝宝和父母时刻都在较量，当宝宝明白家里的权威是父母时，他就不再对父母进行权利试探，也不会乱发脾气，就会成为一个快乐的宝宝。如果父母没有明确规则进行约束和限制，不树立自己的权威，宝宝会常常发脾气，和父母拉锯较劲。长此以往，养成不良习惯后再管、再纠正那就更难了。

3.强化良好行为和表现。当宝宝表现良好和遵守规则时，父母要及时地给予表扬和肯定，强化宝宝的良好行为，鼓励宝宝积极主动地遵守规则和继续保持良好的行为，而对宝宝不好的行为及时制止。

进入第9阶段的重大行为标志

1.经常违背父母的意愿，表现强烈的主观意愿。

2.自己扶栏或父母牵手两步一级上楼梯。

3.认识红、黑颜色。

4.说出10个左右的单词句。

第9阶段　抗挫低谷

17—20个月

心理发展特点及表现

对挫折的忍受能力达到了最低点。17—20个月期间宝宝的自我意识达到了最高点，而对挫折的忍受能力达到了最低点。因为他的自我意识与日俱增，而理性并不那么成熟，表达自己愿望的能力很可能还非常有限，所以这一阶段宝宝的抗挫能力最弱，是抗挫低谷。

和父母的矛盾增多。从上个阶段开始，宝宝开始意识到自己是一个具有社会力量的独立个体，什么事情都想自己做，经常挑战父母的权威，去做父母不让做的事情，和父母的矛盾冲突随时发生，所以父母要做好应付冲突的准备，这个阶段是头三年中困难最多、压力最大的时期。

顺应支持策略

1.要意识到这正是宝宝的成长过程。这一时期宝宝对父母进行试探、脾气变坏，并且这种状况至少要持续六七个月，但这是每个宝宝的必经之路，正说明宝宝的自我意识和各种能力正在逐渐增强，这正是宝宝成长的表现，父母对此应该感到理解和欣慰，应本着宽容和期待的心理，和宝宝一起经历这段时光的考验。过了1.5岁之后随着宝宝认知、语言等各种能力的发展，宝宝的执拗和坏脾气等各种状况都会慢慢好转。

2.遇到困难，请宝宝说出来。在17—20个月期间，宝宝对挫折的忍受能力是最低的，通常在这一时期，他刚刚开始使用词汇，当你看到挫折已经形成时，要告诉他“请说出来”，这样不仅可以缓解他的压力，还可让父母了解他的困境，给予他及时的指导和帮助。

3.不要对宝宝过多陪伴。这个时期宝宝有三大主要兴趣，分别是社会交往、探索世界满足好奇心和掌握并享受新的运动能力。父母要引导宝宝的三种兴趣平衡而稳定地发展，千万不能因为这个时期宝宝违拗、坏脾气，而对宝宝过多陪伴，这样可能会养出一个2岁的黏人宝宝，不愿意进行探索和运动，对学习交往也不感兴趣，如果再有二宝出生，情况会更糟，这样的宝宝上幼儿园也较难以适应。所以父母要在关爱陪伴宝宝的同时，创设丰富的学习和运动环境，支持宝宝去探索世界、练习运动技能，不能让他过多地黏在妈妈的身边。

进入第10阶段的重大行为标志

1.敢于挑战父母的权威，做父母不让做的事情或不做父母要求做的事情。

2.两步一级独自爬楼梯。

3.认识红、黑、白三种颜色。

4.出现词语爆发现象，会说2个词语的双词句。

第10阶段　助人合作

20—22个月

心理发展特点及表现

社交互动能够发展成为真正的合作。1.5岁时，宝宝能够在镜子中辨认出自己，注意到他人的行为对物体所产生的影响，并注意到他人和自己拥有不同的期望，理解他人的感受可能和自己的不同。他们会进行一些活动，目的是安慰处于苦恼中的人和帮助有需要的人，他们的社交互动能够发展成为真正的合作以及围绕共同的目标和文化价值组织和展开的活动。

助人合作对宝宝的发展具有重要的价值。宝宝在不到1岁的时候就开始积极参与助人活动，并通过爬着或蹒跚地走着为家人提供帮助，如帮人拿东西或帮助家人将小件的脏衣物放入洗衣机里。对于父母来说，宝宝的参与比自己单独完成还要花费更多的时间，但对宝宝来说，和父母一起参与各种活动极其充实和有趣，如果父母在宝宝幼年时期，愿意并且能够让宝宝参与这样的合作性活动如拣菜、拿物、整理玩具、打扫卫生等，那么宝宝将来会有更好的协调能力和更积极的社交行为。宝宝可以从帮助他人的活动中获得情感的满足，因为这种活动要求宝宝朝着大家共同的目标协调自己的行动来配合别人，长此以往还有助于他们进一步了解他人的想法和感受；一起完成有意义的日常任务，也能让宝宝对共享的价值和更大的目标有深刻的体会。在第三年，宝宝很快就能掌

握表达这些共享理念的常用标志和符号，并乐于和他人一起演练，在家庭文化中积极地发挥自己的作用。

顺应支持策略

1.鼓励和支持宝宝参与各种合作性活动。宝宝参与合作性活动能获得情感的满足，还能培养协调能力和更积极的社交行为。即使宝宝刚开始参与时让父母更费时间、更感麻烦，但这是宝宝成长的机会，为了宝宝的成长和进步，父母也一定要尊重宝宝的意愿，积极鼓励和支持宝宝参与合作性活动，给宝宝提供锻炼成长的机会。

2.教宝宝做事的方法，提升助人的能力。在宝宝参与合作活动时，父母要结合具体情景，教宝宝一些做事的方法，清楚地告诉宝宝应该怎样去做，并提供直观形象的示范，帮助和引导宝宝在反复参与活动的过程中，提升做事的能力。

3.发现宝宝闪光点，及时表扬鼓励。在宝宝参与互助合作的过程中父母要善于发现宝宝的闪光点，及时进行表扬和鼓励，尤其表扬宝宝参与做事的积极性和认真做事的态度，以增强宝宝参与互助合作的积极性和自信心。随着多次锻炼和能力的增强，宝宝慢慢地就会成为真正的帮手，还能造就一颗乐于助人之心。

进入第11阶段的重大行为标志

1.渐渐听懂父母限制行为的语言，不去做不让做的事情。

2.单脚站立，能用足尖走。

3.按照颜色、形状或大小分类物品。

4.尝试用由2—3个词组成的电报句连起来说话。

第11阶段　停止试探

22—24个月

心理发展特点及表现

逐渐停止对父母的试探。宝宝到了21个月或22个月的时候，令人不

快的行为会有所减少，父母与孩子的相处会再次变得令人愉快，通过近半年的试探，他最终知道了谁是家中的权威，于是在22—24个月（如果发展正常的话）期间，宝宝会停止对父母进行试探，他们的行为不再那么不顺从和无理。怀特发现，如果宝宝的试探和挑战行为在22个月的时候就消失了，那就说明父母的工作做得非常出色，如果这些行为在24个月的时候消失，说明父母的工作做得不错，如果这些行为在26个月的时候仍然存在，说明父母还需努力。如果在第二时期、第三时期不能有效地对宝宝设立规则和限制，父母就会在第四时期继续遇到未解决的纪律和控制方面的问题，这些宝宝在第四时期会经常发脾气，由于他们的力量、智力和意志力都有所增强，因此父母会觉得他们比以往任何时候都更加难以相处。

此时，语言能力的增长使宝宝开始和你进行真正的对话，思考能力和想象力也开始萌芽。到本阶段末父母开始意识到宝宝不再是个婴儿了，他现在已经成为一个小孩子了，个性也逐渐显露出来，变得更加稳定、更加独立。

顺应支持策略

1.看看你的宝宝脾气还大吗？现在宝宝已进入到了22—24个月，已经到了结束对父母进行试探和挑战的年龄了，他现在的脾气还是很大吗？你说不行的时候他依然和你对着干，坚持自己的意见吗？或者你让他做什么她就是坚持自己的意见不做吗？假如你的回答是否定的，那么恭喜你，你的宝宝已经结束了对你的试探和挑战，你给他设立的规则及讲的道理已经在起作用了，他已经知道谁是家中的权威，已经懂得了一些规则和道理。你的这种教育方式和方法是对的，你可继续坚持，继续加油！

2.针对情况采取措施。假如你的回答是肯定的，说明你在宝宝心目

中的权威还不够或者根本没有，你给宝宝设立的规则或限制不够或你根本就没怎么设立，那么你必须立即抓住现在剩余的一点时间进行补救，赶快设立规则和限制，树立你在宝宝心目中的权威，过了2岁的关键期就难了。

进入第12阶段的重大行为标志

1. 逐渐明白父母是家中的权威，不再频繁对抗父母。

2. 自己双脚交替扶栏或独立上楼梯。

3. 认识3—5种颜色，出现了先想后做的理性思维。

4. 说出五六字的简单完整句。

二、第三时期——应有能力得发展

父母要发展宝宝的各项能力，就要跟踪了解第三时期婴幼儿各项能力发展的指标，给他们提供机会，支持和帮助他们的各项能力在各个阶段得到应有的发展。

▶ 大动作发展——走跑上骑样样能

走、跑、上、骑指的是这个时期幼儿的几种主要大动作，加强学习和练习这些大动作，能锻炼幼儿的身体，增强体质，还能增进婴幼儿身体的灵活性、协调性和敏捷性，促进大脑的发育。

多多走路

14个月的宝宝已经会走路了，要注意培养宝宝行走的能力。因为步行是很好的全身运动，步行时全身三分之二的肌肉都在运动，这种肌肉的运动可以促进血液循环，增加脑部血液供应量，这些都能使脑部更灵活，还可以增强宝宝的身体素质。

多让宝宝行走。会走的宝宝喜欢挣脱大人的怀抱，自己跌跌撞撞、来来回回走个不停，东摸摸、西转转一刻都不得歇，父母要创设安全的

环境，给宝宝最大限度的自由，跟在宝宝后面，心怀爱意地关注他的一举一动，处处防范和保护，避免宝宝发生危险。

引领宝宝走远路。等宝宝稍能走远一些时，可给宝宝一个目标，如"我们去花园散步""我们去超市买东西""我们去强强家玩"，然后带着宝宝一起走着去。也可在天气晴朗的时候，把宝宝带到公园或广场等宽敞的地方，让他多走动走动。还可以让宝宝从低到高、从高到低地来回走动，或让他拿着不太重的东西走到指定的地方，如让宝宝拎着不太重的东西从超市或菜市场走回家。总之父母要多给宝宝创设走路的机会，多让宝宝步行走远路。

学习倒走。倒走可以练习人的本体感觉，人所学习的熟练技巧都要靠本体感觉。如弹琴的人眼看乐谱手就能触到正确的琴键，司机眼看前方就能熟练地操作方向盘，这些都是本体感觉在起作用。倒走时全靠身体的本体感觉，不是用眼睛作指导，而是手、足和身体共同小心地维持正确的方向和身体的平衡。宝宝走稳之后就可以引导宝宝倒退着走几步，用游戏帮助宝宝倒走还十分有趣。

【倒走游戏】拉车　父母和宝宝面对面两手相拉，宝宝先当小车，父母倒退拉着宝宝的两只小手以使小车向前行走；再倒回来父母当大车，请宝宝倒退拉着父母这辆大车向前行走。就在这样来来回回的拉车游戏中宝宝不知不觉地学会了倒走。

宝宝学会倒走之后就可以在宽阔的场地上引导宝宝独自倒着走，或和父母进行倒走比赛，父母一定要在旁提醒和保护，以防宝宝跌倒。

进行多种形式地走。宝宝会走后，要鼓励宝宝撒开自己的小腿进行各种形式地走，如和宝宝一起沿着马路牙、马路线"过小桥"，提醒宝宝脚一定要踩在小桥上，不然掉到河里就会弄湿脚的！还可以踩着小瓷砖、小石头走，小脚千万不要踩到水里哟！更能跨过斑马线、小地砖

进行“跨大河”和“避地雷”行走，提醒宝宝小脚一定不能踩住“地雷”哟！还能和宝宝一起“脚尖走”“脚跟走”等。父母要想着法子、变着花样让宝宝自己走，尽量少抱宝宝，更不要动不动就用童车推着宝宝走，这样会阻碍宝宝的动作发展和快速灵敏的反应，影响宝宝的自主性。

【走路游戏】长高了、变矮了　父母和宝宝一起玩长高变矮的游戏，当说“长高了”时，父母和宝宝都要踮起脚尖走，努力使自己长得更高；当说“变矮了”时，父母和宝宝都要蜷着身体蹲着走，使自己尽量变矮。开始时可以父母发出指令，学会后就让宝宝发出指令。

假如宝宝依赖成人不愿自己走路，父母可以给宝宝唱或播放《小鸟自己飞》的歌曲：“小鸟自己飞，小猫自己跑，我们都是乖孩子，不要妈妈抱，不要妈妈抱。”形象有趣的歌词很能启发和激励宝宝撒开小腿自己走，当然家人的夸奖和鼓励是最有效的，宝宝和不同的家人在一起走路时还可以改编歌词呢！

学习跑步

玩乒乓球学跑步。宝宝喜欢玩乒乓球，因为乒乓球体积小、好把握，重量轻、好把玩，能练习宝宝追赶和扔捡物品的能力，帮助宝宝练习奔跑，掌握运动技能，所以父母要多和宝宝玩乒乓球。在玩乒乓球中宝宝不知不觉就学会跑步了。

吹泡泡学跑步。父母和宝宝一起玩吹泡泡的游戏，并念儿歌“吹，吹，吹泡泡，一吹吹个大泡泡”，面对飞舞的泡泡，宝宝挥舞着小手跑着去追去抓。父母可以和宝宝一边吹泡泡、追泡泡，一边念“泡泡飞飞，宝宝追追，跑跑跑跑，快抓泡泡，嘭！泡泡炸了”。宝宝不仅学习了奔跑，还能学说里面的动词，学会接背儿歌呢！

踢球学跑步。因为球一踢就咕噜咕噜地滚开了，宝宝为了再踢到球，就要跑着去追。宝宝开始要扶住物品或大人才能腾出一只脚去踢球，但熟练之后就完全不必扶任何东西，自己就可以踢球。球踢出去后他就赶快跑过去追，然后再踢再追，在踢球追球的过程中练习平衡和奔跑能力。

和父母一起走跑交替。父母带宝宝一起出门散步、买东西、逛公园时，和宝宝手拉手或一前一后，边说“走走走”边大步地走起来，边说“跑跑跑”边一起跑起来，像这样走跑交替很快就能到达目的地，不仅练习了跑步，还愉悦了心情。

进行跑步比赛。在平坦的路上或宽敞的场地上，父母和宝宝一起比赛跑步，练习快速奔跑能力。可以从两三米开始慢慢增加距离，当然父母一定要让宝宝取胜，以增强宝宝跑步的积极性。如果每天坚持这样的练习，宝宝就能提高奔跑能力。

父母和宝宝常玩常练，宝宝1.5岁之后就具备了奔跑的能力。

上下楼梯

拉手扶栏上下楼梯。宝宝走稳后父母就可以拉着宝宝的手或鼓励宝宝自己扶栏两步一级上楼梯。建议父母只要不是有急事，遇到走楼梯时就让宝宝拉着你的手或自己扶栏上下楼梯。还可以边上下楼梯边数数，让宝宝学习数数。若是宝宝自己上下楼梯时父母要在旁进行鼓励和保护，每次上下楼梯后都表扬夸奖宝宝一番。父母不要让宝宝失去一次自己上下楼梯的机会，这正是显示宝宝力量的时刻。现在一般是电梯房，父母要给宝宝上下楼梯创设机会，可以找有楼梯的地方上下玩，还可以在乘坐电梯上下楼时故意给宝宝留出一两层，让宝宝自己扶栏或拉手上下楼梯。

两步一级独立上楼梯。经过经常练习，20个月左右宝宝会自己独

立两步一级上楼梯，父母一定利用每一次机会让宝宝自己练习独立上楼梯。下楼梯比较困难且有危险，父母要拉住宝宝的手或让宝宝自己扶栏下楼梯，千万不要急着催促宝宝，而是跟随在宝宝旁边保护、鼓励，帮他数数。每当宝宝下到楼梯最后一个台阶时，就双手拉着他的手说“一、二”，然后让他双脚并拢跳下最后一级台阶，为学习跳跃做准备。

一步一级独立上楼。经过大量的练习，到2岁左右宝宝就可以两脚交替一步一级安全地上楼梯了，这时父母仍然要跟随宝宝身边保护、鼓励，同时鼓励宝宝自己进行数数。

骑行车辆

各种适合的车辆既是宝宝最喜欢的玩具，又是宝宝以后代步的工具。车辆的样式不同，功能也不一样，会给宝宝不同的感受和不一样的锻炼效果，能够锻炼宝宝四肢的协调能力、方向的把控能力、敏感的反应能力和身体的平衡能力，使宝宝从小就具有使用和操控机械的能力。

滑板车。进入第三时期的宝宝大多已经走稳，对于上一时期就会坐着蹬地滑行滑板车的宝宝，父母可逐步放手让宝宝坐着独立蹬地滑行滑板车。这一时期婴幼儿的大动作发展存在很大的差异，有的宝宝刚刚学会走路，可能还走不稳；而有些走路早的宝宝可能会快速跑步了。对于走得早、走路稳的宝宝可以尝试将儿童滑板车座椅竖立起来变成站立式滑板车，家长扶住宝宝或车把教宝宝学习站立滑行。经常看到街上有的宝宝1.5岁左右就能站在滑板车上灵活自如地飞快滑行，洋洋得意地超出父母一大截，这样的小儿是多么灵活敏捷、快乐自豪啊！

扭扭车。1.5岁左右的宝宝就可以尝试着学骑扭扭车了，最初大多腿脚蹬地往前滑行，到2岁以后才领悟到要把脚放在车上，靠转动方向盘前进。父母要用各种形式和宝宝一起骑玩。

小型平衡车。平衡车是没有脚蹬和辅助轮等额外保持平衡装置的车，宝宝走稳以后就可以入手了。不过平衡车还是有侧翻的可能，刚开始学骑时家人一定要伴在左右，防止宝宝摔倒。平衡车更能锻炼宝宝全身肌肉、协调性和平衡感，大部分宝宝掌控平衡车后，就能跳过辅助轮直接上手自行车！所以父母要让宝宝多骑多练，尽快掌控平衡车。

按照《婴幼儿养育照护专家共识》的要求，1—3岁婴幼儿每天至少进行3小时各种强度的身体活动。所以父母要按照这个标准，每天多带宝宝外出进行攀爬、走、跑、上下楼梯、骑行车辆、探索玩耍等各种强度的身体活动。

【温馨提示】这个时期的宝宝已经能够长距离走路和跑步了，外出时一定让宝宝自己走着去，设法鼓励宝宝自己上下楼梯，千万不要抱着、背着或坐在童车里推着走，这会使宝宝失去行走和自主能力，不仅没有活力，还会产生惰性，影响宝宝的主动性和积极性。

▶ 精细动作发展——手脑并用启心智

进入第三时期的宝宝能说会走，还能自己动手做事。父母如果能够满足宝宝的愿望，放手让宝宝去做他想做的事情，并教给他一些做事的方法，就能培养出宝宝的自主性。如果家长控制限制，怕宝宝做不好，不让宝宝去探索，那么宝宝就感觉到自己不行或不能，会严重影响宝宝自主性的产生和动手能力的发展。所以父母要顺从宝宝的意愿，支持和鼓励宝宝去探索尝试，让宝宝拥有更多的自主性。

动手操作探索

这一时期的宝宝会继续表现出对小物品的兴趣，但重点会从探索这些物品的特性，转移到利用一些小物品来练习简单的技能。当父母知道宝宝能做些什么，并能给宝宝提供动手的机会时，宝宝就能得到很好的

发展。

穿珠子。穿珠子需要宝宝用手指捏住细小的珠子和绳头，还要对准细小的孔洞插入并将绳子拉出，不仅能练习宝宝的精细动作和手眼协调，还能通过辨认各种颜色、形状、图案，丰富宝宝的认知，启迪宝宝的智慧。

16—17个月的时候父母可以教宝宝学穿珠子。可以购买动物、汽车、水果等造型可爱的珠子，开始用带竹棒的绳子穿比较容易，父母可先示范，然后让宝宝一手捏珠，一手捏住竹棒对准小孔穿进去，再换手从另一端捏住竹棒将绳子拉出来，一个珠子就穿好了。熟练后鼓励宝宝尝试自己穿。要注意安全，在摆好珠子、绳子，宝宝坐稳后再拿出材料，结束及时收好后再让宝宝站起来，注意千万不能用尖头乱戳。

等宝宝熟练后，再逐渐过渡到用线去穿珠子，让宝宝尝试着自己去穿，父母顺势指导，每次穿好后都指着数一数穿了几个，并对宝宝夸奖一番，激发宝宝穿珠的积极性。最后可以引导宝宝用针去穿一些散落的项链珠，告诉宝宝："哎呀，妈妈的项链怎么散落了，请你帮妈妈把它穿好行吗？"问题式求助情景，能激发宝宝穿珠子的积极性。

搭积木。提供各种形状、五颜六色的大块积木，吸引宝宝拼搭。注意这时宝宝主要运用试错的方法随意拼搭，父母不用示范不用教，让他在试错中自己发现、调整。主要运用积木培养宝宝的动手能力和想象能力，不用管宝宝搭的是什么，宝宝说搭的是什么就是什么，要对宝宝给予充分的肯定和鼓励，使宝宝敢于大胆地去搭，敢于大胆地去想象。

插塑积木。还可以给宝宝提供大块的插塑积木引导宝宝动手拼插。这些插塑上有各种孔洞、插槽或磁铁，宝宝动手拼插操作能够创造出各种形象，既能锻炼宝宝的手眼脑的协调能力和动手能力，还能激发宝宝的想象力。

拓印涂鸦。父母给宝宝提供颜料、印章、画笔、棉签、油画棒、粉笔等工具，引导宝宝用萝卜、藕、印章在纸上拓印，用笔在黑板或涂鸦墙上任意涂鸦，既培养宝宝对涂鸦的兴趣和想象能力，又练习宝宝的精细动作。

学习自理生活

日常生活中的很多事情，宝宝都喜欢自己动手去做，父母要尊重宝宝的意愿，凡是能做的事情都让他自己动手去做，比如自己吃饭、喝水、穿脱鞋子、袜子，这些动作不仅能练习手眼协调，培养宝宝的动手能力，还能培养宝宝的生活自理能力。

坚持自己吃饭。坚持每餐让宝宝自己吃饭，这是锻炼宝宝精细动作、手眼协调及动手能力的极好活动，在上一阶段宝宝学习自己吃饭的基础上，每餐坚持让宝宝自己吃饭，父母在自己吃饭的同时，关注宝宝吃饭的情况，必要时提供一些帮助，看到宝宝舀不住时帮助夹到他的勺子里，饭吃完了帮助他添一些。注意多表扬和赞赏宝宝："宝宝小手真能干，一下舀住了一大勺！""宝宝吃饭真带劲，啊呜吃了一大口！"在父母的表扬和鼓励下，宝宝吃饭的动作会慢慢娴熟起来，变得积极主动。父母千万不能夺过宝宝的勺子去喂宝宝，一定要放手让宝宝手拿勺子自己吃饭，持之以恒宝宝慢慢就学会自己吃饭了。

学习穿脱鞋衣。1.5岁左右的宝宝有的已经会自己主动脱穿鞋子、袜子。宝宝自己穿脱鞋袜时，父母要看着宝宝，也可以通过儿歌引导宝宝学习穿脱鞋袜。父母边念儿歌边做示范，比如脱鞋子："大拇指，往里插，捏住鞋帮往下压，往前一推脱掉啦！"多做几次，宝宝很快就能学会脱鞋子了。再用同样的方法引导宝宝学习脱袜子、穿脱裤子、大小便自理。

【脱鞋子】大拇指，往里插，捏住鞋帮往下压，往前一推脱

掉啦！

【脱袜子】大拇指，往里插，捏住袜子往下压，往前一推脱掉啦！

【脱裤子】大拇指，往里插，按住裤腰往下扒，我的裤子脱掉啦！

【提裤子】大拇指，往里插，攥住裤腰往上拉，我的裤子提上啦！

【穿鞋子】左放左来右放右，看好对好才动手。两手捏帮往里插，提提后跟穿上啦。系好鞋带粘好襻，两脚穿好才算完。

【穿袜子】面朝上，撑开口，大拇指，钻到头，套脚上，往上提，拐个弯，再提提。

帮助收拾家务。收拾玩具、摆放碗筷、整理房间、拣菜拔草等家务活动都邀请宝宝一起来帮助做，宝宝在这样的活动中能模仿、合作、动手做事，不仅练习了精细动作，还培养了合作参与能力。尤其拣菜拔草是同中找异，剜菜拣豆是异中找同，对宝宝的观察力、动手能力都是很好的练习。

探玩聪明神器

一些动手动脑的用具、玩具，不仅可以让宝宝动手练习精细动作，更能手脑并用，启迪宝宝的心智。

早日学用筷子。筷子是我们中国人的聪明神器。统计发现，较早使用筷子进餐的宝宝其智商和动手能力均优于较晚的孩子。使用筷子是一种复杂、精细的运动，能使手指、手腕、手臂、肩膀及肘关节30多个大小关节和50多条肌肉同时参与活动。一日三餐使用筷子，对宝宝来说是锻炼手眼协调的极好机会，还能促进视觉发育和健脑益智，因为眼看、脑想、手夹，三位一体才能完成夹食物的动作，所以我们要尽早让宝宝

学会使用筷子夹食物吃饭。

对初学使用筷子的宝宝来说，以竹筷为宜，方形最好。因为一是方形的筷子夹住东西后不容易滑掉，二是无色无毒。

20个月左右，我们可以先为宝宝设置由易到难的趣味夹物游戏，引导宝宝在游戏中学会夹东西，再用筷子进餐。

【夹小动物】搜集或购买一些手指大小的动物玩偶、动物模型玩具，放在盘子里，和宝宝比赛夹动物，宝宝的模仿性强，看着父母用筷子夹，自己也会学父母的样子用筷子夹，由于小动物有头、有腿、有尾巴，夹住不容易滑落，特别适合宝宝学夹，而且特别有趣，宝宝在欢快的游戏声中就学会了夹小动物。

【夹水果蔬菜】准备手指大小的各种蔬菜水果模型放在盘子里，父母宝宝比赛夹水果，由于水果蔬菜有长、有扁，也非常好夹，而且五颜六色十分诱人，宝宝非常乐意夹。

【夹面条】用泡沫包装纸或餐巾纸剪成细长的面条放在盘子里，父母和宝宝比赛夹面条，看谁最先夹满一大碗。因面条又细又长非常好夹，能增加宝宝的自信心。

【夹豆腐条、豆腐块】将柔软的泡沫包装板剪成长的豆腐条，方的豆腐块，放在盘子里形象逼真，父母和宝宝比比谁夹的豆腐多。

【夹花生】准备带壳的花生和剥好的花生豆，父母和宝宝先夹带壳的花生，再一起试试夹花生豆，比比谁夹的多。

经过这样循序渐进的练习和游戏比赛，宝宝就可以学会用筷子夹东西了，2岁左右就可以让宝宝用筷子进餐了。

继续玩形状盒。14个月时，宝宝对几何图形盒玩具已经很熟悉了，父母应让宝宝自己选择图形，根据图形找到相应的孔洞，或根据孔洞

找到相应的图形。当宝宝选了一块黄色的方块却找不到方形洞时，父母可以提示他转动玩具盒去找相应的洞，自己把图形块放进去，妈妈只是扶稳玩具盒避免晃动，只有在宝宝找不到或角度不对放不进去着急时，再提醒和引导一下，每当宝宝放好一块都要赞扬，等全部放完后鼓掌庆贺。

当宝宝基本上能独立完成时，妈妈不需要像以前那样密切地注视和直接地帮助，但仍然要坐在旁边，稍微注意宝宝的游戏情况，在宝宝遇到困难的时候，先让宝宝尝试自己解决，然后再给予指导，比如宝宝在放一个三角形的图形块时无论怎样都放不进去，这时妈妈边说边用手比划着，让他调转一个方向，宝宝按照妈妈的引导和提示放进去了，妈妈就竖起大拇指进行表扬赞赏，激发宝宝对应入洞的热情。

开始玩拼图。14个月的宝宝就能开始玩拼图了，具体时间和方法安排如下。

14个月开始玩方便宝宝拿取的带凸起的圆形拼图块，一个凹槽放一块，15—16个月时可以进阶到正方形、三角形、六边形的拼图块，到18—19个月时可以拼一个凹槽放两块的拼图，22—23个月时，宝宝就可以玩没有凸起的平面拼图了，可以从2块、4块拼起，一点点增加难度。

20个月的时候，在宝宝的床上放上几套他正玩着的新拼图，可以让父母多睡上半小时。因为如果哪天宝宝先醒了，看见床上的拼图，他会安静地玩起来。带宝宝出门或旅游的时候，给宝宝带上几套拼图，他在坐车或等待的时候就能拼起来，既能锻炼宝宝的手脑，又能让父母安静和省心很多。

通过以上多方面的练习，宝宝的手指会非常灵活，乐意做各种事情，自理能力和自信心会随之增强，也会变得心灵手巧。

认知发展——探索体验认知丰

父母在每个阶段都要注意观察婴幼儿，根据婴幼儿的发展水平提供适合的材料，创设丰富的游戏环境，支持婴幼儿去学习建构各种概念和知识。

第8阶段 拓展分类、认色、排序、谈论数学 14—17个月

继续拓展分类

在宝宝会按照颜色和大小分类后，可以继续拓展分类。父母提供大小颜色一样的圆形和正方形积木，支持宝宝探索形状分类。他们在把玩积木的同时发现有几个圆圆的，就将圆形的积木放在一起，然后又发现几个有棱角的积木，也放在一起，这时父母看见了要说："宝宝真厉害，将这几个圆形的积木放在了一起！还把正方形的积木放在了一起，宝宝真是太能干了！"通过这样的游戏探索和亲子互动，宝宝就建构了形状的概念。接下来还可以提供不同材料，如圆形和正方形的饼干或筐子，支持宝宝再次探索形状分类。再接下来还可以对形状分类进行拓展，提供圆形与三角形，正方形与三角形等分类探索，在探索中慢慢建构起各种形状的概念。

认识颜色

配合分类活动，逐步认识红色、黑色。父母要把握好认识颜色的时间、顺序和方法。

主要运用匹配、指认和命名三段式教学法引导宝宝认识颜色。继续提供红色的容器和红色的玩具或用品，并在红色的容器中放上一、两件红色的物品，引导宝宝收集红色的玩具到红色的容器中。

要按照红、黑、白、绿、黄、蓝的顺序教宝宝认识颜色。父母要注意在宝宝屡玩不识的情况下看看宝宝是不是色盲。

继续排序

本阶段支持宝宝继续对嵌套玩具按照大小进行左右排列、里外嵌套和向上堆叠三种形式的排序，并逐渐增加排序的数量，使宝宝排得更长，嵌套得更多，堆叠得更高。

父母把一组玩具按大小进行编号，如果宝宝能将5个玩具中的1、3、5号或10个玩具中的1、5、9号进行排列、嵌套、堆叠三种形式的排序后，就添加2、4号或3、7号的玩具，让宝宝用5个玩具充分地去试套、试搭，他发现不行的时候就会重新再试，父母要做的就是陪伴观察，给予及时的帮助和引导，如当宝宝排不好时给予及时的鼓励和提醒，当宝宝排序成功时给予及时表扬和赞赏。当宝宝会排序5个玩具后，再添加剩下的玩具，鼓励宝宝向6—10个玩具的排序进行挑战。

谈论数学

在宝宝刚开口说话时，妈妈和宝宝互动时有意识地加入数量，进行融入生活的数学启蒙。如每次吃点心水果时都先拿出来告诉宝宝我们来吃1个苹果、2块饼干，请他也来拿1个苹果、2块饼干。习惯将宝宝活动的结果用数量进行表示，如宝宝搭好高楼后，妈妈用右手食指指着每一块积木，边指边手口一致地点数："1、2、3，宝宝一共搭了3块积木，宝宝真是太棒了！"这样做有助于宝宝学习数学。爸爸妈妈和宝宝谈论数学的时间和次数越多，对宝宝数学能力的积极影响就越大。因此父母在日常生活中多和宝宝进行与数字、大小、空间等数学概念有关的互动是非常重要的。

第9阶段　搜珍宝、建模式、表征、渗透数学　17—20个月

走进自然，搜集珍宝

宝宝喜欢大自然，1.5岁时喜欢在自然界观赏和收集。经常能看到宝宝把某个物品当成宝贝，紧紧地攥在手里，放在口袋中，或放在父母的

手里保存起来。宝宝经常带着他们的宝贝从大自然中回来，如各种各样的树叶、石子、果实、花朵、种子荚等等。父母多带宝宝走进自然，搜集他喜欢的物品，教他认识常见的植物，能引发宝宝热爱植物和保护这些珍贵物品的兴趣。

制作图案，建构模式

模式就是在事物或数里所发现的具有预见性的序列，它反映的是事物之间稳定、反复出现的关系。让宝宝在日常生活中发现事物的规律性和重复性，找到模式中各元素间的关系可以锻炼孩子的逻辑推理能力，这个阶段的宝宝可以通过制作简单的图案的方法来进行训练。例如有的宝宝可能会收集各种树叶，自发地将同样的树叶摆成一排或围成一个圆圈，或者探索不同颜色的餐盘，把相应颜色的餐碗和勺子摆在餐桌的四周。这些物体常常吸引宝宝在简单的角色游戏中根据特定属性来摆放物体，建构模式。

支持策略　带宝宝走进大自然，去观察收集石子、果实、种子、花朵等，支持他们去玩、去分、去摆，同时投放他们喜爱的人物、动物玩偶或积木、水果，为宝宝创作图案提供诸多开放性的材料。

宝宝利用上述材料进行分类和排序的可能性是无限的，各种游戏的场景和情节都能促使宝宝进行比较、分类和排序，比如“招待客人”的游戏场景能促使宝宝选择材料做菜、炒菜、摆放餐具，从而促使宝宝进行分类和排序。为宝宝提供充足的材料，让宝宝尽情地去玩、去摆吧！

进行表征

这个阶段，父母要加强宝宝表征能力的培养，提高宝宝用语言、动作、图像、符号等方式表现客观事物的能力。

涂鸦画画。18—24个月他们开始用图示和符号来代表物体，如画一条短线说是枪，画个长条形说是香肠。虽然是看似简单的涂鸦，但画在

纸上的符号是宝宝试图再现的某种经验，这是图像表征。

支持策略　给宝宝提供涂鸦的材料，如各种油画棒、粉笔、铅笔、纸、白板、涂鸦墙、小画板等，要饶有兴致地鼓励支持宝宝去涂去画。由于绘画能力的局限，很多想象的东西和场景宝宝是画不出来的，或只是画了几个道道甚至是一个黑团团，所以父母要鼓励宝宝把他画的内容说出来。每当宝宝有涂鸦的痕迹时都进行夸奖，父母都饶有兴致地说："宝宝真能干，宝宝又画画了，你画的什么呀？"父母耐心地去听宝宝说，这是肯定宝宝画作、发展宝宝思维和语言表达的最佳时机，不论宝宝画和说得怎么样，都给予肯定和鼓励。注意这个时期评价宝宝画画好不好的标准不是"像不像"，而是宝宝的想象和绘画表达。只要宝宝大胆画、大胆讲就要给予肯定："你会画这么多物品了，你画得真好！""你讲得太好了，说出了你画的很多物品。"

象征性游戏。象征性游戏通常也被称为"假想游戏"，8—18个月的宝宝会观察、倾听并试图理解他人的行为。1.5岁以后当外显记忆显著提高时，他们开始在游戏中表现熟悉的日常生活。他们能记住最近发生的事情，并在游戏中重现它们。比如在1.5岁时，宝宝和妈妈利用厨房玩具，把积木当香肠放到锅里去炒，然后拿着去吃，太热时还吹一吹等，宝宝是用一个物体代表另一个物体。

支持策略　提供一些熟悉的物体以促进宝宝新的表征能力的发展，例如，他们把棍子当马骑，树枝当鞭子，小碗当帽子等。还可购买一些假想游戏的玩具如厨房用具、理发用具、医院玩具，支持宝宝和伙伴或家人一起进行假想游戏。

处处渗透数学意识

生活中注重渗透数学意识，父母要经常说宝宝有2只手，2只眼睛，1张嘴，用2条腿走路，还可吃饭时数数几个人，尤其是家中来客人时。

每天买回来的水果、蔬菜都和宝宝数一数有几个。外出看到的物体、书上看到的物品都习惯性地引导宝宝数数数量、说说他们的空间位置等，丰富宝宝的数学知识。

第10阶段　分类匹配、初级数学概念、探因果　20—22个月

继续进行分类、排序

继续扩展自发分类。各种颜色、形状、材质、轻重不同的材料给宝宝分类提供了无限的可能性，父母要有意识、有目的地提供材料支持宝宝一样一样、一类一类地进行分类。

摆弄人和动物玩偶。动物、车辆、人物玩偶或积木以及宝宝搜集的自然物品为宝宝在分类和创作图案模式方面提供了开放性方案。父母为宝宝提供这些丰富的材料，让他们将玩偶、车辆、动物任意摆弄和操作，就能看到宝宝创造的各种奇迹。

探索匹配。匹配有两种，一种是成双成套物品的匹配，如将不同的手套、袜子、鞋子匹配成对。宝宝穿小的袜子、鞋子和手套是再好不过的自然材料，可以提供给宝宝进行匹配。还有一种是在一些物品中寻找一种相同的特征进行匹配，如在众多的餐具中进行大碗大盘和大勺及小碗小盘和小勺的匹配，在诸多餐具中，将红色的小碗和红色的勺子匹配，相同图案的碗盘勺匹配等等。

掌握初级数学概念

唱数。22个月是宝宝掌握初级数学概念的关键期，可以掌握5到10的口头数数，这是帮宝宝掌握自然数的正确顺序，为真正意义上的数数做准备，这时宝宝还完全不理解数的概念和意义，只是机械地进行唱数，记住数字的发音和顺序。父母不仅要在跳跃、上楼梯、拿东西时和宝宝一起进行自然数数，还可以拍着手、走着路进行口头唱数。

区分“1”和“许多”。这个阶段也是区分“1”和“许多”的关键

期。宝宝不仅要掌握“1”的含义，如1颗糖果、1个玩具，同时也要懂得“许多”的含义，知道五六个是许多。这时父母在生活中注重强调“1”和“许多”，如宝宝在吃水果时，告诉宝宝：“你吃1个苹果，盘子里还有许多苹果。”散步时指出河里有1只鸭妈妈和许多只小鸭子，引导宝宝发现“1”和“许多”。这样宝宝会慢慢区分多少，为以后进行数量的比较创造条件。

探索因果关系

年龄稍大的宝宝喜欢更加复杂的因果关系。简单的可以拧在一起的工具，如大型塑料螺母和螺栓、各种塑料拼插玩具以及给各种大小不同的瓶子（五六个）盖上大小不同盖子的游戏，都能引起宝宝对因果关系的兴趣。简单的长笛、鼓、钢琴、风铃、风向袋也可用于宝宝探索因果关系，父母可以把风向袋、围巾或镜子放在户外围栏上，吸引宝宝去探索空气运动和光的特性方面的因果关系。

第11阶段　找物品、摸图形块、角色游戏　22—24个月

找物品

寻找藏在两三个地方的物品。玩“找找小动物”的游戏，请宝宝看着将一只小狗先藏到第一个地方，又换到第二个地方，最后再换到第三个地方，藏好后问宝宝：“小狗藏到了哪里？”找到后再让宝宝说一说小狗先藏在了哪里，后藏在了哪里，最后藏在了哪里。

找找手里的物品哪去了。先将宝宝喜欢的一个小物品拿在手里，比如一朵好看的花，问宝宝：“我手里有什么？”“你看看我把花藏在了哪里？”然后迅速将手背到身后并在身后将花传到另一只手里，等宝宝起身向你身后找的瞬间，你把花又立即传到前面，这时可以问宝宝：“花藏到了哪里？当你到后面找时为什么没有找到？”

找找物品藏在哪了。手拿物品让宝宝看看是什么。然后瞬间将物品

藏到腋下、衣服里面或者身后，请宝宝找找物品藏到哪里去了。答对时表扬，答不对时再看一遍。

摸图形块

将圆形、方形和三角形的积木放到一个口袋里，请宝宝先将手伸到口袋里摸住一个图形块，让宝宝猜猜摸到的是什么形状的图形。然后拿出来看一看刚才说的是否正确。等宝宝会玩后，还可变换形式，父母说出一种图形块，宝宝根据父母的指令摸出所说的图形块。

角色游戏

马圭尔-方研究发现18—36个月大的幼儿开始创造性地、自发地使用物体来表征某种经验，其结果是角色游戏开始出现，他们创作自己的剧本，通常以重演熟悉的经历为主，他们的游戏展现了其使用简单的角色故事来回忆和再现先前经历的能力。比如我外孙22个月时和一个3岁的小男孩，用圆圆的铃鼓当锅、用细棒擀来擀去做饭，用竹针当筷子吃饭，拿手机照相、打电话，挎个包说去上班。他们运用身边的物品以物代物，想象和再现生活的很多场景和细节，进行情节多样的角色游戏。

角色游戏最初是一种单独的行为，但宝宝很快就会把这种单独的角色游戏与他人的游戏融合起来。比如当有两个宝宝一块儿扮演角色游戏时，他们一人炒菜做饭，一人准备一桌子餐具邀请小朋友来吃饭。通过角色游戏宝宝巩固了对日常生活事件的理解，也能尝试新的技能和想法。

支持策略　当父母准备学习环境并吸引宝宝探索时，宝宝会展示自己的想法。所以父母要把一些玩具、日常用品、废旧物品放到纸箱里，为宝宝提供这样的百宝箱供他游戏和想象，并积极参与到宝宝的假想游戏中，起到辅助的作用。

语言能力——连词成句早说话

14个月的婴幼儿已经认识了很多物品，也能理解很多语言，接下来他们的语言发展是怎样的呢?

语言发展特点

在经历了6—12个月的缓慢起步之后，1—1.5岁宝宝掌握的新词语呈现缓慢增长的趋势，大约每个月可以掌握8个词语。1.5—2岁宝宝词语爆发性的发展会突然来到，到19个月的时候，大约能够掌握50个左右的词语，这时说出的都是一些单词句。19—20个月宝宝每个月能够学会25个新词，被称为“词语爆炸现象”，这时开始进行词的联合，说出第一批双词句。然后宝宝的双词句每月成倍增长，到24个月的时候出现“双词句爆炸”，同时三词句以一种双词句的扩充形式出现了，婴幼儿开始进入完整句的形成阶段。

语言支持策略

这一时期，父母不仅要和宝宝积极互动，输入大量语言，还要善于根据各阶段语言发展的特点支持宝宝连词成句，早日学会说完整句。

第8阶段　引发单词句

语言发展特点

婴幼儿在1岁左右大多能开口说话，开始说出有意义的词语，如妈妈、狗狗、不要、上楼等单个词语，直到约1岁半之后，词汇量增加，逐渐进展到能使用双词句来表达语意。婴幼儿虽然说出了一些词语，但几乎没有语言表达能力，主要是“以词带句”用一个词表示一句话的一个或几个意思。比如他说“狗狗”，可能表示他要玩具狗，也可能表示他想出去看狗狗。尽管不到18个月的宝宝仍然不会说太多的话，但他们理解新词语的速度是非常快的，语言开始支配和改变他们的行为。

语言支持策略

根据宝宝语言发展的特点，运用适合宝宝的方法进行语言指导能收到事半功倍的效果，使宝宝说出越来越多的单词句。

1.引导宝宝说出来。这一阶段宝宝的最大特点是能说出已理解的词语，因此，父母要不失时机地引导宝宝将看到的、已理解的词语说出来。如看见小狗问宝宝“这是谁呀”引导宝宝说出“狗”“狗狗”，再问“狗是怎样叫的呢”引导宝宝说出“汪汪”。当宝宝想要某个物品时，问宝宝“想要什么”引导宝宝说出物品后再给他。这样可增加宝宝学习语言的机会，当宝宝说出物品后父母要加以重复和赞赏，以强化新学会的词语和激励宝宝说话的积极性，引发宝宝说出越来越多的单词句。

2.将宝宝的行为描述出来。1岁多会走路的宝宝一刻都不会安静，总是摸摸这个，动动那个，妈妈要始终注视着宝宝的一举一动，以防发生意外，然后用完整的语言去描述宝宝的行为并与宝宝交谈，以让宝宝倾听和学习语言。比如1岁多的宝宝去摸一杯热水时，他的手刚靠近就立刻缩了回来，妈妈说：“哎呀，宝宝知道热水怎么样？对，烫，宝宝不能摸！”当宝宝弯腰去搬一个小纸箱时，没搬动就站了起来，妈妈可以说：“重，宝宝搬不动，妈妈来搬！”然后递给宝宝一个袋子说：“宝宝，你拎拎，这个轻，你拎着走吧。”父母要注意倾听宝宝说的单词句，联系特定的情景和宝宝的动作理解他说出的词语是什么意思，然后完整地说出来。如宝宝指着电动车说：“车车。”父母看到此种情形就问：“宝宝你是想坐车车吗？妈妈抱你坐车车。”父母关注宝宝，用语言描述宝宝的活动，并将宝宝说的单词句补充成完成的语言，能给宝宝营造良好的语言学习环境，使宝宝理解词语，学说话。

3.理解说话双管齐下。在家里或周边环境，面对众多熟悉和认识的

人和物时，父母边指边问“这是谁呀”“那是什么呢”，通过提问促使宝宝说出认识的人或物体的名称。如果宝宝说对了，父母就通过重复宝宝的语言以表示肯定，强化他的成就感，如果宝宝说不出或者说错了，父母就在回应中说出正确的词语，以积极的方式帮助宝宝，然后再找机会让宝宝进行表达。如果遇到新的或不认识的人和物，先告诉宝宝人或物的名称之后再问“某某在哪里”或“哪个是某某”的问题，引导宝宝用手指出某个人或物，扩大宝宝的认知和语言理解，并邀请宝宝说出名称，以帮助宝宝认识更多的物品，理解更多的语言。

4.接背押韵的字词。对于一些有趣的短小精悍的儿歌，经过父母反复朗诵后，宝宝就会接背每句结尾押韵的字或词语。如儿歌《圆圆饼干》，通过反复朗诵后，父母说“圆圆饼—”稍停一下等待宝宝接“干”，“像个圆—”等待宝宝接“盘”，“啊呜——”等着宝宝接“口”，“变成小—”等待宝宝接“船”。这是因为宝宝虽然不会背诵儿歌，但在反复的倾听中会记住儿歌的内容和发音，一旦你给他机会，他就能很神奇地接背后面押韵的字词。所以父母一定在吃饭、散步、玩耍时反复给宝宝诵读一些朗朗上口的儿歌，并留出句末押韵的字让宝宝去接背，一个字会接后，就留两个字让宝宝接背。

◎快乐阅读　指认图片

图画书颜色鲜艳，形象生动，宝宝爱翻爱看，是宝宝看图学习说话的最好媒介。宝宝在独立阅读绘本时，会有打开书本、重复翻页、把书合起来等动作，咬书、撕书的行为会逐渐减少。

1.指认图片，说出名称及短语。在宝宝翻看图书的时候，根据宝宝翻到的画面或注视的图像，父母要亲切地询问“宝宝，你看这是谁呀”“那是什么呀”“他们在干什么呢”鼓励宝宝说出图上的人和物品的名称及干什么或怎么样了等词语。父母还可以反复读书上的文字和儿

歌，这些语言都能输入宝宝的大脑，不定哪一天一些语言就能从宝宝的嘴里自动冒出来。

2.将图书内容和自身联系起来进行交流。随着宝宝对词汇理解能力的提升，他逐渐能思考抽象的事物，这时父母可以让他更为深入地参与阅读，帮助他将书中的内容和更广泛的经验联系起来。比如问“小猫看见了小老鼠，宝宝，你看见了什么呀”，引导宝宝说出他看到的物品，或问“小猫的嘴巴吃老鼠，你的嘴巴吃什么呢”。将图书内容和宝宝生活相联系的交流可以涵盖很复杂的内容，包括动作的因果以及感觉等，这样父母和宝宝交谈时使用书中的语言要比往常稍稍高级一点。相应地，从宝宝开始能将词语串联起来使用时，他高级的语言表达中常常会出现阅读时学会的短语。

3.开始读有情节的图画书。宝宝逐渐爱看有情节的图画书，当然情节应当非常简单，比如《一步一步，走啊走》，以重复的句式、基本稳定的构图方式，讲述了一个既简单又富有变化的故事，不仅丰富了宝宝的认知，还提升了宝宝的观察、理解以及表达能力。

◎快乐识字　四个原则

14个月至24个月是正式识字阶段，此时的宝宝从单词句逐步发展到说一些简单的完整句，识字也处于缓慢增长阶段。这一阶段父母主要是利用耳濡目染、生活感受、游戏识字等方法来教宝宝识字，这是与认物并行发展的。一方面利用游戏法复习以前学过的字，另一方面继续教一些与生活有关的字。如在生活和阅读中认识一些事物和颜色后就教宝宝认识表示这些事物和颜色的字，如牛、马、羊、红、黑、白等。根据宝宝动作的发展，还可以教宝宝学认坐、爬、站、走这些动词。这时的宝宝已经能开口说话了，因此从这一阶段开始就可指字认读了，最初一天能识一两个汉字，父母仍然要坚持以培养宝宝的识字兴趣为主，不能强迫宝宝，还要坚持四个识字原则。

1.四定原则。一是定时，要在每天两个固定的时间教宝宝识字，比如上午和下午宝宝睡醒后。二要在固定的地点，比如宝宝的卧室、书房或客厅，要有桌子、椅子、字卡，最好有布置的字画。三是固定一个人教宝宝识字，这样比较了解宝宝的喜好和识字情况。四是定奖励，每次识完字后就鼓励夸奖“宝宝识字真专心”“宝宝读得真好”“宝宝记得真快”或者奖励宝宝他最喜欢的小食物、小画片、小玩具等，这样宝宝容易形成条件反射，到了这个时间、这个地点宝宝就快乐认真地识字了。

2.选字原则。在每天的生活中宝宝最有感触的字不止一个，那么就在这个固定的时间、固定的地点，把这两三个或三四个字都呈现出来，教宝宝看一看、想一想、说一说，若不会就用提示唤醒宝宝的生活感受，将字和物再次建立联系，要求宝宝读一读、记一记。由于每个宝宝的兴趣感受不一样，他们记住的字和字的数量也不一样，宝宝不一定能够全部认识，每天能记住一两个感兴趣或感触最深的字就非常不错了。

3.及时复习原则。每次认完字后都要通过游戏对宝宝当天和以前学习的字进行复习。

【复习游戏1】翻卡片　将每个字卡背面朝上，然后父母翻一张看看是什么字，宝宝翻一张看看是什么字，把它们都翻开读出来。

【复习游戏2】藏卡片　可以把字卡藏在宝宝容易找到的地方，如宝宝衣服里或某个物品的下面、上面或背后，让宝宝去找，找到一个就要宝宝说出找到了什么字。

【复习游戏3】闪字卡　父母将字卡拿在手中背在身后，然后快

速闪现一张让宝宝看看是什么字。这种快速闪现的形式，宝宝往往很喜欢，识字效率非常高。

父母还可以准备3个盒子，将宝宝会读的字卡放入1号盒中，3天和一周后分别复习一次。将不太熟悉的字放在2号盒中第二天进行复习巩固，将当天新学的1—3个字放到3号盒里当天抽空复习1—2遍。第二天将2号盒里的字复习会认后放到1号盒里，3号盒的新字放到2号盒里，第二天再复习巩固一下，将新学的几个字装到3号盒里复习一下，依此类推，宝宝就会记住每天学过的字。

4.急用先学原则。钱志亮教授的研究表明“我、的、一、是、了”这5个字是在阅读中占到10%的高频字。对于处在本阶段的宝宝来说，由于自我意识的出现，最爱说、最常说的几个词是“我”“我的”“不”，我们可以本着双管齐下的原则，一方面教宝宝认识一些生活中常见常用的名词、动词，一方面本着急用先学的原则，结合宝宝说话的场景教宝宝认识这5个高频字。比如当宝宝想自己吃饭、拿某个玩具说“我”的时候，父母不仅满足宝宝的要求，还出示“我”的字卡让宝宝看和认，告诉他：“我、我吃、我拿。”你想让宝宝拿某个物品时，宝宝说：“我的。”你就出示“我的”字卡，告诉他：“对，我的，这是宝宝的。”你想让宝宝做某件事情时，宝宝说：“不。”这时就出示“不”的字卡，告诉宝宝：“不，‘不去’的‘不’。”这样宝宝既认识了一些常见的实词，又认识了一些高频字，为以后阅读词语、短句做准备。

第9阶段　创造双词句

17—20个月

语言发展特点

17—24个月的幼儿进入了完整句掌握阶段。接近18个月时宝宝的注意力集中到语言上，从用手指物和用动作表意转变成开口说话，用语言

表意。大约十八九个月的时候，宝宝的语言理解和词语掌握都有了爆炸式的进步，会说的词语突然增多，19个月他们开始想办法将词语联合成词组，进入学习和创造新词的阶段，开始说出一些双词语，即将两个词放在一起表达一个比较明确的意思，如“下雨了”“宝宝笑”“走路上”等等，而且基本上符合语法规则，故被称为“双词句”。同时也开启了与人的简单对话，这时的对话常常是一个字或一两个词语，之后对话时间和句子长度都逐渐增加，会按着事情发展顺序或成人的引导进行下去。

语言支持策略

1.及时引导边做边说。俗话说：岁半岁半，翻盆扒罐，1.5岁左右的宝宝一刻也不停歇，一直探索个没完。这时宝宝语言发展的一个特点是语言和行为的一致性，即宝宝无论做什么总是边做边嘟嘟囔囔、断断续续地说个不停。父母要及时关注宝宝行为和语言一致性的出现，注意倾听宝宝说出的话，并在回应中把宝宝说的话补充成完整的句子清楚地表达出来，给宝宝进行良好的语言示范，提供语言学习机会。如宝宝在玩时说：“爬、爬。”父母听到后立即回应说：“爬、爬，谁在爬呀？”宝宝说：“蚂蚁。”“哦，蚂蚁爬爬。快看蚂蚁爬到哪里去了？”父母还可以引导宝宝把行为和掌握的字词联系起来，用字词去预见、说明自己的行为，如宝宝玩积木时，引导宝宝说“积木”“搭积木”，带宝宝去公园时，引导宝宝说“公园”“去公园”。无论宝宝做什么，都引导宝宝开口把做的动作或事情说出来。

2.将词语联合成双词句。19个月开始，宝宝的词语进入爆发期，平均每天可以学会9个词语，在这个阶段，父母可引导宝宝把会说的词语联合起来组成双词句，如宝宝会说“妈妈”“抱抱”后，教他说妈妈抱抱。宝宝在他的愿望驱使下真的会说出来。父母要抓住机会，让宝宝

将会说的词语和会说或不会说的词语联合在一起组成双词句，这样宝宝的语言就像串糖葫芦一样一天天增多。父母还可根据宝宝已掌握的单词句，选择那些宝宝已会发音和已理解的字词，进行主谓或动宾联合，使宝宝尽快说出更多的双词句。如宝宝会说“上楼”“下楼”后，每次带宝宝上下楼梯时都通过提问，引导宝宝将会说的词语联合说出“我上楼”“宝宝上楼”这样的短句。宝宝还会时常拉着你的手往外指着说：“玩玩。”这时你回应宝宝说：“谁去玩玩？”带着宝宝一起说“宝宝玩玩”。再比如宝宝说“拿”，妈妈就问宝宝：“你要拿什么呀？”宝宝说：“拿手机。”这样就引导宝宝进行了动宾组合。

3.与其进行简单的对话。对话能促使宝宝倾听、思考和表达，是发展宝宝语言的有效方法。一旦宝宝开始经常说话，你就可以同他进行对话了，要针对宝宝当时的情景或亲身经历的事情进行对话，如宝宝刚和爸爸出去游玩了一圈高兴地回来，你若无所知地问宝宝：“刚才你干什么去了？”“和谁一起去的？”“你们是怎样去的？”“你和爸爸到什么地方去了？”“都看到了什么？”“你们玩了哪些好玩的东西？”引导宝宝用简短的语言一一对答。这样的交流和对话能够持续很长一段时间，有助于促进宝宝思维和语言的发展。经常展开这样的对话，宝宝就有了沟通交流能力，父母也能从中了解宝宝的思想状况，促进亲子交流。这个阶段的宝宝是一个具体的思维者，他们可以通过有限的方式来思考和谈论他所看到、感受到、触摸到的事物，但他还不会熟练地思考和谈论其他的事情，他只停留在此时此地，所以必须要谈论此时此刻看到或刚刚他做过的具有亲身体验的事情。

4.接背后半句儿歌。对于反复读过的朗朗上口的儿歌，宝宝会接后面一个押韵的字或词语后，父母就要留出后半句等待宝宝接。如通过多次反复朗诵《小鸡和小鸭》后，父母说“风儿”，宝宝就会接背“呼呼

呼”，父母说“雨儿”，宝宝会接背“哗哗哗”，父母说“雷声”，宝宝会接“轰隆隆”，父母说“闪电”，宝宝会接“冒火花”。

5.改用规范语言进行交流。开始教宝宝说话时，为了便于宝宝发音，可将一些不同字的词语转变成重叠词教给宝宝。但当宝宝1.5岁左右能说出五六十个像“拿拿”“狗狗”这样的重叠词后，父母要告诉宝宝“小狗”“西瓜”这样规范的词语，其他家人也一定注意，无论是教宝宝说话还是和宝宝交流，都要将重叠的婴儿语变成规范词语说给宝宝听，引领宝宝使用规范的词语去命名和交流。

◎快乐阅读　对话阅读

1.进行对话阅读（上）。对于这个时期的宝宝，父母要着眼于绘本可见的图像进行对话谈论，目的在于协助宝宝认识图中物品名称、颜色、数量等基础概念，说出图文传递的人、事、时、地、物等情境信息。因此，父母可运用图像作为对话的媒介，与宝宝进行简单的对话，为宝宝提供更多练习口语的机会，还能刺激宝宝思考，理解图书内容。这种阅读叫对话阅读，特别适合1.5岁以后会说话的宝宝。

问“是什么”的问题。对话阅读时，面对画面，尤其是面对一本新的绘本，父母可以向宝宝问“是什么”的问题。如面对动物和人问“这是谁呀”面对物品问“这是什么水果”“这是什么玩具”引导宝宝去看去说。这样既能让宝宝知道是什么物品，还隐含着对物品的类别归属。

宝宝回答对时，父母要重复宝宝说的话，如问：“这是谁呀？”宝宝说：“小鸡。”父母立即重复宝宝说的话：“对，这是小鸡，毛茸茸的小鸡。”以对宝宝进行肯定、表扬和鼓励，激发宝宝看书交流的积极性。还要表扬宝宝阅读中的表现，以激励宝宝认真看书。

宝宝回答不对时，也不要直接否定宝宝，如面对一只狮子，宝宝

说："这是狗。"父母立即回应说："它看起来很像狗，都有四条腿，可它头上有很多长鬃毛，想想它是什么呀？"若宝宝仍说不出，父母就告诉他："这是狮子，嗷嗷叫的大狮子。"并邀请宝宝重复一遍。这样既保护宝宝说话的积极性，又让宝宝学会了认物。

对于回答困难的宝宝要及时地帮助，如告诉他："这是大象，看，它还有长长的鼻子呢！"然后邀请宝宝一起说出来。

当宝宝正确地回答后父母要进行追问，使宝宝的思维和表达深入下去。如面对小鸡问："这是谁？"宝宝回答："小鸡。"父母肯定后追问"它是什么颜色的？""它在什么地方？"等。再如面对满树的苹果，问："树上结的是什么水果呀？""这些苹果是什么颜色的？""结了几个苹果呢？"父母可以拿住宝宝的手指说："我们一起数一数，1、2、3，一共有3个苹果。"通过追问让宝宝了解人物、动物和物品的颜色、数量或形状等认知概念性词汇和一些基础的信息。

2.看生活内容的书。多让宝宝接触与生活相关的图画书。0—3岁的宝宝与图画书主角有相同的经验，会产生对自己以及这些活动的认同与喜爱，有更多的勇气尝试新鲜事物，培养良好的生活习惯和技能。2岁左右是培养宝宝生活自理能力的重要时期，提前给宝宝阅读一些生活方面的绘本，可以扩大宝宝的认知，丰富宝宝的经验，帮助宝宝生活自理，如《拉粑粑》系列丛书。

◎快乐识字　活动识字法

随着宝宝说出的词汇越来越多，父母在本阶段可以教宝宝一些复音词（即两个和两个以上的汉字组成的词），如"上床""下床""开门""关门""大狗""小狗"等。复音词中有熟字、生字，既有利于复习巩固熟字，又使宝宝对生字产生亲切感，好像老朋友带来一个新朋友一样，能提高识字兴趣，降低识字难度，又不至于使两个字混淆读

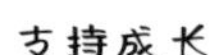

错。快乐识字既要复习熟字，又要学习新字，才能逐渐扩大宝宝的识字量。教新字词往往是在有趣的活动中进行的，主要有以下几种方法：

1.活动中认识复音词。复音词生熟结合，以熟带生，可结合宝宝的活动进行。如宝宝认识“床”后，睡觉前后宝宝上下床时教“上床”“下床”，出门前后教“开门”“关门”“出门”“进门”。宝宝外出骑车、逛公园、玩沙、堆大山，都随机将宝宝活动的字卡写出来，调动宝宝的多种感官，做动作、看字卡、读字音，启发宝宝手眼耳并用学习。

2.阅读活动中认识词语。还可以在宝宝阅读理解图画书活动时教宝宝认识故事主角及一些反复出现的字。比如宝宝阅读过《蹦！》的绘本后，再次阅读时可结合故事情节和画面看看谁在蹦，宝宝说出小动物的同时，出示相应的小动物字卡说：“对了，是青蛙在蹦，青蛙蹦得好高呀！”多次反复，宝宝就能认识故事的主角青蛙、小鸡、蜗牛等。然后再问：“这些小动物都在干什么呀？”宝宝说“蹦”时就出示“蹦”的字卡，这样宝宝不仅认识了各种小动物，还学会了说和认“蹦”，还可以让宝宝在书里找“蹦”字。下次还可以边讲故事边出示字卡，帮助宝宝复习巩固学习的字词。

3.“是不是”游戏，学习高频字：是、一、了。父母随便指着一张图片问“是不是”的问题，如“这是小鸡吗？”宝宝说：“是。”父母立即出示“是”的字卡说：“是，这是小鸡的‘是’。”“这是几只小鸡呢？”宝宝说：“一。”立即出示“一”的字卡让宝宝认。将小鸡收起，问宝宝：“小鸡呢？”宝宝说：“走了。”出示“了”的字卡说：“小鸡走了的‘了’”。再指着小鸟问：“这是小鸟吗？”举起“是”的字卡示意宝宝说“是”。“这是几只小鸟呢？”再举起“一”的字卡示意宝宝说“一”。在快乐的问答游戏中宝宝愉快地学习了这三个高频

字，最后再用游戏复习一下刚学的这三个字。

4.运用游戏活动及时复习。每天要善于运用好玩的游戏活动复习学过的字。可以和宝宝玩前文提到的闪字卡、藏字卡、翻字卡和下面这个“奇妙的口袋”的游戏进行复习。

【复习游戏4】奇妙的口袋　将宝宝学过的字卡放到一个口袋里，妈妈摸一张说出是什么，宝宝摸一张说出是什么。还可以妈妈摸，宝宝认读，或宝宝自己摸自己认读。

第10阶段　说出电报句　20—22个月

语言发展特点

从19个月开始，婴幼儿开始将词语联合成句子，宝宝说的这些所谓的“句子”往往比较简短，缺少一些成分，语法上常常不正确。但大多数时候意义都非常明确，比如“妈妈……水……滑倒”，意思是告诉妈妈地上有水，别滑倒了。还有“困……睡觉……”是在告诉妈妈，宝宝困了，要睡觉了。他们都努力尝试传达某些意义，尽管说的还只算是电报式语言，但通常能够达到交流的目的。

语言支持策略

这一阶段婴幼儿继续进行词语联合，努力表达出比双词句意义复杂得多的电报式语言，这一阶段也是宝宝连词成句的关键阶段，父母要注意运用一些策略，引导宝宝说出越来越多的电报句。

1.扩大语言环境，丰富说话内容。带宝宝去公园、超市、郊外，建立100米资源交际圈，陪伴宝宝活动，关注宝宝的行动，注意发现宝宝的兴趣，用符合或稍稍高出宝宝理解水平的语言谈论他所关注的事情，你就能成功地吸引宝宝的注意力，以这种方式与宝宝说话是最有效的。如当宝宝看小狗时就说：“宝宝，你在看小狗呀，你看，小狗的眼睛睁得大大的！”当宝宝探索玩耍时，耐心地观察并描述他的行为：“宝宝

堆了一座小山，你堆的小山好高呀！宝宝真是太能干了。”丰富的环境蕴藏着丰富的活动和话题，父母的话题要围绕着宝宝的兴趣和活动，或描述或交谈或告知。还可以通过描述和点评他的动作来鼓励他，如他走路时说：“宝宝走得真快，妈妈都追不上了！”

2.注意倾听，用完整的语言进行回应。这个时期的宝宝由于语言表达能力有限，常会说出一些电报式语言，有时还会说出一些半截句，甚至个别错误的句子。父母要留心倾听宝宝说出的语言，积极地回应，并将宝宝不完整、不正确的语句变成完整的句子说出来。如经常会听到宝宝喊“妈妈，尿尿”“爸爸，去公园”，父母听到后要说“好嘞，你要尿尿吗？你说‘妈妈，我想尿尿’‘爸爸，我要去公园’”并让宝宝重复。这样的关注、回应和补充，会帮助宝宝提升语言表达能力。

3.玩游戏，学表达。父母要经常和宝宝玩语言游戏，不仅能丰富宝宝的认知，还能激发宝宝的语言表达。

【代词游戏】这是谁的　搜集家人的物品，和宝宝玩“这是谁的”代词问答游戏，父母随便拿起一样物品问宝宝“这是谁的衣服？”或“这是谁的围巾？”面对熟悉的物品和挑战性的问题，宝宝说话的积极性非常高涨，再加上家人的鼓励喝彩，宝宝会说得更加带劲。

【识别用途游戏】家庭博览　带宝宝到各个房间寻找一些日常用品，看看找到了什么东西，说说都有什么用。如来到卫生间找到梳子、毛巾、牙刷，来到厨房找到小碗、勺子、盘子，到书房找到书、笔等，引导宝宝说说找到了什么，用它可以干什么。通过游戏宝宝不仅学习了语言，还扩大了认知。

【指令游戏】我会做　妈妈发出指令，宝宝按指令行动，如“你把娃娃抱过去放到小床上，再给娃娃盖上被子”。开始先做两件

事，再增加到三件事，做完后立即表扬，并让宝宝说说刚才做了什么事。

经常用语言描述要求宝宝完成2步以上的指令，能锻炼宝宝的倾听能力、理解能力和记忆能力以及语言转换能力，到3岁时就能完成3—4步的复杂指令。

4.接背整句儿歌。每天反复给宝宝朗诵朗朗上口的儿歌，在反复朗诵后宝宝就会接背整句儿歌。如父母说“风儿呼呼呼”，宝宝接第二句“雨儿哗哗哗”，父母再说“雷声轰隆隆”，等待宝宝接“闪电冒火花”。若宝宝接不上，父母就提示前面一两个字，宝宝就会接背了。等宝宝会接二、四句后，交换一下，请宝宝先说开头，爸妈接背，这样宝宝就会背诵整首儿歌了。这个时期父母要多给宝宝朗读每句三五字的儿歌。丰富多样的儿歌合辙押韵、诙谐有趣，学会背诵儿歌对宝宝来说不仅能学习优美的语句，还能培养宝宝的记忆力、想象力、语感和语言表达能力。

◎快乐阅读　交流情景

1.进行“对话阅读”（下）。上一阶段通过提问“是什么”的问题，使宝宝了解人物、动物和物品的名称、颜色、数量或形状等认知概念性词汇。接下来怎样做呢?

问“怎么样”的问题。面对图书，父母可以问“怎么样”的问题，引导宝宝说出图中情景。如“小鸟怎么啦”“天气怎样了”“小明在干什么”等，引导宝宝仔细观察图片，说出图中情景如“小鸟哭了”，父母继续引导宝宝联系前后故事情节说说小鸟为什么哭了。注意要引导宝宝用简短的语言回答。通过对话阅读发现图片蕴藏的信息，调动宝宝语言表达的积极性，帮助宝宝了解和表达图文传递的人、事、物、时、地等情境信息，加深对绘本内容的理解。

愉快地进行阅读。一是要依据宝宝的兴趣进行阅读，如果宝宝对哪一页、哪一部分有兴趣，就依他的兴趣鼓励他多观察、多表达。如果宝宝对哪里不感兴趣就一带而过。二是愉快地进行阅读，每页提的问题不宜太多，以免影响宝宝看书的兴趣。宝宝不想回答问题了，就给宝宝读几页，宝宝不想看了，就合上书出去玩，等宝宝有兴趣了再进行阅读，总之要让宝宝快乐阅读。

2.问答式讲故事，看图进行表达。在给宝宝讲故事时，开始自问自答，然后等待宝宝回答部分内容，最后提出问题让宝宝完整回答。如看《是谁的肚脐眼》，刚开始看书时边翻书边看，边指图自问自答："这是谁的肚脐眼？哦，这是苹果的肚脐眼。""这是谁的肚脐眼？这是西瓜的肚脐眼。"接下来看书时提出"这是谁的肚脐眼"问题后，引导宝宝回答。在交流问答中引领宝宝仔细观察图片，轻松说出图书的内容。

◎快乐识字　多种对应法

快2岁的宝宝就可以认多音节词（由三个和三个以上的汉字组成的词）了，能贴字的物品也越来越丰富了，如电视机、卫生间、电冰箱、卧室都可以贴上相应的字卡。

1.物字对应学习名词。继续用物字对应的方法引导宝宝认识家里的各个房间及房间里的物品

【对应游戏1】找房间　请宝宝看看家里有哪几个房间？找到后父母写出房间的名称如厨房、卫生间等让宝宝看读，引导宝宝将名称的字卡贴到相应的房间门上。

【对应游戏2】有什么　带领宝宝分别走进各个房间，找找看每个房间里有什么物品，说说它们有什么用。比如客厅里有沙发、电视机、茶几、靠垫、水杯等，父母写出来让宝宝一一认读，再引导宝宝将字卡贴到相应的物品上，可以通过第6阶段的

“问好”“找朋友”“送回家”游戏引导宝宝逐步认识每个房间里主要物品的字卡。

【对应游戏3】送回房间　将字卡在地板上摆开，引导宝宝将各种物品的字卡送到相应的房间的物品周围。

2.活动中认动词。快2岁的宝宝活动量增大，会做各种各样的动作，可以将宝宝所做动作写出来教宝宝认，如宝宝走着、站着、坐着的时候教宝宝认“走、站、坐”，宝宝蹦跳时教“蹦、跳”，吃饭、喝水、睡觉时教“吃饭、喝水、睡觉”，多次将宝宝的动作和字卡相对应，帮助宝宝记住字形。还可以引导宝宝根据字卡做动作，父母出示什么字卡，宝宝就做相应的动作，或者父母做动作，宝宝找到相应的字卡，帮助宝宝复习巩固所学的动词。

3.情景学习高频字：你、你们、他、他们、这、那。在家里找出家人的鞋子，妈妈指着自己的鞋子问宝宝“这是谁的鞋子”引导宝宝说出“你的”后，出示“你”的字卡认读。指着爸爸的鞋子问“这是谁的鞋子”引导宝宝说出“他的”后认读“他”字。再分别指着妈妈、爸爸和哥哥的鞋子问“这些是谁的鞋子”引导宝宝认读“你们”“他们”。再分别指出近处和远处的物品问“这是什么物品”“那是什么物品”，宝宝说出后出示“这”和“那”，引导宝宝认读。

4.运用游戏进行复习。本阶段已经引导宝宝学习了很多字词，但宝宝很容易忘记，我们不妨运用一些好玩的游戏复习巩固一下。

【复习游戏5】钓鱼　将学过的字卡别上回形针放在一个浅箱子里当鱼，钓鱼竿粘上磁铁，宝宝边钓边说出钓到了什么“鱼”。

第11阶段　表达完整句　22—24个月

语言发展特点

24个月左右，宝宝的双词句爆炸性发展的同时，开始进入完整句的

形成阶段。这时，三词句出现了，它是在双词句的基础上扩充而成。这个阶段父母要充分扩大宝宝的语言环境，采取正确的方法进行引导，宝宝就能够说出三词语的完整句。

语言支持策略

宝宝虽然能说很多电报式的句子，但句子很不完整，有时还会有语法错误，因此本阶段的策略是支持宝宝很快说出三词语的完整句。

1.继续扩大语言环境。一是带宝宝到多样的环境中去，如公园、游乐场、小区、街道、商场等，让宝宝具有广泛的接触面，让尽可能多的景物、事物、情感成为宝宝感知和语言表达的对象。二是在观察中与宝宝进行交谈，面对美丽的景色及丰富的事物，可以问宝宝一些"是什么"或"怎么样"的问题，引导宝宝去描述和表达，把他自己的观察思考用完整的语言说出来。三是与陌生人的交往也很重要，因为多数人见到宝宝都会主动地打招呼，问一些问题，这就为宝宝语言思维的发展提供了最好的场景，宝宝慢慢学会与陌生人讲话交流，并且与不同人采用不同的交流方式，语言的灵活性由此得到锻炼。四是与同龄伙伴的交往，和同龄伙伴交往时宝宝轻松自然、随心所欲，有着更多的默契，这样的接触为宝宝的语言发展创造了新的格局。

2.引导扩充完整句。宝宝已经掌握了很多的双词句，父母要对宝宝掌握的这些重要的双词句进行一些扩充。比如当宝宝说出"妈妈抱抱""奶奶拿拿"的主谓双词句时，就问宝宝"妈妈抱抱谁呀""奶奶拿什么"，引导宝宝将会说的词语扩充成"妈妈抱抱宝宝""奶奶拿皮球"这样完整的三词句。逛街时宝宝说出"逛街街""买汽车"这样的动宾双词句时就问宝宝"谁逛街街""谁买汽车呀"，引导宝宝说出"我逛街街""妈妈买汽车"这样三词语的完整句。当宝宝说出完整句时，父母要立即夸奖。凡是听到宝宝说出完整的句子、运用新的词语或

说出新的长句子时，父母都及时进行表扬肯定，激发宝宝说话的积极性，对于不完整甚至有错误的表达，父母要用正确的语言进行回应，引导宝宝在与家人的交流中模仿学习。

3.适时提供完整对话支持。宝宝随着年龄的增长，和父母的对话也越来越多，虽然宝宝越来越会使用语言，但其表达的句型尚不完整，若父母经常提供详细的描述和完整的句型示范，将有益于丰富宝宝的词汇量，增强宝宝语言表达能力。当宝宝无法回应父母的提问或回答语句不完整时，父母可辅助宝宝回答完整的语句。比如面对一些玩具，可以问宝宝："哪个是你新买的玩具？"宝宝指着说："这个。"此时父母可将宝宝的回答用完整句再说一遍："对，这个是新买的玩具。"父母的协助，能为宝宝示范如何运用语言，同时也扩充了宝宝的语言经验。

4.玩游戏，学表达。每个宝宝都喜欢玩游戏，游戏时宝宝积极主动，乐于参与，能发展想象和语言表达能力，父母可以引导宝宝用完整的语言进行表达。

【语言游戏1】找红色　找一找房间里有哪些东西是红色的。宝宝可以在家里各个房间边找边说"花瓶是红色的""衣服是红色的""春联是红色的"等完整句。

【语言游戏2】找圆形　家有圆形的东西吗？请宝宝把圆形的东西找出来。宝宝边找边说"碗是圆形的""杯子是圆形""桌子也是圆形"等等。

【语言游戏3】找找带"子"的物品　我们的生活中有很多东西的名称带"子"，比如鼻子，裤子，桌子。宝宝通过观察思考就可以发现带"子"的东西还真多。

这些语言游戏都具有开放性的话题，还有一个可以模仿的句式，宝宝可结合自己的生活经验去想、去说，进行完整的语言表达，还能发挥想象力。父母还可以根据宝宝的体验和兴趣，开发一些宝宝喜爱的语言游戏。

◎快乐阅读　看玩绘本

1.反复阅读，学说语言。一是给宝宝阅读情节及语句重复的故事，宝宝就能模仿一些动作，学习说一些反复出现的句子。宝宝阅读《拔萝卜》后会脱口而出："嘿呦、嘿呦，拔不动！""小老鼠，快快来！"二是反复阅读一本书，当宝宝反复阅读同一本书，可以对图书的内容更加熟悉，对图片的理解更加深入，学说的话也会越来越多，反复阅读后故事里人物的对话宝宝都会说了，还可进行角色表演，使宝宝对故事语言和内容有更深的体会。

2.玩转绘本，增加体验和乐趣。有的绘本内容就是我们的传统游戏，父母可以引导宝宝按照绘本的情景或有关内容玩转绘本，以增加宝宝的体验和乐趣。像《拔萝卜》《怪物睡觉》这类绘本，都可以让宝宝去试一试、玩一玩，宝宝既获得了真情实感，又玩得开心快乐，我的小外孙就特别喜欢和我一起玩绘本的游戏或进行角色表演。

3.借助图像，指出事物的有趣特征，试着找找它们相似或不同之处。如在看《小鸡和小鸭》时，引导宝宝观察"小鸡有什么样的嘴""小鸭有什么样的嘴"，再引导宝宝看看它们的脚是否一样，还可以向他指出它们的相似之处："小鸡和小鸭都长有两个翅膀，都有两条腿，我们也有两条腿呢！"这种方法，能为宝宝3—6岁良好的观察力和逻辑关系能力的培养奠定基础。

◎快乐识字　资源识字法

20个月的宝宝活动范围增大，父母可以运用宝宝生活环境中的资源练习识字。

1. 100米资源圈识字法。每天带宝宝到小区溜达15分钟，见字就

看，看到就念，比如文明提示牌、安全标牌、植物标牌等，不仅要指给宝宝看，还邀请宝宝跟着读出来，并将字牌拍下来。回家带宝宝重温所拍照片，看一看、念一念、说一说都看到了些什么。把宝宝特别感兴趣、有感觉的字词写成字卡，一连3天让宝宝看和认，再用游戏进行复习巩固，宝宝就能记住一些字词了。

2.认读生活中的字。不知大家是否注意到，宝宝每天都被汉字包围着，父母每天外出购物、领取包裹都可以带宝宝一起认读快递和商品上的字，让宝宝猜猜是什么物品，看看是从哪里寄来的，打开包裹进行验证，看读包裹上的字、商品的名称。有些用品、药品还有说明书，不妨指着给宝宝读一读，让宝宝了解它们的功用和使用方法，这样不仅能让宝宝亲近文字，学习文字，还能丰富宝宝的认知。

【复习游戏6】教小动物识字　妈妈将宝宝最近学过的字卡和小动物玩偶准备好，对宝宝说："宝宝真能干，已经认识了很多字，可你的小狗小猫还不认识这些字呢，你教它们好吗？"在创设的有趣情景中宝宝会一个一个认真地教小动物识字，不会的父母要及时提醒哦！

3."分果果"游戏，学习高频字：来、到、有。父母准备一盘苹果，创设有趣的"分果果"游戏情景。爸爸、爷爷、奶奶应声来到客厅，妈妈问："爸爸来了吗？"爸爸说："来了。"妈妈随机出示"来"，并说："'来'，爸爸来的'来'。"依次再问其他人，每次都晃动并读"来"这个字卡。妈妈继续说："下面我来点名，叫到谁的名字谁就说'到'。""奶奶？""到！"然后出示"到"的字，依次再点名，每次都出示"到"读一读、认一认。最后边念儿歌"排排坐，分果果，你来我来他来到。你一个，我一个，人人都要有一个"边给大家分果果，分好后问："你们都有苹果了吗？"大家说"有"时出示

“有”的字卡。出示学过的字让大家读一遍，再将刚才念的儿歌打印或抄写张贴出来，和宝宝一起认读。

通过一两年的努力和鼓励，宝宝会形成识字敏感。形成识字敏感又获得过鼓励的宝宝，会如同爱看一些新鲜事物一样喜欢看字认字，随时随地看到字就主动认读。

▶ 社会性发展——规则贯入小儿行

14—16个月的宝宝有了自我意识，常常说“不”“我的”“宝宝的”等具有个性的语言，产生了违拗现象，经常表现出强烈的主观意愿。在接下来6个月的时间里认为自己非常了不起，什么事情都想按自己的意志行事，挑战父母的权威，加上他们喜欢爬高上低、翻箱倒柜，有时会危及自身的安全、违反社会的规范。如果不融入规则加以限制约束，可能形成以自我为中心的性格，任何事都要自己说了算，不听管教，喜欢发脾气，经常和父母对抗。因此在宝宝自我意识形成时，父母有必要用一些规则约束宝宝的不良行为，使他们成长为快乐得体的宝宝。

贯入怎样的规则

远离限制法。9—14个月的宝宝，可以利用转移注意力和不喜欢身体受限制的特点对其进行限制和管束。而14—16个月的宝宝，由于自我意识的产生，意志更加强烈，转移注意力和限制身体对他来说都不起什么作用了。但14—24个月是宝宝和家人建立亲密依恋关系的最后时期，接近父母尤其是接近母亲是他最大的需要。在他挑战父母权威的过程中，假如有危及自身安全和违反社会规范的不当行为出现，如敲打电视、鱼缸、瓷器等易损的物品，稍不如意就踢打家人，见了小伙伴习惯动手去打去推，要严肃地告诉他不可以这样做，简单地说出不好的后果，如果他还没停止不良行为，父母要立即远离他，走到彼此能看见的

远一点的地方。等他发现追来要靠近父母的时候，父母再走开，就是不让他靠近，等到他抱怨哭泣的时候，让他哭15秒，然后告诉他："你可以靠近妈妈，但你要是再那样做，妈妈还是要离开你。"然后将宝宝揽入怀中，给他擦擦眼泪，再让他继续自己的活动。坚持多次使用这样的方法，宝宝就会将禁止做的事情和妈妈的远离相联系，为了避免妈妈的离开，他就不会再有不良行为了。

警告限制法。21—22个月的时候，宝宝能够理解的语言更多，也具备听懂一些道理的能力了。父母要注意将宝宝平时最喜爱吃的食物、最爱玩的玩具或最喜欢的活动列出来，而且要不断更新，宝宝的兴趣变了，也得跟着改变。当宝宝去做危及自身安全或违反做人做事原则的行为时就警告他，如果再做这样的事情就20分钟内不能玩喜欢的玩具，或不能进行喜欢的活动，不能吃好吃的食物。通过这样的警告，限制他去做一些不当的行为。

贯入规则的目的

懂得规则的重要性。对宝宝一些不当行为进行限制，就是在设立严格而有效的约束规则，由于宝宝年龄小，听不懂太多道理，将这些不能做的事情和他的痛苦感受（妈妈远离、不能玩喜欢的玩具）联系起来，为避免痛苦他就不去做这些不当的行为了。

这种限制是在教宝宝做人做事的规则，使他明白在大多数时候，他能得到他想要的东西，他能做他想做的事情，但是对一些父母不允许做的危及安全或道德的行为就不能去做。宝宝的期望和权利是以一种现实的方式发展的，在现实生活中，对于一些违背社会规则的行为坚持制止，他的挑战和试探行为才会停止，不去碰红线，从而慢慢懂得规则的意义和重要性，学着遵守规则。

知道父母是家里的权威。设立限制最重要的是让宝宝知道父母是家

中的权威。父母虽然很爱他，但是一旦说某件事情不能做，不论他正在做什么都不能再继续。在他们2岁之前，通过实际的行动使他明白这个道理，可以让一个不到2岁的孩子有得体的行为，而且他的试探和挑战行为将会停止，与过度放纵的宝宝相比他会变得更加快乐。另一方面你不能因为怕宝宝哭闹而向他投降，如果他用哭闹战胜了你，下次他会哭得更厉害，以后的事情会更难办。你每有效地设立一次规则约束，你的权威就得到一次巩固，而你每失败一次，你的权威就要受到损害，有权威的父母一言一行在宝宝心中都会很有分量，宝宝会听从你的建议和管教，成长得越来越好！

如何把握管控宝宝的度

规则的设定是头三年养育工作中最难做的一件事情，如何把握好管控宝宝的度呢？不妨把宝宝看成是个大孩子，如果宝宝是个大孩子我会让他这样做吗？如果你的答案是“不”，那就要阻止宝宝的行为。与过度放纵的宝宝相比你的宝宝会变得更加快乐，违拗现象也会消失，但在什么时候消失则完全取决于你。在最好的情况下，宝宝到了21或22个月的时候，令人不快的行为会有所减少。但如果在8—24个月中，你没能有效地对宝宝贯入规则，进行行为约束，那么在2岁后遇到未解决的规则和控制方面的问题，宝宝还是会经常发脾气，由于他们的力量、智力和意志力都有所增强，父母会觉得他们比以往任何时候都更加难以相处，而且他也不会产生与同伴交往的兴趣。因此父母从8个月开始严格设立规则限制的一个更为重要的好处是，无需在2岁以后继续应对宝宝的坏脾气，宝宝会顺利地走出去和同伴交往，而不会在家缠着你。所以父母要一贯地将限制宝宝不当行为的规则落实好。

父母需要注意的几个问题

用自身良好的行为影响宝宝。14—20个月是宝宝和父母待在一起时

间最多、影响最大、最关键的时期，父母的一言一行、一举一动、待人接物的态度都在影响着宝宝。父母要求宝宝做到的自己首先做到，父母对人随和、彬彬有礼，宝宝就会和父母一样遵规守纪，有着得体的举止。

支持其吸引人注意的行为。获得另一个人的注意是宝宝最早出现的社会技能，支持宝宝用可接受的方式吸引并保持对成年人的注意。6个月的时候他会利用故意啼哭吸引成年人的注意，8个月后会运用共同注意、指向表达吸引他人的注意，14个月或更长时间生活经历之后，宝宝掌握了更多获得关注的方法。一些父母在这个时期给予宝宝过度的照顾，反而会给宝宝造成伤害，如果父母总是能够预测到宝宝的需要，那么宝宝就不需要学会那么多吸引他人注意的方法，所以父母要延迟满足，延缓行动，支持和等待宝宝想出各种办法来吸引人的注意。但有一点必须注意，宝宝必须使用可接受的方式吸引你的注意时你才给予关注，假如宝宝使用哭闹、撒泼打滚的方式来引起你的注意时你千万不要理睬，你的忽视会让宝宝的不当行为慢慢减少直至消失。

真正需要的时候才提供帮助。当宝宝遇到困难来寻求你的帮助时，你要帮助他去解决，但有一个倾向需要注意，有时宝宝不是因为自己做不了来寻求帮助，他只是想占用你的时间，这样就不能轻易帮助他了。所以遇事要多鼓励宝宝自己解决，等到他实在不能解决时再提供帮助，不然会导致宝宝2岁的时候过度依恋、黏人。

既不宠护，也不撒手，做个60分父母。在发展良好的情况下，本阶段宝宝的大部分兴趣都集中在可以提供帮助、指导、鼓励、打趣并可以依靠的父母身上，在第2年中，宝宝会一直关注照护人的行踪，这种现象对于宝宝完成社会契约以及开始表达自己的身份都很重要。

【父母测试】哪类父母对宝宝成长最好？

一个阳光明媚的日子，妈妈们带着2岁左右的宝宝在沙滩上玩。

A类妈妈：和宝宝一起玩，宝宝铲沙子、垒沙堡，她也和宝宝一起垒，宝宝去捡贝壳，她也和宝宝一起捡，一会给宝宝擦汗，一会给宝宝喝水。

B类妈妈：宝宝在沙滩上玩，一会跑过来，一会又跑过去，一会踩脚印，一会逐海水，妈妈坐在沙滩上看手机。

C类妈妈：宝宝在沙滩上玩，一会玩沙子，一会还去水边踩踩水，妈妈正在和其他两位妈妈聊天，却不时地用余光看着宝宝。

亲爱的父母你看看哪一类妈妈的做法对宝宝的发展最好呢？为什么？想必你们一定都有自己的答案和合理的理由。是的，做父母的既不要百般呵护宠爱宝宝，也不能像个甩手掌柜对宝宝不闻不问，而是要做个60分父母，既在宝宝的身边陪伴守护着，又要给宝宝一定的空间去尝试、探索，一旦宝宝有什么困难和问题可及时指导和帮助，因为这是宝宝最依赖你的最后一个时期。

总之，在父母对宝宝具有重要影响的最后一个关键时期，母亲最好多陪伴照护，用自己的言行举止、积极的态度影响宝宝，使宝宝养成乐于交往、积极快乐的性格。这一时期是宝宝自我意识发展和显示自我能力的重要阶段，父母要放手让宝宝动手自理和操作，玩耍和探索，但要有底线规则，说不行的就不行，树立父母的权威，做到温柔而坚定。在此语言快速发展的时期，父母要根据宝宝各个阶段语言发展的特点，引导宝宝开口说话、将词语联合在一起，通过丰富的语言环境、交流对话和游戏促进宝宝语言的发展，支持宝宝成为一个快乐的孩子。

请在每个阶段结束时对照相应的发展指标对宝宝进行自测评估，将宝宝的各种表现情况在达标情况栏打“√”，并认真回答自测评估总结与反思（见239页），以扬长补短有针对性地养育你的宝宝。

婴幼儿第8阶段（14—17个月）成长自测评估

出生时间_____年____月____日　测试时间_____年____月____日　宝宝月龄____个月____天

类别	评估自测内容	第几天	达标情况		
			优秀	达标	不足
身体发育	17个月末体重_____kg（正常均值10.14—10.77） 17个月末身高_____cm（正常均值79.57—80.8）				
	17个月末头围_____cm（正常均值46.07—47.2） 17个月末胸围_____cm（正常均值46.43—47.57）				
	17个月末牙_____颗（正常均值8—16）				
	特别关注：1—1.5岁以学走和走稳为主，要支持宝宝多活动、多走路，让宝宝走稳走好。还可引导帮助宝宝尝试骑行滑板车、平衡车和扭扭车。				
社会性	1. 具有明显的自我意识，常说“我的”“宝宝的”“不”这几个词语。				
	2. 经常违背父母的意愿，表现出“我要干什么”“我要怎么样”等。				
	3. 主动模仿父母及家人的一些语言和行为。				
大运动	1. 自己扶栏或父母牵手两步一级上楼梯。				
	2. 自己跑步渐慢停止。				
	3. 不扶人或物踢球。				
精细运动	1. 会正着拿书，从头翻书2—3页，每次1页。				
	2. 用2—4块积木或纸盒搭高楼或排长火车。				
	3. 会将圆形、正方形、三角形、六边形拼图放入相应的凹槽中。				
认知	1. 能将相同属性的玩具收集到一起，如将圆形或红色的玩具放到一起。				
	2. 认识红黑颜色1—2种。				
	3. 根据物体的差异将玩具摆成一排、按大小套在一起和上下堆叠起来。				
语言	1. 能开口说出物名、称呼家人和表达自己的意愿。				
	2. 说出10个左右的单词句。				
	3. 会接背全首儿歌的押韵字。				
其他	会拼图_____种　　会将_____种图形块放入图形盒内				
	认识身体部位_____处　　会说单词句_____个				

婴幼儿第9阶段（17—20个月）成长自测评估

出生时间＿＿年＿＿月＿＿日　测试时间＿＿年＿＿月＿＿日　宝宝月龄＿＿个月＿＿天

类别	评估自测内容	第几天	达标情况		
			优秀	达标	不足
身体发育	20个月末体重＿＿kg（正常均值10.69—11.24） 20个月末身高＿＿cm（正常均值82.2—-83.46）				
	20个月末头围＿＿cm（正常均值46.52—47.6） 20个月末胸围＿＿cm（正常均值47.1—48.2）				
	20个月末牙＿＿颗（正常均值12—20）				
	特别关注：1.5岁后宝宝的胸围赶超头围，要加强辅食添加，对难嚼的肉食蔬菜仍要做烂或打碎，让宝宝从小养成荤素搭配、营养均衡的饮食习惯。				
社会性	1. 违背父母的意志，不去做父母让做的事情。				
	2. 敢于挑战父母的权威，做父母不让做的事情。				
	3. 遇到困难能告诉家人。				
大运动	1. 自己两步一级独立上楼梯。				
	2. 能够站立着骑行滑板车。				
	3. 能倒退着走路。				
精细运动	1. 用6—10块积木搭高楼或排长火车。				
	2. 串珠子1—2颗，能够对准孔洞穿绳，并拉出绳子。				
	3. 会拼一个凹槽中有两块图形的拼图。				
认知	1. 收集一些物品摆放成模式，如摆成一横排、一竖排或一个圆形。				
	2. 用画画涂鸦或玩角色游戏进行表征。				
	3. 认识红黑白颜色2—3种。				
语言	1. 出现词语爆发现象，会说2个词语的双词句。				
	2. 会用“我的”“你的”“他的”回答出“这是谁的衣服”。				
	3. 会接背后半句儿歌。				
其他	积木搭高楼＿＿块　　第＿＿天积木搭桥				
	能串珠＿＿个　　会说双词句＿＿个				

婴幼儿第10阶段（20—22个月）达标情况自测评估

出生时间_____年___月___日　测试时间_____年___月___日　宝宝月龄____个月___天

类别	评估自测内容	第几天	达标情况		
			优秀	达标	不足
身体发育	22个月末体重_____kg（正常均值11.3—11.69） 22个月末身高_____cm（正常均值84.26—85.56）				
	22个月末头围_____cm（正常均值61.86—47.9） 22个月末胸围_____cm（正常均值47.6—48.7）				
	22个月末牙_____颗（正常均值16—20） 龋齿_____颗（正常均值0）				
	特别关注：宝宝在此阶段要学会单腿站立和足尖走，需加强锻炼，多让宝宝外出运动，多多活动身体，让宝宝多种形式地行走、跑步和骑行车辆。				
社会性	1. 进行互助合作，积极参与和帮助家人做一些家务。				
	2. 渐渐听懂父母限制行为的语言，不去做不让做的事情。				
	3. 用语言表达自己的需求三种。				
大运动	1. 单脚站立3秒。				
	2. 用足尖走。				
	3. 钻过高67厘米的洞或绳子。				
精细运动	1. 用笔涂鸦画竖线及横杠。				
	2. 将瓶中的水倒入碗中，不洒或洒少许。				
	3. 会拼2—3块的拼图。				
认知	1. 匹配成双成对或具有共同特征的物体。				
	2. 按照颜色、形状或大小分类物品。				
	3. 知道“1”和“许多”，唱数到10。				
语言	1. 尝试将多个电报句连起来表意。				
	2. 说出自己的姓名、性别、年龄和爸妈的姓名。				
	3. 接背整句短小儿歌。				
其他	第_____天说出自己和爸爸妈妈的名字　第_____天自己独立吃饭				
	会接背完整儿歌___首、唐诗___首　第_____天穿鞋，第_____天穿袜子				

婴幼儿第11阶段（22—24个月）成长自测评估

出生时间______年____月____日　测试时间______年____月____日　宝宝月龄____个月____天

类别	评估自测内容	第几天	达标情况		
			优秀	达标	不足
身体发育	2周岁体重______kg（正常均值11.66—12.24） 2周岁身高______cm（正常均值86.6—87.9）				
	2周岁头围______cm（正常均值47.2—48.2） 2周岁胸围______cm（正常均值48.2—49.4）				
	24个月末牙______颗（正常均值16—20） 龋齿______颗（正常均值0）				
	特别关注：注意锻炼宝宝手部精细动作，引导宝宝学习用筷子夹东西，用剪刀剪直线，让宝宝自己吃饭、刷牙和洗脸，培养宝宝精细动作的灵活性和准确性。				
社会性	1. 和母亲的关系不太亲密也不疏远。				
	2. 慢慢听懂父母讲的道理，不听话的情况逐渐减少。				
	3. 逐渐明白父母是家中的权威，不再频繁对抗父母。				
大运动	1. 自己双脚交替扶栏或独立上楼梯。				
	2. 双脚离地跳起两次以上。				
	3. 向两个不同方向踢球。				
精细运动	1. 模仿画出封闭的圆形。				
	2. 用手摸出2—4种规定的圆形、正方形、三角形、长方形图形块。				
	3. 按顺序嵌套或堆叠4—8个套叠玩具。				
认知	1. 出现了先想后做的理性思维。				
	2. 认识3—5种颜色。				
	3. 爱和家人或伙伴玩角色游戏。				
语言	1. 能说出五六字的简单完整句。				
	2. 说出2—4个家人的姓名。				
	3. 会背两句或全首简短的儿歌。				
其他	第______天控制大小便　　嵌套玩具______个、堆叠______个				
	称呼图中______种人物　　第______天会区分上下、前后、里外等空间方位				

总结与反思

1.你的宝宝哪些方面做得非常好？宝宝为什么会做得这样好呢？你要再接再厉，继续加强和努力，使宝宝在这些方面继续保持良好的发展优势。

2.你的宝宝哪些方面达标，做得比较好？宝宝为什么会达标呢？今后你要怎样去做呢？

3.你的宝宝在哪些方面发展不足，没有达标，为什么会出现这种情况呢？你要怎样进行调整、改进和加强呢？

4.宝宝有代表性的趣事或有价值的事件有哪些？

第 6 章

第四时期

（24—36 个月）日臻完善

经过两年的交流互动和行为影响，2岁的婴幼儿已经形成了稳定的人格，个体之间也产生了很大的差异。有的在2岁时可能已被父母宠坏了，认为自己的需要比其他任何人的需要都重要，并且习惯于发脾气以及经常做出令人不快的举止，而且很可能在接下来的一段时间会持续下去。有的发展得很好，已经成为一个快乐、充满幽默感、创造力和自信心的宝宝，并且成为父母快乐的源泉。

3岁是宝宝从婴儿期向幼儿期的转变

婴幼儿在第3年中语言沟通能力变得更强了，喜欢与人对话，这一时期是婴幼儿语言能力极大发展的时期。婴幼儿的思维能力、动手能力、自理能力的发展都显示他们已经不再处于婴儿期，而是进入儿童时期了。

3岁的婴幼儿已经成为相当成熟的小人

在第3年中你会看到宝宝对其他孩子的兴趣有了迅速而稳定的提高，并开始越来越多地与小伙伴展开真正意义上的社会交往。这个年龄的婴幼儿离开家到外面活动的时间越来越多，对父母的强烈关注有所减弱。随着婴幼儿的心理能力快速发展，他们似乎更懂事了，尤其在社会领域。随着这些能力提升而来的是新获得的攀爬和跑跳等身体技能更加娴熟，婴幼儿的各个方面都日臻完善，更加令我们感到与我们打交道的是一个成熟的小人，有的甚至成为一个聪明伶俐、能说会道、活泼快乐

的小能人。

一、第四时期——阶段划分来施策

第12阶段　理性思考

24—27个月

心理发展特点及表现

进入了理性思考阶段。皮亚杰认为，0—2岁婴幼儿处于感觉运动阶段，主要依靠感官和动作来学习和理解他们的环境，认知结构建立在动作上。2岁左右婴幼儿不再直接和环境打交道，而是通过环境的心理表象与之相互作用。怀特指出，在2岁生日前后，婴幼儿会发生一个重大变化——非理性行为向理性行为转变。头两年婴幼儿是利用手和眼通过试错类型的感觉运动智力来解决问题，比如搭积木时，2岁前婴幼儿不管积木是大还是小，也不管它是什么形状，抓起一块只管往上搭，嘭的一声倒了，他就再搭，他就是这样通过手和眼睛一遍遍地试错，直到搭建成功。而2岁左右的婴幼儿会开始利用头脑来解决问题，即利用见解和想法解决问题。在行动之前婴幼儿在头脑中进行思考，预期行动的结果，而不用再经过一次次的试错来解决问题。比如婴幼儿在搭积木前会仔细想一想，把大的积木放在下面，小的积木放在上面才能搭稳不倒，这也是他在以前的反复试错中发现的，于是他就先寻找合适的积木再搭。婴幼儿通常还会先思考可供选择的解决办法，选择最为可行的一个再行动。

开始进行想象活动。2岁的婴幼儿会在脑海中再现事物，进入了理性思考阶段。具体表现如：拿一根小棍当马骑；拿一些材料充当食物假吃；或者够不着东西时能借助棍子帮忙。1岁婴幼儿看不出两个物体之间的关系，2岁左右，能想到用棍子达到目的，最初看见才想拿，到后来他们明白需要一个棍子，没有的话他会去找棍子。他们是在脑子里处

理事情，在大脑中计划一些活动。2岁大的婴幼儿已经是个思考者。

顺应支持策略

1.运用理性的方法进行控制和约束。一旦知道你的宝宝有了思考能力，就可以开始运用理性的方法控制和约束他的行为了，从使用“远离限制”对宝宝进行管束转向运用理性的方法结合亲身经历给他们讲道理，让他们了解事物的前因后果。比如，当宝宝打碎玻璃杯后，问宝宝玻璃杯怎么样了？为什么会打碎呢？然后找废弃玻璃杯让宝宝试一试，使宝宝体验到玻璃杯是容易被打碎的物品，要轻拿轻放才行。经过这样的亲身体验和讲道理，下次他再也不会打碎碗杯了。2岁大的宝宝是个思考者，发展情况良好时，他们大约会在22个月或其后不久具备听懂道理的能力。

2.让宝宝思考或推测下一步的行动。在宝宝做事情时要善于观察他们的行为，发现他们在愣神思考时要等待，不要轻易打断他们，更不能催促或斥责宝宝“你愣着干什么？”让他们去思考和想象，接下来怎么样或者怎么办，接下来会发生什么事情。

3.提供多个选项让宝宝选择确定。如带他外出散步时，问他是走着去呢还是骑车去呢？让宝宝自己选择确定。

进入第13阶段的重大行为标志

1. 开始走出家门去找小伙伴玩，兴趣转向同伴。

2. 搭积木8—15块。

3. 会比较5以内数量的物品多少。

4. 能够说出带限定或修饰词的完整句。

第13阶段　同伴交往

27—30个月

心理发展特点及表现

兴趣开始转向同伴。2岁之后婴幼儿的兴趣开始从家庭转向社会，

从母亲转向同伴。我们通常会看到这个年龄的宝宝到外面活动的时间越来越多，而对主要家庭成员及父母的关注有所减弱。

但是如果你2岁大的宝宝仍然频繁地与你争斗，仍然在试探你，仍然很不听话，或已经形成了令人苦恼的行为方式，那么他对同龄小伙伴的社会兴趣就不会出现。这样的宝宝通常是不快乐的，并且他们很少向父母以外的人寻求帮助，他们的精力仍然集中在妈妈身上，可能会成为一个黏人的、令人烦恼的孩子。正常2岁多的宝宝不会经常发脾气，但也有很多宝宝是带着父母未解决好的问题进入2岁的，如果家长在头两年对他过度放纵，就会在第3年中以一种不那么愉快的方式感受到宝宝顽固的抵抗性格——即宝宝如果知道自己强烈抗议就能得到想要的东西，就会和父母进行拉锯战，这样的宝宝还非常喜欢发脾气，尤其是在第3年的前半年。如果父母按照规则严格约束宝宝，就能避免这些麻烦。

大都准备好了与同龄人交朋友。大部分宝宝在头2年中顺利度过了对父母的依恋期，他们已经不再对父母做出试探性的行为，懂得了生活中的规则，并且感到很满意，并且已经准备好了与同龄人交朋友。

每次只和一个同伴玩。这一阶段的宝宝倾向于每次只和一个同伴交流，这种趋势会一直持续到学前阶段。

顺应支持策略

1.支持宝宝的兴趣。如果发现自己的宝宝对小伙伴有兴趣，那就支持宝宝去和小伙伴交往，应当寻找一个在社会能力方面与自己的宝宝处于同等水平的宝宝，两岁或者三四岁的宝宝都可以，直到满30个月的时候，这些玩伴的交友能力在个性发展的基础上才开始定型，24—30个月是一个过渡时期。

2.进行有效的看护。父母应当多加注意宝宝的玩伴，而且要在宝宝

身边进行有效的看护。因为如果两个宝宝经常在一起玩，时间长了，性格温顺的宝宝会逐渐屈服于另一个宝宝的胁迫，这种心理压力虽然不像发生在身体上的伤害那么明显，但它所造成的长期影响可能更加严重。并且，如果玩伴的行为不是很有教养，那么你的宝宝很可能会有一段较为痛苦的经历。

3.严格控制和引导。如果你的宝宝依然整天黏在你身边，不愿意走出家门和同伴交往，有时还会发脾气。这可能是前一年你对宝宝过度放纵，没有给宝宝严格的纪律约束。还有可能是你给他提供的探索空间和材料不够，他的注意力还在你身上。对此，父母要对宝宝进行严格的纪律约束，做到说不行的无论如何都不行，坚持将规则执行到底，让他知道谁是家里的权威，不再对父母做出试探性的行为，不再随便发脾气，从而懂得生活中的规则，并且感到满意。同时，父母不要对宝宝进行过多的陪伴，要准备一些玩具、材料让宝宝去探索，或将宝宝带出去玩，慢慢宝宝的兴趣就会转到同伴身上。

进入第14阶段的重大行为标志

1. 具有领导小伙伴和被同伴领导的能力。
2. 能双足交替独立下楼梯。
3. 会拼4—6块的拼图。
4. 说出带修饰词的五词句。

第14阶段　社会体验　30—33个月

心理发展特点及表现

怀特指出，发展良好的婴幼儿第3年会出现三种社会能力。一是轻松地向同龄人表达情感的能力，二是领导与跟随同龄人的能力，三是对竞争的兴趣和愿望。轻松地向同龄人表达情感，反映了发展良好婴幼儿的自信心。第二种能力是领导与跟随同龄人的能力，有的婴幼儿愿意处

于领导地位，而不能扮演跟随者的角色，而另外一些婴幼儿喜欢跟随，但没有领导其他人的能力。当然还有一些婴幼儿，这两样都做不到。发展良好的3—6岁婴幼儿应当能够有效轻松地领导别人和被人领导，这一社会能力可能会在第3年出现。最后是发展良好的3岁婴幼儿知道自己有能力和别人竞争，并渴望接受新的挑战，他们知道如何出色完成一项任务，而且知道自己有能力。比如我的外孙女2岁5个月时坐在痰盂上自言自语地说："我会扒裤子、我会擦屁屁、我会提裤子、我会洗脸、我会刷牙、我会吃饭、我会穿鞋、我会穿袜袜、我会穿衣服。"一口气说了9件她会做的事情，她洗手擦手时我问她："你的毛巾是什么颜色的？"她说："一面是绿色的，一面是黄色的。"我顺便夸了一句："说得真对，果果真棒！"她接着说："我啥都认识。"从中可以看出她已经拥有了自信，认为自己很厉害，什么都会干，什么都认识，这样的宝宝还害怕竞争吗？而且一个具有竞争意识的人是非常渴望成功的，渴望把事情做好，并且使自己的工作做得比别人出色。

要想帮助婴幼儿发展这三项社会能力，就应当让他经常在愉快并受到看护的环境中与同龄人在一起进行社会体验。虽然在上一阶段，婴幼儿已走出家门和小伙伴进行交往，但这种交往是固定的一个伙伴，要想让婴幼儿和更多的伙伴单独交往并练习社会能力，从2岁半开始就可以让宝宝在托育中心或幼儿园托班进行这种社会体验活动，发展比较良好的2岁婴幼儿也能够和同龄的小伙伴愉快地玩耍，前提是其他的婴幼儿也同样成熟，并且看护婴幼儿的人富有经验。

在第3年中，婴幼儿在玩耍时喜欢两人一组，多个玩伴是没有必要的。但如果在你家附近有一两个婴幼儿可以经常和你的宝宝一起玩，你就可以不用费任何力气，问题是如果只有这一两个玩伴，那么接触不同伙伴的机会就受到了限制，而且这一阶段的婴幼儿有可能会形成一个孩

子控制另一个孩子的不良关系。在这种情况下，在托幼机构就可以在老师的保护下与很多不同的婴幼儿接触，练习这三种社会能力。

顺应支持策略

1.可以入托进行各种社会体验。建议送2.5岁的宝宝去托幼机构或正规的幼儿园上托班，在托育机构老师的保护下和不同的同伴交往，进行各种不同的社会体验，练习这三种社会能力是再好不过的了。家中无人看护或能力较强的宝宝，2岁就可以入托，进行这种社会体验了。

2.一定要选择条件和人员素质好的托幼机构。父母要选择有发展成熟的同龄幼儿的班级和有爱心及较高专业素养的老师进行照护。这就要求父母要选择一个环境和教师、婴幼儿素质都比较好的正规托幼机构或托班。

进入第15阶段的重大行为标志

1. 具有规则意识，基本上能够遵守一些做人做事的规则。

2. 单足连续跳跃3—5下。

3. 认识5以内的数字，并数出数量相对应的物品或做出对应数量的动作。

4. 说出一些复句，连续执行3个指令。

第15阶段　创造想象

33—36个月

心理发展特点及表现

随着经验的积累和语言的发展，婴幼儿玩起了带有简单主题和角色的游戏，比如戴上听诊器，装扮成大夫给病人看病，这是婴幼儿模仿成人社会生活情景的想象活动。比如在我刷碗时，我32个月大的外孙女在客厅的沙发上和小动物玩游戏，只听她说：“龙龙尿裤子了，快给他的妈妈打电话，让她给龙龙送裤子。”一会又说：“小灰灰的头戳破了，我给他涂了点药，他还说疼。”我问她：“这可怎么办呀？”她

说："我带他上医院。"一会儿我听见她在给小灰灰的爸爸打电话："小灰灰被戳破了，赶快带他上医院吧。"然后她又走到厨房告诉我："小灰灰的爸爸说，小灰灰的爷爷、奶奶和姑姑带他上医院了，不要我去了。"这都是她在幼儿园托班经历的情景，她都能把它们想象到游戏中。

听到父母或老师讲故事，婴幼儿会对故事进行有趣而具有创意的联想，婴幼儿通过画画、搭建活动，不断创造出高楼、城堡、机器人等新的形象，比如我外孙女先画一个椭圆形，然后在旁边画上几条螺旋线，我问她："你画的是什么呀？"她说："这是飞机。"她还将小动物排成一排，给他们开会，她站在前面讲："妈妈上班去了，我们要自己吃饭，自己穿衣，自己脱裤子，自己端痰盂，自己提裤子。"她一连串地说了这番话。这些都是婴幼儿创造性想象的体现，创造性的想象是这一阶段婴幼儿的一个明显特征，并且能够在婴幼儿不满3岁的时候出现。

顺应支持策略

1.带宝宝积极参与多种活动。丰富的活动能开阔宝宝的眼界，增加感性知识和生活经验，而这些记忆原型为宝宝的创造性想象提供了丰富的材料。

2.经常看书听故事。不管听什么故事，或者什么人讲的故事，都有助于激发宝宝的想象力。

3.经常进行角色游戏。母子、同伴玩过家家、小医院、理发店等游戏，在玩游戏时宝宝需要想象游戏情境和使用的材料，以及彼此之间的语言交流，这些都能促进宝宝创造性想象的发展。

4.进行涂鸦和搭建活动。提供纸笔和创设涂鸦墙支持宝宝经常进行大胆涂鸦，父母提供各种积木支持宝宝进行搭建和拼插活动，关注宝宝所创造的作品，引导他讲解自己的作品。

二、第四时期——应有能力得发展

要想使婴幼儿的各种能力得到应有的发展，父母就要跟踪了解第四时期婴幼儿各种能力的发展状况，给他们提供各种机会，帮助和支持婴幼儿各项能力的发展。

▶ 大动作发展——活动身体增活力

2岁的宝宝精力非常充沛，他们的脑子里时刻都充满着想活动身体的迫切愿望。他们一天到晚总是不知疲倦地动个不停，只有在睡觉的时候才安静下来，这就是2岁宝宝所具有的活力和学习热情。

当宝宝手足的运动机能没有被充分释放时，他会因积极性得不到充分发挥而形成消极的性格，成为缺乏探究心、有惰性的宝宝。如果你能满足宝宝活动身体的愿望，宝宝不仅能获得很强的运动能力，还会变得积极、热情、上进、勤劳、具有探索精神。

每天充分地活动身体

宝宝每天都有活动自己身体的愿望，而且总是四处探索，动个不停。父母要顺应宝宝的愿望，只要不危及他和别人的生命安全，不损坏身边的物品，就让宝宝四处去活动探索吧，想去哪里就让他去哪里，想干什么就让他干什么。给宝宝活动身体的自由，不仅能锻炼宝宝的体魄，还能增强宝宝的活力。

培养走路和奔跑能力

尽量给宝宝创设机会让宝宝多走路。父母每次出门买东西、拿快递，到邻居家或附近小伙伴家串门等都带上宝宝，和他一起走着去。带宝宝到附近公园、广场、街道去走一走、看一看，不仅走平地，还要带宝宝走坡道、独木桥、马路牙子、楼梯，另外还可以进行倒走、脚尖走、脚跟走等多种形式地走，增加宝宝走路的积极性。还可以和宝宝来个赛跑或你追我赶的游戏，让宝宝走一走、跑一跑。对跑步有兴趣的宝

宝每天可以进行全力奔跑训练，开始每天10米、20米的快速奔跑，然后逐渐增加距离，慢慢他的运动能力就会非同一般。

【走路游戏】高人矮人走　请宝宝想一想自己怎样才能变成一个高人呢？又怎样使自己变成一个矮人呢？父母和宝宝一起学学高人和矮人是怎样走路的。母子一起先以正常的速度行走，当母亲发出“高人走”的指令后，母子立即踮起脚尖变成高人走，当母亲发出“矮人走”的指令后，则弯曲膝盖变成矮人走，比比谁变得快，走得好。这个游戏能让宝宝锻炼走步和体验高矮，还能培养认真倾听和快速反应的能力。

骑行各种车辆

2岁以前宝宝已经为各种车辆的骑行打下了一定的基础，这时宝宝在骑扭扭车和平衡车时可以利用连续蹬地产生的惯性真正地滑行了。而且2岁以后宝宝还能学会骑小型三轮车，父母要根据宝宝的身高购买能够到脚踏的小三轮车，开始宝宝会因为不会骑不太感兴趣，慢慢练习学会之后会特别有成就感。父母要提供机会鼓励宝宝多骑多练各种车辆，提高骑行的水平，不仅增添乐趣，还能以车代步作为出行的工具。父母一定要尊重宝宝的选择，他想骑什么车就骑什么，充分发挥宝宝的能力，锻炼他的体能、大脑的快速反应能力和动作的灵活性，培养他的自主和独立性，真是一举数得！

每天一起运动

父母可以轮流在每天一个固定的时间陪宝宝一起到户外进行身体运动，内容可以是散步、跑步、玩球（踢球、抛接球、赶小猪）、骑车或在小区里玩大小型玩具等。

【球类游戏1】踢球　宝宝可以自踢自追，也可以和父母相互踢接球。踢球不仅能锻炼宝宝的运动能力、平衡能力，还能培养宝

宝的手眼协调和快速反应能力。

【球类游戏2】接球　父母和宝宝可以先在地上用手相互滚接球；再往地面上抛反弹球，就是抛到中间地上再反弹给宝宝接，这样的球冲击力小，便于宝宝接住；最后直接将球抛给宝宝，这三种形式的接球对宝宝的手眼协调和快速反应要求都比较高，误差一点就两手空空，对宝宝的锻炼和挑战是很大的。

【球类游戏3】赶小猪　在球上贴上小猪的五官，用纸棒或扫把当鞭子，赶着“小猪”向前走或向后退，还可比比谁最先赶到指定的地点。

每天一起蹦蹦跳跳。宝宝2岁前学会跳跃后，就可以通过学小兔跳、青蛙跳的游戏练习蹦蹦跳跳，可边念唱儿歌边学小兔、小青蛙跳，也可以带宝宝在户外玩跳格子、跳地砖等游戏练习跳跃。

玩蹦蹦床和大型玩具。2.5岁以后，宝宝就可以在蹦蹦床上行走，借以训练平衡感，还可以通过玩蹦蹦床和大型玩具练习攀爬能力，宝宝可以爬上一层甚至两三层高的游乐设施，可以在蹦蹦床上弹跳、翻跟头，不仅能满足活动身体的愿望，还能培养胆量，养成开朗活泼的性格。父母可以带宝宝去玩一些大型充气城堡，但要避开大孩子，以免冲撞。还可带宝宝去玩大型滑梯这样的综合设施，同样能锻炼宝宝的多种能力。

金鸡独立练平衡。可以通过“金鸡独立”练习宝宝的平衡能力，还能锻炼宝宝的专注力，培养宝宝的坚强意志。

【平衡游戏】金鸡独立　父母和宝宝面对面站立，边念儿歌边做动作，“大公鸡（双手胸前合掌），喔喔啼（双手合掌放到头上学做大公鸡的模样），我学大公鸡（双手侧平举），单腿来站立（单脚抬起贴在另一条腿的膝盖旁并单腿站好）”比比谁站的时

间长，当然父母要让着宝宝一点哟！让宝宝体验到成就感！

到大自然里去探索和运动。大自然神奇莫测、变化无穷，对于宝宝有着无限的吸引力。父母可以带宝宝到河边去看水观鸭，到山坡上爬上爬下，到田野观花赏草，到果园菜园认识水果蔬菜，更可以带上工具去挖坑掘草、捉小虫，这些自然活动不仅能活动身体，增强活力和激情，更能激发宝宝的好奇心、激励他们更积极地运动和探索！

按照《婴幼儿养育照护专家共识》的要求，1—3岁每天至少3小时各种强度的身体活动，2—3岁每天至少1小时中高强度活动。这种中高强度的活动指的就是上面讲的这些身体活动，所以我们要按照这个标准，每天带宝宝进行1—3小时各种强度的身体运动！

▶ 精细动作发展——满足动手做事的愿望

2岁的宝宝不仅迫切希望活动自己的身体，还迫切希望活动手指自己做事，这种愿望将伴随着宝宝成长，直到3.5岁。巧妙地利用并发展宝宝的这种心理和欲望，不仅能培养宝宝的动手能力，促进智力发展，还能培养宝宝的自理意识，增强宝宝的自信心，更能培养宝宝养成勤劳的习惯。乔治·瓦兰特（George Vaillant）对456名青少年从幼年到成年不同时期的观察统计表明：从小从事家务劳动的孩子长大后比不从事家务劳动的孩子交际能力高2倍，工资高5倍，失业的可能性低16倍，不劳动的孩子犯罪的可能性要高得多，而且罹患神经性疾病的可能性要高出10倍。父母要培养成功的孩子必须从小让宝宝多动手，让他们自己去做一些事情。

处处照顾宝宝，不让宝宝动手做事是一个危险的举动。因为它会扼杀宝宝动手的愿望，由开始的不让做事导致宝宝不会做事，由不会做事造成宝宝后来不愿做事，过了3.5岁这个迫切要求自己动手做事的年龄后，他就不想学也不愿再学习动手做事情了，长大后就不理解别人的劳

动，不知道父母的辛苦，不理解他人，还牢骚满腹。为了宝宝今后能够成为愿动手、肯做事的自食其力的劳动者，成为积极上进手脑俱佳的精英，父母从小就要引导和培养宝宝自己动手做事。

学习自理生活

坚持每日三餐自己吃饭。坚持让宝宝每日三餐使用筷子自己吃饭是练习动手能力的绝佳机会，吃饭不需要专门准备材料，也不需要另花时间，不需要专人陪伴，父母可以通过每日三餐的吃饭，让宝宝每天大约有1个多小时练习脑眼手协调，这是多么好的一举多得的事情啊！让宝宝坐在餐椅上手拿碗筷自己吃饭是宝宝的愿望和权利，父母在旁同时吃饭就起到示范和带动作用，再加上夸奖和辅助（将宝宝爱吃的和适宜吃的饭菜夹到宝宝的餐盘里），就能鼓励和帮助宝宝自己吃饭。

学习自己穿脱衣服、鞋袜，自理大小便。这些日常的自理活动为宝宝提供了大量锻炼手眼脑协调和动手能力的好机会，父母要充分运用这些日常活动锻炼宝宝的身体和手指，宝宝不会做时要耐心教导，边说边演示，让宝宝学习自己穿脱衣服鞋袜。

下面是我作为老师和家长在培养宝宝自理中总结的方法，我将穿脱衣服学习自理的方法编成了朗朗上口的儿歌，父母和宝宝可以一边念唱儿歌一边做相应的动作，不知不觉衣服鞋袜就穿脱好了。

【穿上衣（开衫）】领子向里里朝上，抓领子、披盖子，拽住衣襟伸袖子，拽住再伸另一只，拉拉衣襟对对齐，扣链弄好理整齐。

【脱衣服（开衫）】拉开链扣敞开怀，两手攥襟往后拽，左手拉右袖，右手拉左袖，我的衣服脱下来。

【穿衣服（套头）】前面朝下头上套，手对袖洞往里插，然后再插另一只，拉好两边穿好啦！

【脱衣服（套头）】手拉领口提过头，胳膊上扬往下褪，再将衣服推过头，脱掉衣服真自由。

【穿裤子】穿裤子，真简单，前朝上，拽两边。两腿往里蹬，两手往上提，站起来，继续提，提到上面对整齐。

【脱裤子】大拇指，往里插，两只手，往下扒，扒过屁股坐下来，手往下扒腿上抬。

【叠衣服】拎肩膀，前朝上，理平对齐平着放，左抱臂，右抱臂，弯弯腰，弯弯腰，我的衣服叠好了。

通过父母和宝宝一起边念唱儿歌一边做相应的动作，宝宝就能跟着父母学会穿脱衣服鞋袜了，可增强宝宝的动手能力和做事的自信心。

【擦鼻子、擦屁股】抽张纸，对折叠，擦一擦，叠一叠，擦一擦，叠一叠，擦完之后篓中别。

可别小看教宝宝这个小小的擦鼻涕、擦屁股行为，可培养宝宝做事认真仔细的态度和从小讲卫生、节约资源的良好习惯。

自己洗脸、刷牙。每天的刷牙洗脸不仅能培养宝宝的动手能力，还能帮助宝宝养成良好的卫生习惯。父母按七步洗手法先示范，边念唱洗手歌，边按所说动作洗手，再和宝宝一起边说边做，宝宝既学会了好听的儿歌，又学会了正确的洗手方法。

【洗手歌】打开水龙头，冲湿小小手，关上水龙头，肥皂擦擦手。搓搓手心，搓搓手心（内），爬爬手背，爬爬手背（外），叉叉指缝，叉叉指缝（夹），弓指搓搓，弓指搓搓（弓），揉揉大指，揉揉大指（大），转转指甲，转转指甲（立），搓搓手腕，搓搓手腕（腕）。清水冲一冲，小手洗干净！

【刷牙歌】小牙刷，手中拿，我学妈妈来刷牙。上下来回刷一刷，里面也要刷一刷，喝水咕噜漱漱口，牙齿刷得好干净！

宝宝和妈妈一起，学着妈妈上上下下、里里外外都认真地刷，宝宝的牙齿也会刷得又白又干净！

在宝宝2—3.5岁关键期内，我们父母一定要舍得放开手脚让宝宝自己动手去做自己的事情，舍得花心思引导宝宝学习吃饭、穿衣，舍得花时间陪伴宝宝练习生活自理，虽然在学习自理的过程中，宝宝会搞得一团糟，还会做得很慢，父母会付出艰辛，花费很多时间和精力，但宝宝学会自理之后不仅能增强各种能力，还会增强他们的自信心，获得飞速的发展，之后父母带宝宝就变得轻松自如。

帮助收拾家务

《婴幼儿养育照护专家共识》上要求，婴幼儿从2岁开始就帮助父母做家务。父母每天做家务别忘了请宝宝帮忙，如扫地时让宝宝拿簸箕，晾衣服时让宝宝帮助拿衣架，吃饭时帮忙摆碗筷，做好要夸奖，并说声“谢谢”，让宝宝有价值感。做不好、帮了倒忙也要表扬他的态度，千万不要在宝宝面前重做，这样会贬低宝宝的价值感，扼杀宝宝的积极性。记住无论宝宝怎样都要给予赞赏，这是帮助宝宝建立行动的愿望和信心，朝越来越朝好的方向发展的有效方法，育儿的诀窍可以归结为一个词——表扬。

整理玩具用品

宝宝2岁以后，要引导他养成爱清洁爱整理的好习惯，比如每天将玩过的玩具收拾整理好。在宝宝迫切要求自己的事情自己做的这个时间段，如果不巧妙地教他整理的话，以后再教就困难了。父母可以在玩具筐及放置筐子的柜子上贴上所放玩具的图片做标记，如在放汽车的筐子和相应的柜子上都贴上汽车的图案，放球的筐子和相应的柜子上贴上圆形的标记，这样宝宝就知道分门别类地收纳整理了。

学会使用双手

不会灵活地使用双手的宝宝，其能力的发展不免令人担忧。熟练灵活的双手，不仅能助宝宝做好事情，还能造就聪明伶俐的大脑。

使用筷子。筷子是我们中国人的聪明神器。从2岁左右开始，父母可以专门为宝宝买双小竹筷，让宝宝使用筷子进餐。开始吃饭时，父母用筷子夹些宝宝喜欢的好夹的饭菜，如面条、肉丝、土豆丝等放到宝宝的碗里，宝宝夹不住时父母可将饭菜放到宝宝的筷子上帮助他夹，宝宝夹住了要大力表扬哟!

玩黏土。把苹果、草莓、香蕉、辣椒摆在他面前做模子，让宝宝照着捏。圆的团一团，长的搓一搓，扁的压一压，凸出来的拉一拉，薄的捏一捏、按一按，该凹的地方凹进去，该凸出的地方凸出来。通过仔细观察和练习，宝宝的观察力和手指的灵活性都能得到提升。

画画。准备各种画笔和画纸，让宝宝任意涂鸦，和宝宝一起看一看猜一猜画的是什么，发挥宝宝的想象力、创造力和语言表达能力。父母可以添画几笔圆形、正方形、三角形、半圆形，再让宝宝看看变成了什么？以激发宝宝的想象力和画画的兴趣，再引导宝宝去涂鸦。

玩玩具。幼小的宝宝往往是看到玩具才想起游戏。父母要为宝宝选择益智的玩具，即富有变化、有多种玩法，能启发宝宝思维、想象、动手、发挥创造力的玩具，如套塔、套盒、组装房子、组装汽车、拼图、积木、插塑等。给2岁的宝宝玩积木和插塑是件非常好的事情，让宝宝自由地用积木、插塑去搭高楼、火车、城堡，让他自由想象，搭出各种造型来，再让他说说搭的是什么？宝宝的想象力、语言表达能力、动手能力都会有很大的提升。

穿珠。可以为宝宝准备一些穿珠的玩具，遵循由易到难、由大到小的原则，引导宝宝按颜色、形状、大小穿，还可引导宝宝用针线穿散落

的项链珠，可以先用大针穿，再用小针穿。通过这样的练习，宝宝的小手会更精准、更灵活！

学习折纸。将正方形、三角形的边和边对齐对折，变成小的图形；将正方形对角折变成三角形，再折下两角变成可爱的小狗头、将小狗的耳朵再往上折变成小猫头，将小猫的嘴再往上折一次画上圆鼻子和鼻孔就变成了小猪头。

学用剪刀。有的父母觉得剪刀对这么小的宝宝太危险了，关键在于如何使用。父母不妨用剪刀剪个窗花、剪个小动物激发宝宝的兴趣。请宝宝坐好后，纸准备好了才能拿剪刀，而且拿剪刀时要用手握住剪刀的头部，这样就能防止宝宝戳到自己或别人了，用完将剪刀收起后才能走动。按照这样的操作程序就不会有任何的危险了。让宝宝用剪刀时也是本着如下由易到难的原则：

剪断青草——把绿色的纸剪成细长的青草状，请宝宝将青草剪成一段一段喂小兔。

剪开饼干——父母用彩纸剪出各种形状的饼干，然后在饼干的中间画上一条线，请宝宝沿着这条线将各种形状的饼干剪开。

剪毛巾穗——在一张长方形纸下面画上竖线当毛巾穗，请宝宝沿着竖线剪出下面的毛巾穗。

剪面条——在纸上画竖线当面条，请宝宝沿着竖线剪下一根一根的面条。

这样循序渐进，宝宝就会使用剪刀了。

让宝宝从小动手做事，能培养宝宝的动手能力，增强宝宝的自信心，他们不仅能为自己做事，还会想着为家里做事，慢慢地就有了责任感。经常做事还培养宝宝勤劳的习惯和美德，从小具有热情和活力。

认知发展——抽象概念始发展

2岁前的婴幼儿接触到的最常见的两种抽象概念就是词语和数量。他们会明白，有些词适用于某类东西，而不仅是某个东西，如“狗”是代表所有的狗，而不仅仅是指他看到的邻居家的那只狗，从这种意义上说，2岁大的婴幼儿已经具有理解抽象概念的能力，这是一种广泛的认知能力。

当婴幼儿在日常生活中理解了“苹果”这样的抽象概念，辨别并能正确区分苹果时，就可以引导婴幼儿数数苹果有几个了。当婴幼儿懂得事物分类和数数的时候，就是有效地运用抽象概念，这对婴幼儿认知的发展具有很大的促进作用。婴幼儿的各种抽象概念和知识都是在日常生活、游戏探玩中由易到难、循序渐进建构和发展的，因此在这一时期应根据婴幼儿发展的实际状况，在有适宜材料的游戏中、在生活照护过程中、在交流讨论中谈论数学的话题，支持促进婴幼儿逐步建构各种数学概念和知识。

提供材料，探索多重分类

当婴幼儿理解抽象概念的词语包含许多不同种类的事物时，就可以引导宝宝探索基于一种属性对物体进行多重分类了。比如宝宝理解狗这个抽象概念包括很多不同种类的狗，有大狗小狗、黑狗白狗、直毛狗卷毛狗等，就能对狗进行分类了。多重分类是基于物体的一种属性对物体进行多种类型的分类，我们首先通过两方面的游戏对宝宝进行测试，看看宝宝是否了解物体的属性。

【分类游戏1】找朋友　准备4个圆形和4个星形的积木，其中每2块相同形状的积木具有相同的颜色。游戏开始时，父母拿出其中的一块积木问宝宝能不能找到一块一模一样的——同样颜色和同样形状的积木。在宝宝找到之后可以问宝宝：“为什么它们两

个是好朋友呢？”这时候宝宝就要将自己的依据进行表述：“它们的颜色都是红色的，它们的形状都是圆形的。”父母回应说：“哦，它们都是红色的圆形积木。”这样宝宝就更清楚地感知了积木的相同属性。游戏可以继续进行，宝宝再给其他的积木找到好朋友，发现积木的不同属性。

【分类游戏2】哪块积木不见了　还是刚才的8块积木，父母任意拿走一块积木，请宝宝猜一猜哪块积木不见了。宝宝能发现哪块积木没有配对的朋友吗？宝宝说出后将积木拿出来验证一下。

【分类游戏3】我的规则是什么？父母可以对一些玩具进行分类，比如将玩具分成红色的和非红色的两类，问宝宝：“我是怎样分类的？我的规则是什么？”然后再根据形状进行分类，如圆形的积木放在一起，其他形状的放在一起。在多次分类之后，就可以交换角色让宝宝来分，请父母来猜一猜宝宝的规则是什么。

如果宝宝会玩以上的游戏说明宝宝已经清楚地了解物品的属性，就可以探索多元分类了。

探索属性，多重分类。父母可以提供一些有相同和不同属性的操作材料，吸引宝宝进行多重分类。比如准备一盒红、黄、蓝色的积木和一个分类盒，进行多元分类，不妨先在每一个小盒子里放上一种颜色的积木示范。分好后问宝宝如何分的，以引导宝宝给分好的每一种积木命名，让宝宝理解如何去定义一组物体。父母则肯定说：“宝宝按照颜色将积木分成了红色的积木、黄色的积木、蓝色的积木。”通过给积木分类和父母的进一步命名及肯定，宝宝就能更准确地了解物体的颜色属性了。

变换材料，多重分类。宝宝会分一种材料后，可以变换不同的材料，比如可以提供多种颜色的袜子、扣子、碗、盘等，吸引宝宝运用多

种材料进行基于颜色属性的多重分类探索，增强对颜色的认识。

增加种类，多重分类。宝宝会按颜色的属性进行多种材料的多重分类后，可增加颜色的种类，添加绿色、白色、粉色的材料，吸引宝宝进行更多颜色的多重分类，在分类过程中区分和辨认各种颜色。

拓展属性，多重分类。宝宝基于颜色属性进行多重分类探索后，可准备一些材料吸引宝宝探索其他属性的多重分类。比如提供同种颜色不同形状的珠子以及分类盒，吸引宝宝基于形状的属性对珠子进行多重分类。分类后引导宝宝对每种珠子进行命名，宝宝就能清楚地辨别各种形状。接下来提供图案不一样的物品，比如各种图案的小鱼，根据图案的不同进行多重分类，当然还可以根据物品的大小、轻重、软硬等属性探索多重分类。

生活中建构数量、数字概念

数数是婴幼儿理解抽象词语后才可以进行的数学活动。比如婴幼儿只有理解水果这个抽象词语，分清什么是水果后，才能数出有几个水果。

建构基数概念

2.5岁是计数能力发展的关键期，要引导婴幼儿进行口头数数、点数和感数，3岁左右开始建构对基数的理解。

口头数数（唱数）。口头数数是一种令人愉快的吟唱，婴幼儿听和吟唱多了就记住了自然数的顺序并能背出来了，这是婴幼儿正确数数的前提和基础，所以要在闲暇时和宝宝一起边拍手边数数、上下楼梯时边走边数数，并引导宝宝进行10及10以上的唱数。

点数（手口一致点数）就是数出有几个物品。要遵循数数的4个原则：

①固定顺序原则。按自然数的顺序，不能数错。

②一一对应原则。手口一致地点数，手点一个物体嘴数一个数字，不能漏数，也不能重复数。

③顺序无关原则。先从哪一个物品开始数都行，其结果是一样的。

④基数原则。基数是指用来表示集合中元素个数的数，即最后数出的一个数量就是物品总共的数量，手口一致数完全部物品后要围住刚才数过的物品画个圈，用最后数出的数字说出物品的总数。这里有个小窍门，就是“数到几，就是几”，如最后数到3，就表示一共有3个物品。

婴幼儿是在游戏中建构数概念的，比如在宝宝搭建或排列物体的时候，爱观察的父母看到后指着他排列的物体或搭建的积木，手口一致、一一对应点数“1、2、3，你一共搭了3块积木”。经过这样反复的互动，好模仿的宝宝也会像父母一样用手指着物品手口一致、一一对应地进行正确点数了。

数量数字是一个抽象的数概念，需要宝宝在日常生活和实际操作中慢慢体验建构。下面给大家讲述一个小女孩取餐巾的故事。一个两三岁的美国小女孩，开始每天给家人送餐巾，她每次去取1块餐巾送给了奶奶，又去取1块餐巾送给了爸爸，再取1块送给了妈妈，最后取1块送给了自己。第二天她又这样一趟一趟跑去取餐巾送给每一个人，小女孩就这样取了一个星期，最后她发现可以跑去一次取4块餐巾，然后再1块1块地发给每个人。

最后她为什么一下取了4块而不再一趟一趟跑了呢？原来她在每天一趟一趟取餐巾的过程中发现1个人要1块餐巾，4个人就要4块餐巾，这是在每天的餐巾和人的一一对应中建构了4的数概念，所以最后她就一次取了4块餐巾。

这个故事告诉我们，宝宝的数概念是在实际操作和体验过程中慢慢建构的。但我们大多数父母能等待宝宝跑一个星期慢慢去取餐巾建构数

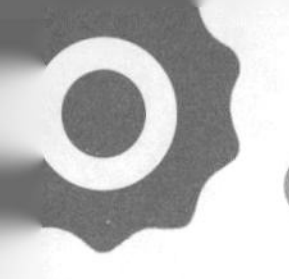

概念吗？可能早就告诉宝宝一次取4块。但这样做是告知的，是传授式的，宝宝不一定能理解和掌握，而这个小女孩是通过自己的实践和体验发现的，是她自己在动手操作中建构的，才能真正地理解和掌握。

所以数概念不能去教、去记忆和背诵。蒙台梭利说过：“听过会忘记，看过能记住，做过能学会。”宝宝的数概念只有在与材料的操作互动体验中才能理解和建构。

日常生活是运用数字概念的课堂，父母一定要在日常生活中提供真实的物品，让宝宝眼睛看着、手指点着、嘴里数着，手口一致进行点数，最后说出总共有几个物品。父母要善于在拿取物品时，引导宝宝边拿边数，最后说出总数；还可以用手移动物品，移过来一个数一个，手口一致，最后说出总共有多少。

支持策略　父母要具有数学意识，在宝宝游戏和日常生活中，只要涉及数量问题，就引导宝宝手口一致地指着数数有几个。在外出和看书时，引导宝宝留心周围有哪些物品，数数它们的数量是多少。还要提供丰富的材料让宝宝在实际操作、实践体验中建构数概念。如提供各种水果、花生、糖果，请宝宝数一数它们有几个。请宝宝给家人送2个苹果、3个橘子、5颗花生等，父母还要留意生活中的数学，注意引导宝宝数数生活中看到和接触到的各类物品。如看见有几只狗、几朵花，玩玩具时数数有几辆汽车、几块积木等，尤其是吃饭时让宝宝自己去取餐具，客人来了请宝宝去分发水果（他要看看有几个人，思考需要几个，可以怎样拿等），这些都给宝宝提供了动脑思考、动手操作、解决问题、建构数概念的机会。

认识抽象数字

当宝宝明白2块饼干添上1块饼干是3块饼干时，他就理解了3也能用到其他物品上，也就理解了3的数概念。尤其是当宝宝能够数出3个数

量的物品并且能够准确取出3个物品时，父母就可以教宝宝认识抽象数字了。

请宝宝拿来3个苹果、3块积木、3辆汽车，告诉宝宝它们都可以用一个数字来表示，那就是数字3（边说边出示数字3）。请宝宝观察并表达“3像什么”，这是发挥宝宝的想象力，让宝宝记住3的模样，目的是让宝宝认识数字3。

再让宝宝说说数字3还能表示哪些物品的数量，宝宝出示后父母进行表扬肯定。

最后宝宝慢慢知道不论是大的还是小的，高的还是矮的，只要数量是3，都可以用数字3来表示，这样抽象数字3就从具体实物中抽象出来了，宝宝就认识和理解了抽象数字3的意义。再用同样的方法引导宝宝认识其他的数字及所代表的意义。

支持策略　抽象数字是从具体事物中抽象出来的，要帮助宝宝理解抽象的数字概念，就要运用丰富的游戏情景和日常生活让抽象的数字和具体的实物一一对应，宝宝就慢慢领会了抽象数字的意义。

【数字游戏1】用物品动作表示数字　准备5以内的数字卡片，和宝宝一起看一看、认一认、抽一抽，是几就伸出几根手指表示；是几就学小动物叫几声或跳几下进行表示；是几就取几个物品放在数字的旁边进行表示；是几就画几个圆圈进行表示等。

如果宝宝伸、做、取和画的数量都对，就说明宝宝不仅认识了数字，也理解了数的实际意义。因为当宝宝能用多种形式去表征数字时就真正地理解了数的概念。

【数字游戏2】用数字表示物品　宝宝在游戏和日常生活中收集、搭建、拼摆或拿取1—5个物品时，让宝宝手口一致数一数有几个，想想可以用数字几来表示，请宝宝找出相应的数字摆在物

品的旁边。

【数字游戏3】数点物找朋友　准备1—5的数字卡、1—5的点卡和1—5的物品卡片，请宝宝给它们一一对应找到好朋友。

当宝宝能数、点、物对应时，就表明宝宝已理解了5以内的数概念。

建构序数概念

序数是表示物体排列次序的数，指某个物品在一个序列中排列的位置。如明明家住二楼，说明他的家在一座高楼中从下往上数排在第二；小鸡、小鸭、小猫、小狗来排队，小鸭排在第一，小狗排第二，在确定序数时数到几，就排第几。

序数和基数的区别。基数是指所数物品的总数量，而序数是指某个物品的排列位置，比如请你拿3辆汽车和请你拿第3辆汽车。“3辆”是指所拿汽车的总数，“第3”是指要拿的是排在第3辆的汽车。

支持策略　平时父母注意准确使用和运用一些基数、序数概念，如告诉宝宝每次最多只能吃2块糖果，坐在第3把椅子上，拿第2个瓶子等，看宝宝能否按要求做对。二是为宝宝提供小动物、车辆、人偶玩具，吸引宝宝在游戏中运用和体会基数和序数。三是可以和宝宝玩以下序数游戏。

【序数游戏1】排队　将5个小动物横着排成一排，请宝宝说说每个小动物排在第几位，排第几位的是什么小动物。

【序数游戏2】跑步比赛　几个小动物或几辆小汽车在赛跑，将小动物和汽车前后摆好，看看它们得了第几名。

【序数游戏3】装货物　将几辆汽车摆成一排，请宝宝拿着积木、糖果、花生等货物按要求给车辆装货，如“将花生装到第2辆车上”或“在第3辆车上装糖果”等。

培养感数

感数就是用眼睛去看，直接感知数量的多少，快速地感知和命名物品数量的能力。宝宝天生就能进行2以内的感数，到3就有一定的困难，经过反复感知才能对3的数量直接进行感数。到3岁时大多数宝宝能快速而准确地识别一组四五个物体的数量而不需点数。

支持策略　对于2—3岁的宝宝，父母要有意识地根据宝宝的发展，由易到难逐渐培养宝宝的感数能力。

①引导宝宝感数自己的身体部位，如让宝宝快速说出自己身上长了几只眼睛、鼻子、嘴，手和脚各有几只，将数字和数量很好地联系起来。

②将数感引入手势，如在生活中说到有关数量的问题时就伸出相应的手指表示，如拿2块饼干，就伸出2根手指来表示，吃3个草莓时则伸出3根手指表示。

③注意描述生活中的数字问题，如“路边有3只小狗”“天空中飞来了4只小鸟”，给宝宝渗透感数意识。

④经常要求宝宝一看物品就说出来是几个，并夸奖宝宝。可以让宝宝给奶奶拿来2个苹果，给爸爸拿3个橘子等，宝宝在家人的赞扬声中快速拿取，也是凭感觉感数的。掌握3后再感数4，随着宝宝年龄的增大，不断增加感数的数量，要求宝宝一看便说出数量，培养观察和快速反应能力。

⑤和宝宝玩以下感数游戏，锻炼宝宝感数能力。

【数感游戏1】手指操　父母和宝宝一起边念下面的歌谣，边伸出相应的手指：

1只兔子跳跳（伸出一根食指跳跳）

2只兔子抱抱（伸出中指食指，中指扣在食指上）

3只兔子笑笑（大拇指食指相扣，伸出后面3根指头）

4只兔子站一排（大拇指握起，伸出其余4根手指）

5只兔子真可爱（伸出5根手指摆一摆）

父母和宝宝可以一起进行表演，右手会做后左手做，左手做熟后两只手同时做。既练习快速感数，还能锻炼手指的灵活性和头脑的快速反应能力。

【数感游戏2】做相同　在正方体纸盒六面贴上两个1—3个数量的圆点，制成一个骰子，父母和宝宝轮流掷骰子，快速看清骰子上有几个点，就做几个动作或拿出几个物体来表示，如是3就拍3下手或跺3下脚，也可以拿3个物品。但每次做的动作或拿的物品不能一样。宝宝会感数3后将1个点换成4个点；会感数4个点后就将2个点换成5个点，这样逐渐增加难度，宝宝就能感数5以内的数。当宝宝一下不能感数时，就让宝宝数数有几个点，宝宝的观察反应能力也会迅速提高。感数的数量切不可多，否则会影响宝宝玩的兴趣。

日常中注意量和空间概念

感知和比较多少

注意在生活中引导宝宝关注5以内数量的多和少。比如在吃水果时看看哪个盘子的水果多，是4个苹果多还是2个梨子多，大碗中的5个枣和小碗中的3个枣，哪个多，哪个少。还可以用两只手拿干果或水果，让宝宝看看哪只手拿的多，哪只手拿的少。对相差数量较少难以用眼睛看出的物品，则要用一一对应的方法进行比较。如吃饭时人和碗哪个多、哪个少。可以一人对应一个碗，若剩下一个人没有碗那就是人多，若剩下一个碗没有人那就是碗多。还可以引导宝宝想想怎样变一样多。在基于颜色的属性分类命名后，可以问宝宝哪种颜色的珠子多，当数量

差别明显时宝宝一眼就能看出哪个多，哪个少。但当差别小时就将4个红色的珠子和3个绿色的珠子一一对应摆好，最后剩下一个红色的珠子没有对应，那就是红色的多。

支持策略　对于日常生活和游戏中经常出现的量的多少的问题，父母一是注意引导宝宝感知生活中事物的多与少。如在家里引导宝宝观察盛的饭谁的多谁的少；吃水果时看看盘子里的苹果多还是梨子多；玩玩具时看看大汽车少还是小汽车少等等。二是提供多种玩具，吸引宝宝在游戏操作中比较多和少。

感知上下、前后、里外、远近等空间方位

父母在日常生活和宝宝的交流互动中注意做到准确使用这些方位词进行表达，如“汽车就在你卧室柜子上的筐子里”，宝宝就能按照语言的引导准确地找到玩具，并正确地感知这些空间方位词。

支持策略　一是平时注意准确使用空间方位词进行表达，引导宝宝正确感知方位，二是设计有针对性地游戏进行练习和强化。

【方位游戏1】捉迷藏　父母将宝宝喜欢的玩具藏到桌子上或桌子下、箱子里或箱子外、妈妈的前面、妈妈的后面等地方，请宝宝找找玩具藏在了哪里，找到后告诉父母。父母要鼓励宝宝用正确的方位词说出玩具所藏的地方。

【方位游戏2】咕噜咕噜锤　父母和宝宝一起边念唱《咕噜咕噜锤》的儿歌，一边表演相应的方位及数量动作。

上上下下，左左右右（双手分别在上下左右各拍手一次），
前前后后（双手分别在身体的前面和后面各拍手一次）。
咕噜咕噜一（双手握拳在胸前绕圈后右手伸出1根手指），
咕噜咕噜二（双手握拳在胸前绕圈后右手伸出2根手指），
咕噜咕噜三（双手握拳在胸前绕圈后右手伸出3根手指），

咕噜咕噜四（双手握拳在胸前绕圈后右手伸出4根手指），
咕噜咕噜五（双手握拳在胸前绕圈后右手伸出5根手指），
咕噜咕噜锤（双手握拳在胸前绕圈后右手伸出拳头表示锤），
咕噜咕噜镲（双手握拳在胸前绕圈后右手伸出并拢手指的手掌表示镲），
咕噜咕噜咕噜（双手握拳在胸前绕圈3圈），
大家笑哈哈！（双手在胸前拍手3次）。

游戏中自我建构数学概念

宝宝在日常游戏中通过操作和运用材料能自我建构分类、空间、数量、数字等各种数学概念。

搜集。在装满物体的篮筐中，一些物体具有相同的属性，另一些物体具有相似但不同的属性，这能吸引宝宝自发地选择特定的物体，例如在一个盛满各种不同颜色、不同材质小球的筐子里，宝宝可能会搜集有弹性的小球在地上弹来弹去，看它们哪个弹得最高，他们这些自发的游戏行为可有助于形成分类的数学技能。当宝宝寻找并坚持把所有的汽车都放在房间里时，他们就建构了“所有”这一概念。他们收集物体时还在探索数字概念，如“我先找到2辆汽车，又找到1辆，我有3辆汽车了。”搜集还促使宝宝参与模式和排序活动，他们可能将搜集的汽车按照从大到小的顺序排成一排。具有某种特征的物体，以及易于从一个地方搬到或推到另一个地方的大容器，都能支持他们收集相同的材料以及在一两个属性上不同的材料，促使宝宝以越来越复杂的方式进行分类。

装满和清空。装满和清空容器为宝宝提供学习形状、颜色、大小和数量的机会。他们把容器装满并将其清空时，便建构了“更多”“全部”“一些”“没有”“很少”“很多”等数量概念，同时也提供了学习形状、颜色、大小的机会。他们会确定哪些玩具装不进容器，哪些玩

具刚刚好，或者装几个玩具正好装满容器。尤其是玩大小不同的杯子、盛米的米桶和舀米的碗盆等，这些玩水玩米的游戏不仅使宝宝乐此不疲，更让宝宝建构了体积大小、数量多少、容器高矮粗细等多种数学概念。

搭建和平衡。积木是任意两个平面平行的物体，除了专门为宝宝购买的积木以外，许多可回收的物体如纸箱、圆筒、易拉罐、管子、奶粉桶、广口瓶、各类纸盒都可以用作可堆叠的积木，吸引宝宝去探索平衡，怎样才能搭建得又高又稳，在搭建中他们会感受到物体的高矮长短、厚薄粗细、形状数量等各种概念。他们还会对三维物体进行排序，如搜集一些高矮、粗细、轻重不同的瓶子、管子、罐子并将它们摆列一排，宝宝能够从中感受物体的数量和空间概念，他们还会玩击打物体的游戏，感受重力和因果关系。

角色游戏。2岁的宝宝随着语言的发展和对抽象概念的理解，他们对角色游戏更加喜爱和投入，他们不仅利用一些材料进行角色游戏，如我2岁的外孙将很多毛绒玩具摆成一排，自己掷地有声地给它们开会，还能和同伴一起发挥想象用铃鼓当锅、纸箱当桌子、小棍当筷子进行各种角色游戏。他们还能和同伴协商游戏的内容、器材，以及怎样使用它们。他们创造性地、自发地使用一些物体表征某些经验，使用简单的故事情节回忆和再现他们的生活经历，他们进行各种假想动作和对话，创造各种游戏情景，巩固对日常生活事件的理解，他们在游戏中建构了空间关系、因果关系、分类、数字以及表征等概念。

走进大自然。将宝宝带进大自然，去观察花草树木、小动物，玩沙弄土，去感知物品的种类、方位和数量。

支持策略

1.提供各种可以进行多重分类的材料支持宝宝分类，分好后和宝宝

一起说说都分成了哪几类，按照什么属性进行分类的，他们还会发现每一种属性的物体数量是不一样的，那么就可以数数每种有几个，比比哪种最多，并按多少进行排序等。

2.提供各种篮、筐、盒等大小不同的容器及碗、盘、勺、瓶，宝宝的袜、鞋、手套等日常生活用品，球、车、动物玩偶等玩具，还有一些石子、果核、种子等自然物，把它们放在低矮的柜子上，宝宝可以自由地收集、填充、清空，独自建构各种数学概念。

3.提供至少3套以上的积木和各种可以搭建堆叠的材料，以及各种可以平衡的废旧瓶、罐、桶等物品，支持宝宝进行搭建和平衡。

4.准备一些开放性的材料，如盒子、袋子、管子、瓶子、碗等，鼓励宝宝自己或与小伙伴一起运用一些物品进行角色游戏，需要时父母也可以参与到游戏中和宝宝一起互动。

宝宝就是在各种游戏情景中、日常生活中、和父母的交谈互动等多种多样的活动中丰富认知，建构各种数学概念并提升认知能力的。

▶ 语言发展——交流对话来表达

2岁左右的婴幼儿掌握了很多概括性的词汇，如“水果”“玩具”等，从而使思维发展到了较高一级水平的理性思维阶段。2岁以后婴幼儿开始说出很多的完整句，语言沟通能力变得更强了，说话开始增多，喜爱与人对话，第四时期是宝宝语言能力极大发展的时期。说话成为婴幼儿认识世界、学习知识、交流思想、表达情感的工具，同时也增强了婴幼儿的求知欲和学习能力。

语言发展特点

2岁以后婴幼儿已能说出一些完整句，20—30个月是婴幼儿掌握基本语法和句法的关键期，婴幼儿获得语法的过程开始于单词句阶段末期，而到36个月时，已基本上掌握了母语的语法规则系统，成为一个颇

具表达能力的谈话者。早教专家殷红博提出2岁以上婴幼儿的语言具有以下明显的特点：

句子明显加长。2岁以后婴幼儿已说出很多完整句，24—28个月时，说出句子明显加长，多数句子在10字以上。

语言的内容明显丰富起来。已开始用语言表达眼前不存在的事情，如“我家有很多小汽车”和一些过去发生的事情，如“我在公园看见了长鼻子大象”，婴幼儿还能用语言描述事物的位置和从属关系，如“沙发上是我的衣服”，以及人和物、人和人之间的关系，如“这个轮子是小汽车上的”“王龄是我的妈妈”。

开始学会用语言评价人和事。如会说出“他推小朋友，他不是好孩子。”这标志着婴幼儿的语言水平开始具有情感性，这正是人的道德品质开始产生的时期，父母一定要对婴幼儿进行正确引导，教他们辨别是非美丑。

婴幼儿能用语言支配他人或进行最简单的组织活动。如我在刷碗，2岁的外孙想让我来抱她时，她就对姥爷说：“姥爷去刷碗，姥姥抱宝宝。”并告诉姥爷，“你把小碗刷好。”

第12阶段　后扩、描述、记忆

24—27个月

2岁之后婴幼儿说的句子变长，开始描述事物和人与人之间的关系，这是培养婴幼儿语言思维的一个重要阶段。因为发现事物之间的关系是人类语言思维能力产生和发展的重要方面。

扩展后面的词语说出长句子。到2岁时宝宝基本上已经说出了主谓宾的完整句。这时父母就可根据具体情境及时引导宝宝扩充句子。一是扩展宾语，即在宾语前面加上更多形容词变成长的句子，如“我吃红红的苹果”，还可以加上数量词变成更长的句子“我吃一个红红的苹果”“我看见了许多漂亮的花”等，鼓励宝宝结合具体情境模仿着说出

带有形容词的长句子。二是扩展成“某人给某人某物”的双宾句，如“宝宝给我苹果”“我给你一个好看的发卡”。三是扩展成“某人做某事”的两个动词的连动句，如“小红哭着走了”“我们来吃饭”等。

描述事物之间关系。事物之间的关系包括两类，一是事物之间的位置关系，二是描述事物之间的从属关系。

事物之间的位置关系是宝宝最先把握的一种关系，应引导宝宝在24—26个月左右能够描述“皮球在桌子下面”“书在桌子上面”等句子。父母平时在日常生活中准确地运用表达事物位置关系的词语，如“我们去河边看小鸭”“去妈妈卧室拿眼镜”，还可通过上文提到的方位游戏进行练习。

事物之间的从属关系也是宝宝最先把握的一种关系，把握这种关系有利于宝宝把握生活中各种事物之间的关系。如“这个盖子是大杯子上的”“那块积木是这盒积木里边的”。父母可以在每天的玩具收纳、整理物品时引导宝宝描述事物之间的从属关系。如“鞋子放到鞋柜里”“汽车放在筐子里”“筐子放到柜子上”，让每样东西都找到从属的位置并引导宝宝描述和摆放好。

发展语言记忆能力。在宝宝语言记忆快速发展的时期，父母可以通过和宝宝经常玩游戏发展宝宝的语言记忆能力。

【记忆游戏1】看见了什么　父母快速展现卡片、图书封面、字卡，或用肢体表演某一动作或某一动物形象，请宝宝说出看到了什么。经常和宝宝玩这样的游戏，可锻炼宝宝的注意力、观察力、记忆力和口语表达能力。

【记忆游戏2】录音机　父母说话，宝宝当录音机，父母说什么，宝宝就像录音机一样将父母的话录下来，也就是重复说父母说的话，可训练宝宝倾听能力、语言记忆能力和表达能力。还

可和宝宝互换角色，宝宝说话，父母当录音机把宝宝说的话录下来。还可录制密码，如“4178”“6954”，从4位数逐步加大难度到5位数、6位数、7位数等，这对宝宝的语言记忆是很大的挑战。

【记忆游戏3】传话游戏　家人排成一队，第一个人对第二个人悄悄说一句话，第二个人将听到的这句话传给第三个人，以此类推，最后一个人说出所传的是什么话。大家验证一下传的话对不对。这能锻炼宝宝的倾听、记忆和表达能力。

【记忆游戏4】是谁不见了　在桌上放5样东西，让宝宝看一分钟，然后请宝宝闭上眼睛后将其中的一样东西藏起来，睁开眼睛后让他说出什么东西不见了。宝宝熟悉后可逐渐增加到六七样甚至10样物品。这个游戏神秘有趣，宝宝百玩不厌。

◎快乐阅读　互动阅读

1.进行互动式阅读。互动式阅读能够使宝宝深入地思考绘本所传递的意义，鼓励宝宝在快乐阅读时积极参与讨论，比如回答简单的问题，指出特定的图片，猜一猜下一页会发生什么有趣的事情，想一想在生活中是否也经历过类似的经验等等。比如在《好吃的水果》书名页出现各种水果的图像，父母可以问：“这些是什么水果呀？”可以牵着宝宝的手说：“我们一起数一数有几种水果，1、2、3、4、5，一共有5种水果。”对于已经会说话表达的宝宝，父母可以指着画面问“这是谁呀”“它长什么样子”“它喜欢吃什么”“它有什么本领”等，引导宝宝用一些形容词去描述，如“这是可爱的小白兔，它有长长的耳朵，红红的眼睛，它喜欢吃红红的萝卜，还会一蹦一跳的。”还可以问宝宝“你喜欢吃什么”“你有什么本领呢”，这样的互动不仅帮助宝宝理解图书的内容，还学会使用长句进行表达，培养了宝宝的阅读能力。

2.多多赞美鼓励。在与宝宝互动阅读时，不仅要鼓励宝宝观察、表达，还要在有感情的互动中让宝宝体验到阅读的乐趣和快乐。因此，父母千万别吝啬赞美宝宝的各种反应，用正面的语言回应宝宝，增加宝宝阅读的信心。如在《你好，你是谁》中，父母可以指着画面问："你好，你是谁？"宝宝用完整的语言回答："我是圆形。"父母立刻回应说："是的，是圆形，宝宝认识圆形啦，宝宝真是太厉害啦！"

3.逐字朗读绘本上的文字。互动讨论后父母要逐字朗读绘本的文字内容，忠实地呈现文本中的书面语言。书面语言是作者有计划的编排，在用字遣词造句方面较日常用语更为丰富、严谨，对刚接触语言的宝宝来说，除了生活中与成人对话，如能够借由父母逐字朗读绘本上的文字，开始听句型结构严谨、词汇量丰富的书面语言，将有助于奠定日后阅读理解和书写表达的基础。尤其是晚上睡觉前一定要用琅琅的读书声伴宝宝入睡，直到宝宝上小学会自己读书为止。

◎快乐识字　词组对应

2岁到4岁左右为快速识字阶段，他们会从简单句、完整句发展到长句和复合句，并且认识了许许多多的事物，生活经历也丰富了，这时学习的难度也要加大。本阶段可以教宝宝一些常见的动词和名词组成的动宾词组和概括性词汇。

1.对应学词组。宝宝在生活和活动中经常会说出一些意想不到的词组，如果父母抓住时机将其写出来让宝宝看和认，宝宝不仅感兴趣，而且特别有感觉。如宝宝采了两朵漂亮的小花时，妈妈问宝宝："你采了什么？"宝宝说："小花花。""你想把小花花送给谁？"宝宝说："给奶奶、给姥姥。"这时立即将宝宝说的词组写成文字"小花花""给奶奶""给姥姥"给宝宝看和认。这些文字是宝宝自己做和说出来的，宝宝特别有感触，也非常易学易认。还可以将常见的量词和名

词结合的词组让宝宝认，如吃苹果时写“一个苹果”，外出坐车时写“坐汽车”，这些词组所指内容非常具体，宝宝很熟悉也比较容易理解和掌握。总之结合生活中丰富的活动情景，可以认识很多的词组，如看电视、去公园、玩玩具等等，培养宝宝说话用词的准确性，向不久后开始的学读句子过渡。

2.对应读词句。宝宝已认识了一些字和词语，可以把根据宝宝平时说的话和活动写出来的词组收集在一起，还可将宝宝学过的字和词语组成词组写出来，如“下楼”“出去玩”“上街去”等，把住宝宝的右手食指和宝宝一起指字点读，宝宝就能以熟带生认识一些字。这些词组已经具有一些实际意义或展示一定的情景，所以宝宝特别爱看爱读。儿歌合辙押韵、朗朗上口，2岁的宝宝不仅能初步理解，读起来还具有情趣和乐感，如“月亮弯弯，像个小船，我要上去，找你玩玩。”可把儿歌贴在墙上一个字一个字地指读，宝宝很喜欢，这是最自然的识字和巩固识字的活动，能极大地促进宝宝口语表达能力，锻炼宝宝用眼睛捕捉文字的能力。这一阶段是宝宝跟着父母指和念，通过音字对应，反复点读，宝宝就能认识一些字，还能培养对文字的注意力和快速反应能力。对于里面个别生疏的字词如“月亮”“像”父母可以写成字卡让宝宝重点认识。

3.“奖礼物”游戏，学习高频字：里、中、后、地、要、说。到3岁的时候随着学习的实词不断增多，宝宝就能阅读一些短句和短小儿歌了。

宝宝这两天表现非常棒，妈妈为宝宝准备了很多好玩的礼物，有盒子里的积木，桌子中间的洋娃娃，还有桌子后面的小汽车。当宝宝说“我要盒子里的积木”时，父母出示“里”一起认读，父母说：“盒子里的积木就奖给你。”当宝宝说“我要桌子后面的汽车”时父母出

示"后"，说对了就把礼物奖给宝宝，最后别忘了复习一下学了哪些字哦。

父母还可以准备视听结合的图书，如钱志亮教授的《急用先学的140个汉字》，试试宝宝是否喜欢看和听，若宝宝喜欢的话也可让宝宝通过视听学习。

【复习游戏7】逛公园　让宝宝将学过的字卡在地板上摆成一个大圆圈当公园，公园里面可以放些花、草、石头等，拿出家里的小动物、小娃娃放在圆圈的外面当游客，妈妈说："宝宝搭的公园可真漂亮，娃娃和小动物都想到公园里玩，可公园没有门，小动物进不去怎么办呀？啊，有了，我说在哪里（字卡处）开门，你就在哪里开门，小动物就能进去啦！但规则是开一次门，只能进一个小动物哟！"然后妈妈说字卡，宝宝就将这个字卡移开送一个动物进公园。有趣的游戏情景激发宝宝去寻找和认读，宝宝会积极又主动。

【复习游戏8】神枪手　宝宝举起玩具枪或伸出大拇指和食指当手枪，父母拿字卡当靶子，父母每出示一张字卡，宝宝边举枪边读出字卡，读对的即为打中，字卡立即跌落下来。如果读不对则为没打中，放到另一只手里。最后告诉宝宝哪些"靶子"没有打中，正好又给宝宝一次学习的机会，让宝宝再打一次。

第13阶段　前扩、表达、交流　27—30个月

婴幼儿一般在28—30个月说出四词句，完整句得到进一步的扩展，在这一阶段婴幼儿也开始学着表达人与物、人与人之间的关系。2.5岁左右基本上掌握了母语的语法和句法。

扩展前面的词语变成长句。父母除了结合具体情境扩展后面的词语变成长句，还可以结合具体的情景在主语前面加上形容词使句子变长，

如“可爱的小猫睡觉了”“好吃的饼干吃完了”。还可以扩展谓语加上副词，如“我最爱吃苹果”“大家都爱我”“大家全都回家了”“我再也不说脏话了”等。

表达人和物、人和人之间的关系。一是人与事物的从属关系。把握人和物之间的从属关系，表明宝宝的语言水平和综合认识能力又有了进一步的发展。如“奶奶给我的苹果好吃，这个苹果不好吃。”比如盆里的水被弄洒了，宝宝会说：“这是朗朗弄洒的，不是我弄洒的。”可以通过父母的准确表达来引导宝宝学习表达人和物之间的关系。二是表达人与人之间的关系。母子关系、父子关系是宝宝最容易理解的人与人之间的关系，如“玲玲的妈妈是姑姑”“爸爸的爸爸是爷爷”等。宝宝越早把握人与人之间的关系，未来的抽象思维能力发展得就越好。可以经常用以下的提问帮助宝宝理解人与人之间的关系：你是谁的孩子？爸爸是谁的孩子？天天是妈妈的什么？妈妈的妈妈是谁？

抓住兴趣进行对话交流。和其他任何学习过程一样，语言发展在宝宝注意力集中的时候效果最好，父母要在宝宝对某个事物特别感兴趣的时候交流这件事情，用语言描述它，并和宝宝进行对话交流，这样的方式才是最有效的。比如，妈妈带着2岁多的女儿在散步，女儿忽然看到停在树上的小鸟飞走了，大声喊道：“妈妈，你看，小鸟飞走了！”妈妈说：“是的，小鸟飞走了，你看还有谁也飞走了？”女儿说：“还有大鸟也飞走了！”妈妈就问：“宝宝，你说大鸟是小鸟的什么呀？”“大鸟是小鸟的妈妈。”“对了，鸟妈妈在旁边保护鸟宝宝呢！”“妈妈，你看，鸟妈妈又陪着小鸟飞到了树上了。”“它们飞到树枝上干什么呀？”……这样抓住宝宝的兴趣交流对话，最能启发宝宝的思维，发展宝宝的语言。

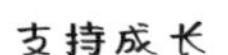

◎快乐阅读　看图对话

1.认知图画，学说长句子。2岁多的宝宝大多会说一些完整的句子了，但往往都是五六字的短句。父母可引导宝宝一边仔细观察色彩鲜艳、形象逼真、情节生动的画面，一边说出画面所呈现的内容，既能扩大认知，又能学说长句子。比如阅读《只能是红色的！鼠小弟的小背心》时，通过观察画面朗读文字后，边指它们穿的小背心边问宝宝“鼠小弟说什么”“我穿着鼠小妹织的灰色的小背心”“狐狸怎么说呢”“我穿着妈妈织的黄色的小背心”……宝宝要观察认知图画，学习说一些长句子。

2.综合运用多种策略，理解内容。一是通过提问与宝宝交流讨论图书的内容，提问和回应能延长宝宝的注意力，还能引导宝宝观察思考、讨论阅读的内容，不然面对一本书时，要么宝宝翻几下就说看完了，要么父母给他讲一遍也很快结束了。二是指图说内容，指出绘本里与内容对应的图片，鼓励宝宝说出特定的内容，如指着浇水、施肥、除草的画面让宝宝说说人们在干什么。直观的画面能帮助宝宝理解一些生疏的内容。三是补充资讯，拓展宝宝的阅读内容。如看见书上的太阳问宝宝“这是什么时候”“那如果天上有月亮是什么时候呢”，和宝宝交流白天是什么样的，人们都干什么，夜晚是什么样的，人们又在干什么。这样能丰富宝宝的相关知识，增强宝宝的语言理解表达。

3.以图像作为对话的媒介，促进思维的发展。绘本是透过图文互补形成完整的内容，图像和文字各自负责传递不同的讯息。所以，想读懂绘本，不光只把文字看完，还要引导宝宝学习阅读图像，体会图文合奏的意义。因此，除了关注文字表达的内容外，父母还可以运用图像作为对话的媒介，与宝宝进行简单的对话，通过对话帮助宝宝理解内容。对话的内容可以聚焦在两大方面：一是着眼于绘本内容当下可见的图像或

文字，此类对话目的在于协助宝宝认识图中物品名称、颜色、数量等基础认知概念。比如在带宝宝阅读《小黑鸟》时，和宝宝谈论"小黑鸟家里都有谁呀""它们都长什么样子""小黑鸟喜欢自己的颜色吗""哥哥们喜欢它吗""为什么它们都不喜欢小黑鸟呢"，这些当下可见的基础信息能协助宝宝认识小鸟的颜色、数量、基本情节等基本内容。二是延伸绘本内容以外的讨论，包括补充相关信息、鼓励宝宝表达感受、想法或对故事情节进行预测、回溯和总结，此类对话目的在于连结绘本内容和宝宝生活经验，并促进高层次的思维。如经过反复阅读理解故事内容后再延伸绘本以外的内容，"后来哥哥们喜欢小黑鸟了吗""哥哥们后来为什么都喜欢小黑鸟了呢""为什么小黑鸟能够在黑夜救哥哥""你喜欢这只小黑鸟吗"，围绕这些问题进行对话，能鼓励宝宝对故事进行回溯，表达自己的看法和感受，促进宝宝高层次的思维活动。

◎快乐识字　类别识字法

2岁多的宝宝已理解了抽象的概念，他理解的水杯绝对不是单指他的水杯，而是包括各种各样的杯子。同样在日常生活中我们通常所说的类别概念，如人物、动物、水果、蔬菜、植物，他们心里也有一点概念了，我们不妨教宝宝深入认识这些类别概念。

1.类别识字。准备丰富的实物或图片，让宝宝分别将人物、动物、水果的卡片挑出来，找好后让他说一说找的分别是什么，然后放上对应人物、动物、水果的类别字卡，让宝宝认一认、说一说。下次再玩时，让宝宝抽取一张类别卡，抽到什么就说出5种该类别的物品，妈妈随时把宝宝说的词语写成字卡，让宝宝摆在相应的类别卡下面。然后让宝宝一类一类地指着认一认、说一说，这样宝宝既认识了字，发挥了想象和分类能力，又认识了类别的从属关系，真是一举多得，还可以让宝宝说出玩具、服装、蔬菜等更多的种类和所属物品。

注意这里特别用到抽字卡的方法，这是一种引导宝宝积极探索、主动求知的方法。宝宝最喜欢抽卡片，隐含的规则是抽到什么就要读出什么。如果宝宝不认识，在问题情景下他就会问父母。这时父母要读给他听，告诉他这是什么类别卡，再请宝宝说出3—5种这一类别的物品，不会说的要去引导，这是让宝宝主动求知的学习方法。

等这几类熟悉认识之后再扩大类别。给宝宝出示并认识交通工具、花卉、文具、餐具、炊具、洁具、茶具的字卡，同样让宝宝去抽类别卡，抽到哪一类，就说出这一类的5种物品（立即写出），并展示相应的字卡。

2.应学尽学识字。快乐识字在生活中无处不在、无时不有，关键是父母要有引导宝宝识字的意识，要爱动脑思考，抓住生活中的点滴机会让宝宝应学尽学。比如每天宝宝吃什么、喝什么时，就顺手写出吃喝的词组如“我吃饭”“吃面包”“喝牛奶”给宝宝看认，宝宝在吃东西的同时又学会了识字。每天的生活丰富多彩，爸爸干什么、妈妈干什么、宝宝干什么都写出来让宝宝看和认。宝宝想买什么东西，要到什么地方去或到哪去玩，看到什么新奇的事物不妨都写出来给宝宝看看和认认，方方面面、点点滴滴、日积月累，就能帮宝宝认识很多词组和短句。

3.学习高频字：年、时、得。父母边出示红包边问：“宝宝，这是什么呀？”并随手写出“红包”两个字，“什么时候发红包呀？哦，过年的时候长辈都会给宝宝发红包。”“这是过年的‘年’，过年时宝宝会得到很多个红包，这是得到红包的‘得’，过年时，家家户户放鞭炮、贴春联，还相互拜年呢！这就是过年、拜年的‘年’。”“时间过得真快，一转眼我们的宝宝都两岁了，这是时间的‘时’，去年我们宝宝一岁，今年宝宝两岁，明年宝宝就三岁了。”

【复习游戏9】接龙识字　父母将宝宝认识的字卡首尾相连，可

以接成成语、短语或句子，如春夏秋冬、东西南北、上下左右、五颜六色、七嘴八舌、三心二意等，带宝宝认一认，读一读，以后还可引导宝宝任意连接。

【复习游戏10】摁字卡　父母将字卡摆在桌子或地板上说：“小宝宝，真能干，一按字卡就叫唤。”然后宝宝边摁字卡，边读出来。读不出的放一边，父母摁一次后宝宝再摁一次进行巩固。

第14阶段　前后扩展、回应、复合　30—33个月

婴幼儿在32个月说出五词句，有了初步评价事物的能力，说出的复合句也快速增加。

前后扩展成更长的句子。结合具体情境在宾语前面加上形容词的同时在主语的前面也加上形容词，使宝宝所说的句子变成五词句，如看到太阳升起时说道：“红红的太阳照在绿色的大地上。”看到猫捉老鼠的画面时说出：“能干的小猫捉了一条大大的老鼠。”注意运用各种情景引导宝宝说出这样的五词句。当然还可以和双宾语、连动词、副词组成更复杂更长的句子，如“亲爱的奶奶给我买了一块非常好吃的蛋糕”。

积极回应宝宝的主动表达。无论何时、无论你在做什么，只要宝宝主动地向你表达，你都要以极大的热情去积极回应宝宝的主动表达。比如你正在做饭，宝宝说：“妈妈快来看呀，你看我搭了一座高楼。”这时，你要关一下火，极其热情地去观看宝宝的作品：“你搭的高楼非常有创意！你的小手真能干，你太厉害了！”还有的时候你正在忙着，宝宝说：“妈妈，我看见了一只蝴蝶。”“啊，你看见蝴蝶在干什么呀？看看蝴蝶长什么样？”然后和宝宝一起观看和交谈蝴蝶活动的有关话题。你这样的回应、这样的热情会激励宝宝更热情地去探索，更自由地和你交流，更乐意地表达自己的发现和想法。

认真回应宝宝的提问。两三岁的宝宝总爱问个没完，这是宝宝好奇

和探索的表现，父母一定要认真回应宝宝的每一次提问，还要夸奖宝宝爱动脑筋，会提问题。对于一些简单的问题，还可以反问："你说呢，这是什么呀？"或"这是为什么呢？"有的问题宝宝还真能自己思考回答。如果遇到你不会的问题，你就说我还真的不太清楚，让我们一起寻找答案吧。

及时引导掌握复合句。复合句是用关联词把几个句子或词语连接起来，表达复杂的内容。结合或创设具体的情景引导宝宝说出复合句。如拿出玩具小猫、小兔，引导宝宝说"小猫在跑，小兔在跳，小猫吃鱼，小兔吃萝卜"，也可结合活动引导宝宝说出复合句，如宝宝玩玩具时放音乐，引导宝宝说"我们一边听音乐，一边玩玩具，太开心了"，带宝宝出去玩时说："爸爸走前面，宝宝、妈妈呢？"引导宝宝说出"爸爸走前面，宝宝走中间，妈妈走后面"等复合句。

◎快乐阅读　推理预测

1.提供线索，鹰架[①]推理。在多次阅读一本图画书后，父母可以提供一些线索，鹰架宝宝联系前后文因果关系进行推理或预测。如在反复阅读《小老鼠普普》后，父母提供线索："开始大家都不喜欢小老鼠普普，说他什么都不会干，就只会放屁，而且放得又响又臭。后来奶奶说'多亏了小老鼠普普'，这是为什么呀？"宝宝在父母的引导下理解前后文的因果关系，也在阅读中进行了图文的逻辑推理。

2.回溯、总结故事内容。一本故事看完后，父母可通过问题引导宝宝回忆故事内容，如带宝宝多次看过《早晨，你喜欢吃什么》后，问宝宝："书上都有谁在吃早餐，他们都喜欢吃什么样的早餐？"在多次看《鼠小弟的又一件小背心》后，问宝宝："大象有合适的小背心了，那

①鹰架教学，又称鹰架理论、支架式教学，指学生在学习一项新的概念或技巧时，透过提供足够的支援来提高学生的学习能力的教学方法。

鼠小弟的小背心呢？鼠小弟能找到他的小背心吗？他的小背心都借给谁了呀？”宝宝会通过回忆并寻找故事线索，用语言一一进行表达，这样的过程能锻炼宝宝的思维记忆，发展宝宝的语言。

3.阅读时进行识字。让宝宝阅读图书后学习识字，这实在是个非常美妙的事情。识字将改变宝宝头脑的构造，造就出高质量的大脑。一是看书时有意引导宝宝注意书的封面，用手指着书的名字念给宝宝听。二是将书中的主要角色、事件写成字卡让宝宝认玩。三是将容易引起宝宝注意的文字写出来教宝宝认读，还可以运用这些字卡讲故事，表演故事。阅读中识字不仅可以帮助宝宝认识很多字，学习故事语言，还能深刻理解故事内容。

◎快乐识字　阅读识字法

识字、认词都是为了阅读，单纯识字是没有意义的，下面就介绍几个常用的识字方法。

1.阅读识字法。阅读识字有以下两种情况。第一种是在阅读画面后认识字词。指的是父母通过提问、交流讨论、念读文字等方法引导宝宝观察图画信息，帮助宝宝理解阅读的内容后呈现故事内容和角色的字卡，如在阅读《拔萝卜》后认识“老公公”“老婆婆”等故事角色，认识“拔萝卜”和“拔不动”等内容卡。因为这些字词是宝宝有过感性认识和已经理解过的，比较容易理解和记忆。通过这样的阅读识字能够帮助宝宝两种语言同时发展，积累识字量。

第二种是针对从几个月或1岁多就开始识字的宝宝，他们现在已认识了不少的字，识字就一定要和读文结合起来，这时就需要父母引导宝宝去读一些有趣的短句、儿歌或短故事，丰富宝宝的精神生活，漫游知识世界，饱览文学风光。在阅读中帮助宝宝既巩固熟字，又认识新字，在生动有趣的内容里有一些生字，宝宝想读出这些有趣的内容，就会产

生要记住这些生字词的愿望，并更容易理解它们的意义。

更重要的是因为阅读比单独识字有趣，句子、儿歌、短文都有意义、有韵律、有情感，而宝宝正处在发展语言的最佳年龄，所以阅读最能满足他们模仿语言的心理，感受音韵的美感，发展语言理解能力和想象力的需要。提前进行阅读训练，由字到词，由词到句，由句到儿歌、故事、短文等，实在是识字和巩固识字最简便、最有效的手段，也是识字的目的所在，因为识字的根本目的在于培养阅读能力，而阅读识字法能使识字和阅读同步发展，这对于三四岁以后的孩子来说特别重要，成效也特别显著！

宝宝读的句子、儿歌和短文，必须是他喜欢和熟悉的事物和故事，反映他自身生活的内容，具体阅读有以下几种方法：

点读认字。父母带宝宝念读大而少的文字，宝宝伸出食指，父母握住宝宝的手边指着字边读，手口一致地点读，宝宝会的留给宝宝读，宝宝不会的由父母读，通过声音和文字的一一对应，来认识一些字。等宝宝多读遍基本达到会背诵时，就鼓励他自己点读，这样经过反复多次音字对应，宝宝就能认识一些字了。

字卡识字。点读认字可能“认而不识”，只有反复长期地点读，才能达到量变到质变的效果。如果将朗读内容的主要词语用字卡呈现出来，认读字卡，运用字卡演示内容、玩游戏，使认字和识字相结合，就能让宝宝的识字效果更好！

文中圈字。宝宝认识字卡后，让宝宝在文中找出字卡上的字，用手指出或用笔圈出。

2.姓名识字。可以将家中亲戚的称呼、姓名、职业写出来，让宝宝看和认，再让他一一配对，并说说亲人的姓名和职业，这会特别的有意思。上托班或亲子班的宝宝，将他同学的名字打成字卡认读，宝宝也会

感到特别有趣和亲切。

3.字卡法学习高频字：国、生、家、和、出。“这是‘国’，国家的‘国’，世界上有很多国家，中国、美国、英国，还有法国的国都是这个‘国’。”“我们生长在中国，这是生长的‘生’，我们生活在家里，生活的生也是这个‘生’。”“这是‘家’，国家、我们的家都是这个‘家’，我们的家人爸爸、妈妈、爷爷、奶奶都非常疼爱宝宝。”“这是‘和’，爸爸和妈妈、爷爷和奶奶的‘和’。”“我们每天都出出进进，这是出门、出去的‘出’，我们一会儿出门买菜、办事，一会儿出去玩和拿快递，然后再回到家。”每天学完后请宝宝说一说、拿一拿，再用游戏进行复习巩固。

【复习游戏11】天女散花　将学过的字卡使劲撒向天空中，犹如天女散花，然后大家去捡，每捡一张都要读出是什么，比比谁捡的最多。

【复习游戏12】揭牌　将字卡背面朝上，宝宝和爸妈轮流揭牌，揭一张让宝宝读一张，不会的放一边最后再教读，揭得多的为胜。

第15阶段　介绍、提升、激发

33—36个月

养成介绍你所做的事情的习惯。在宝宝和你一起活动或观看你做事情的时候，养成介绍和谈论你正在做的事情的习惯。如你在做炒鸡蛋这道菜时，边做边向宝宝介绍你先做什么，后做什么，再做什么，然后引导宝宝说说你是怎样做的，宝宝不仅能够了解你炒鸡蛋的全过程，还能理解和学习复合句的运用和有意义的语言表达，如学习说“先将鸡蛋洗干净，再将鸡蛋打开倒进碗里，用筷子打散，最后上锅放油炒就行了”这样的复合句。

丰富词汇提升表达水平。在和宝宝聊天时，父母要善于根据宝宝

的话语运用一些词汇进行提升，帮助宝宝提高语言表达的水平。如和宝宝一起散步时主动问："宝宝，你在看什么呀？"宝宝说："我正在看小花呢。""哦，你看见了什么样的小花？""有红色的，有黄色的。""还有呢？""还有蓝色的、粉色的。""啊，这是一片五颜六色的小花，多么漂亮呀！你闻闻小花香吗？""妈妈，小花好香啊！""真是香气扑鼻呀！""宝宝，这些五颜六色、香气扑鼻的小花真是太漂亮、太美丽啦！"像这样运用一些准确的词汇来提升宝宝的语言表达水平，慢慢宝宝的词汇也会逐渐丰富起来，语言表达能力也会越来越强。

善于说出因果关系的句子。2岁多的宝宝对表示因果关系的语言怀有极大的兴趣。例如宝宝跑着跑着被地上的一个小石块绊倒了，趴在地上号啕大哭，父母将其扶起来对宝宝这样说："走路时要小心，不小心就会被绊倒。"但常常有人这样说："这石子真坏，把宝宝给绊倒了。"然后上去对着石子跺上几脚，又狠狠地把石子踢开。这样一来，宝宝就无法理解正确的因果关系，也就不能获得对事物正确的思考方法了，同时还让宝宝养成推卸责任、爱报复的心理。正确的做法是：一方面保持平静的情绪，不要大惊小怪。另一方面帮助寻找原因，说出具有因果关系的句子进行正确的表达，因为走路不小心，所以绊倒了，以强化宝宝的认识。

玩游戏激发思维表达。可通过和宝宝玩以下游戏，锻炼宝宝的分析判断，思维想象和语言表达能力。

【找错游戏】哪里错了　父母说一句话，宝宝找出句子中的错误。如"小鸟在天上跑。"父母还可结合活动如用脚踢着球说"我用脚拍皮球""红红的太阳是方形的"等，让宝宝找出错误并改正。父母也可以在读故事、念儿歌时故意说错某个字词，等

宝宝指出来。还可找出行为中的错误，父母说出或做出一些行为如不洗手就吃饭、随便乱扔东西等让宝宝判断对错。

【扩词游戏】滚雪球　和宝宝玩扩词的游戏，如用“大”进行扩词，可以问宝宝“哪些东西是大的呢”引导宝宝说出带大的词语。父母还可向宝宝提一些问题，如“家里有些什么糖呀”让宝宝说出有关的物品。

【反义词游戏】说相反　可以和宝宝玩“说相反”的游戏，可先找出相反的东西给宝宝看一看、比一比，再说一说。最后可以边说边比划。如父母说“大”，宝宝说“小”，父母说“高”，宝宝说“矮”，还有“新”和“旧”等等。

【解决问题游戏】怎么办　父母提出一些问题，激发宝宝想出种种解决的办法。如父母说：“渴了怎么办？”宝宝说出“喝水”“喝茶”“吃水果”等等方法，还可以让宝宝回答“饿了怎么办”“热了怎么办”“冷了怎么办”“一条河挡住了路怎么办”等问题，激发和鼓励宝宝想出多种多样的办法。

【理解语言游戏】卖东西　先将能卖的东西找出来布置成买卖的场景，宝宝当老板卖东西，父母当顾客买东西，老板要根据顾客的要求拿出相应数量的物品，理解抽象概念。如父母说：“我买2个水果。”宝宝要开动脑筋，按顾客的要求拿出相应数量的商品。

【理解代词游戏】说出是谁　父母对宝宝说出下面的一句话，请宝宝联系上下文，想想说的是谁。

“公鸡对母鸡说‘我去上班吧’，请宝宝说出是谁去上班呀？”

“公鸡对母鸡说‘你去上班吧’，请宝宝说出是谁去上班呀？”

“大狗对小猫说‘我喜欢吃肉’，请宝宝说出是谁喜欢吃肉呀？”

“小狗对大狗说‘它不回家吃饭了’，请宝宝说出是谁不回家吃饭了？”

“小狗和小猫一起玩，小猫说‘你的手脏了，快回去洗一洗吧’，请宝宝说出谁的手脏了？”

【想象游戏1】说出结果　父母描述一些事情，宝宝说出可能的结果，如父母说：“天黑了，小动物都……”宝宝接“回家了”或“睡觉了”。父母说：“下雪了，人们都……”宝宝接“穿上了厚棉衣了”或“到屋子里暖和去了”等。还可以提问“放学了，爸妈都怎么样了”“过年了，大家都怎么样”等等，启发宝宝想象各种可能的结果。

【想象游戏2】有趣的场景　父母说：“今天天气真好，我们去逛动物园好吗？”“好！”“滴滴——动物园到了！”“我看见了一只猴子，你看见什么动物了？”“我看见一只兔子，你看见了什么？”……亲子轮流，一问一答说出想象中所看到的动物，比比谁说得又快又对。

还可以用同样方法来玩“逛水果园”“逛游乐园”“逛蔬菜园”“逛停车场”“逛服装店”“逛食品店”等等游戏，想象每个场景中看见了什么物品，经常玩这样的游戏既锻炼了宝宝的想象和语言表达能力，又懂得了物品的分类和归属。

◎快乐阅读　养成习惯

1.将生活经验和阅读内容联结起来。外出时，把你们看到的东西、做的事情与读过的书联系起来。如你们看到一只猫或一条狗，一辆消防车或一辆公交车，要给你的宝宝指出来，并提醒宝宝你们读过的相关故事。建议回家后再把这本书读一遍。你要形成发现并提出与你们一起读过的故事相似东西的本能反应。如你在花园里看到了一条毛毛虫，就

提醒你的宝宝曾经看过的《好饿的毛毛虫》这本书，想想读过的内容，如毛毛虫都吃了些什么，最后变成什么等等。然后再给宝宝读一遍这本书，并说："记住，今天看到了一条毛毛虫，和这本书中的这条一样。"这样宝宝就将实践感知和书本知识相联系，强化对故事的理解。

2.运用各种方法进行阅读。父母可以运用不同的方式从各方面陪伴宝宝体验快乐阅读的广度和深度。对于韵文类型的绘本可以通过点读的方式，完整欣赏文字音韵的美感；对于对话式文字，可以边看边问、亲子互动，创造积极的思维空间；对于情节生动的故事可以和宝宝阅读理解后分角色进行表演，让宝宝表达角色的语言，体验角色的感受；对于知识类绘本可以既看画面又听文字介绍，理解图文合奏展示的知识要点。运用多种方式陪伴宝宝深入阅读，体会快乐阅读的美妙和快乐。

3.固定持续快乐阅读。我们从小陪伴宝宝快乐阅读的目的就是帮助宝宝形成良好的阅读习惯，这不是一蹴而就的，需要父母运用固定的时间，长期持续地陪伴。最好白天及晚上睡觉前各抽15分钟陪宝宝阅读互动，若比较忙，每天晚上睡觉前必须陪宝宝阅读15分钟，看看书、玩玩识字游戏。还要创设开放的阅读环境，将宝宝的图书摆在沙发、床、柜子这些触手可及的地方，邀请宝宝自己选择喜欢的书来读，宝宝想看多久就看多久，一本书也不一定一次看完，内容长的可下次接着看。宝宝感兴趣的就多交流互动，不感兴趣的就给宝宝读几页，不想看了就合上书择机再看，一定要让宝宝体验阅读的快乐，让快乐阅读成为一种习惯，陪伴孩子终生。

◎快乐识字　广泛阅读法

接近3岁的宝宝，识字读句的内容加深加宽了，阅读的范围也比较广。

1.广泛阅读。接近3岁的宝宝学认的字词越来越多，识字阅读的能力

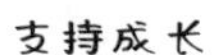

越来越强，可以进行广泛阅读。

一是继续指读朗朗上口的简短儿歌，增加音韵和乐趣，以熟带生认新字。

二是点读背诵的故事和会唱的歌词，不仅倍感亲切，还能音字对应认识新字。

三是点读商品包装袋。感受亲人的关怀，了解商品的名称、功用和使用方法，体会文字的意义，当然这是父母引领下的阅读，更多的是父母带着宝宝点读。

四是阅读图文并茂的绘本。所选图书应该是宝宝喜欢的图画精美、字少而大的绘本，在和父母一起看图交流、理解阅读内容后，反复指读，字音对应，达到会背的程度。在反复阅读中宝宝的识字量会迅速增多，读完一本再换另一本，每读一本识字量都会有明显的增加。

五是随时认学宝宝感兴趣的事物的字卡。在生活中只要是宝宝感兴趣的事物都可以写在便利贴上教宝宝。如宝宝买了新玩具，宝宝喜欢的小动物，宝宝去的新地方，宝宝喜欢的新活动等，每天点读几次，宝宝就能认识很多的字。

2.反义词识字。生活中我们会运用很多意义相反的词语，学认这些词语不仅能让宝宝增加识字量，还能培养宝宝的思维能力。先写出反义词的词卡，如上—下、大—小、黑—白等。家长出示一对反义词的一个字教宝宝认读，然后请他说出对应的反义词，并摆在一起，直到把所有的反义词都找出来摆好，然后再一起指认。每次可进行3—5对。

3.讲“救蚯蚓”故事学习高频字：以、为、就、也、自、会。一只小猪到田地里找食物吃，它东拱拱、西拱拱找到了很多菜根，可一不小心把一只小蚯蚓的身体给弄断了。它以为小蚯蚓马上就要死了（边说边出示“以为”的字卡），急得哭了起来（出示“得”的字卡进行认

读），这时，它连忙打电话给好朋友："小狗、小猫，你们快来看呀，蚯蚓受伤了。"小狗说："我这就来。"（出示"就"的字卡）说完小狗立即出发了。小猫听到后说："我也要去。"（出示"也"字卡）就跟着小狗一起跑来。它们几个来到田地里，把蚯蚓放在树叶上，准备抬去医院，老牛看见了说："哎呀，不用不用，蚯蚓有自我修复能力。它自己就会长出新的头和尾巴来。"（出示"自""会"）小动物们为了让小蚯蚓修复得快一点（出示"为"），它们把蚯蚓放进湿湿的泥土中，满意地笑了。

【复习游戏13】打牌　宝宝和爸妈将字卡一分为二，边打边读出字卡上的字，读错将牌收回，先出完者为胜。

宝宝3岁以后继续通过生活情境中的应学尽学、100米资源圈、广泛阅读认识更多的字。等宝宝3岁多4岁的时候就能够阅读故事和简短的儿歌，做到自主阅读低幼读物，自己从丰富的图书中获取信息，两种语言同时发展，这将是多么美好和有价值的事情啊！请父母们继续努力！

▶ 社会性发展——规则融入小孩心

2—3岁的宝宝已经是个小孩子了，经过前两个时期的教育，宝宝已经有了一些遵守规则的意识。在0—3岁这最后一个时期，一定要将规则融入宝宝的思想意识里，引领和支配他的行为，将规则落实到行动中，变成宝宝的自觉行为，引导宝宝慢慢地学会遵守做人做事的各种规则。

为什么要将规则融入思想意识里

2岁之后，婴幼儿变成了会抽象思考的孩子，遇到什么情况，不再像之前那样去用眼睛和手一遍遍地通过试错去解决问题，而是用见解和想法去解决，他们会先思考用什么办法或者哪个是最优解。但他们还有很多事情不知道对错，更不知道哪些行为是应该做的，哪些行为是不该做的。另外他们刚从父母的护翼下走出来，从家庭走向社会，会遇到

各种困惑和问题。所以做父母的要设法让宝宝知道哪些是对的，哪些是错的，哪些行为可以做，哪些行为不可以做，教宝宝一些做人做事的规则，为宝宝抽象思考和判断选择提供依据和参考。将规则融入宝宝的思想意识里，就是为婴幼儿提供判断选择，为其行为提供依据和参考，因为思想决定行为，有什么样的思想意识，就会有什么样的行为。

怎样将规则融入思想意识里

2岁之后宝宝有了思考能力，我们可以采取以下方法将规则输入到宝宝的思想意识里，用来指导婴幼儿的实际行动。

输入各种规则，树立良好的思想意识

运用各种手段输入规则。如通过《孔融让梨》的故事使宝宝了解谦让的美德，通过《小羊过桥》的故事知道争抢的后果，通过《小鸡和小鸭》的故事体验团结友爱的温馨，通过引导宝宝看一些图片、画面、标志、指示牌等了解公共场合不能喧哗、爱护花草树木、讲究卫生、不随地乱扔杂物等等规则，还可通过一些活动告诉宝宝做事的规则，如在公共场所吃饭时，告诉宝宝好吃的饭菜要学会分享；幼儿园的玩具要大家玩，不能带回家；饭前便后要洗手；玩过的玩具要收拾好等等。

通过亲身经历进行价值引导。如看见小哥哥走斑马线过马路时给予称赞；大姐姐主动让座位时，对宝宝说："快谢谢姐姐。"看到小哥哥使劲踢小树踩小花，问宝宝："这样做对吗？"父母注意从宝宝亲历的一些情景中使宝宝感受到什么是好的，什么是不好的，为宝宝行事树立榜样和示范，引导宝宝勿以恶小而为之，勿以善小而不为。

父母身体力行树立典范。父母是宝宝的第一任老师，父母的言行举止无时无刻不影响着宝宝。所以凡是要求宝宝做到的，父母应该率先垂范，凡是要求宝宝不做的父母首先不能做，用自己的身体力行，做宝宝的典范。

事先提要求、立规则。父母带宝宝做某个事情前先给宝宝提出明确的要求，让宝宝有规可循。如在进超市前要求宝宝只能买一样玩具，去同伴家玩之前告诉宝宝不能乱动别人家的物品。宝宝在做他最期待的事情前，父母提的要求往往都会点头同意，大多数宝宝也都有个共同的特点，只要是他答应的事情往往都能够遵守。所以趁宝宝还小，给宝宝提要求、立规则，并引导宝宝履行和遵守。在3岁之前，一些个人、家庭、社会方面的规则都要给宝宝立好，让宝宝有规可循。

违反规则时明确地限制，传达具体情境的规则

通过多种形式的输入、体验和引导，宝宝已经明白了很多做人做事的规则，但是由于宝宝年龄小，自控能力差，加上有时面对新的情景，宝宝会不知所措，所以在实际行动中，总是不可避免地出现一些违反规则的现象。作为引导者、帮助者的父母要怎样做呢？马圭尔-方的尊重式指导，给了我们很大的启发。

进行明确地限制。用轻柔的方式阻止宝宝的不恰当行为。如宝宝在玩沙子时，把沙子抛向空中撒了起来，这时父母可以立马用手轻轻挡住宝宝的手，阻止宝宝这种行为。

认可宝宝的情绪。宝宝可能会因你的阻止而不爽，也可能会号啕大哭起来，但父母要认可宝宝的情绪。认可即意味着说出或描述宝宝的感受、需求或担忧。例如“我知道不让你向空中撒沙子你觉得不好玩儿了，很不开心。”可以通过这种表述向宝宝表明他的感受是重要的，他的哭泣是可以理解的。但是需要记住，父母不要过快地提供帮助和建议，当宝宝情绪激动时，他需要感受到自己的情绪被认可，等到他平静下来，才会接受你的帮助。无论哪一阶段的宝宝，认可都为冲突的解决铺平了道路，一句认可的话就像一座桥，宝宝和成人在上面可以一起面对困境，也可以让宝宝和父母重新建立联系。

传达具体情境规则。宝宝天生好奇，不断探索新事物，但并不知道哪些行为是可以接受的，哪些是不可以接受的，他们需要成人来告诉他，宝宝依靠父母获得这一重要的社会知识——具体情境规则。父母可以平静地告诉宝宝，可以在沙箱内玩沙子，但不可以到处乱撒沙子。或可以趴在鱼缸旁看小金鱼，但不能用手去逮小金鱼，更不能敲鱼缸。具体情境规则能保护宝宝、他人以及物品安全。宝宝向父母寻求具体规则的明确解释时，父母一定要耐心解释。

父母用清晰、简单的语言向年幼的宝宝介绍他们能做什么，不能做什么，宝宝的语言表达能力会更强。如面对撒沙子的宝宝可以说："你不能撒沙子，因为撒沙子会迷住你和别人的眼睛，还会弄脏衣服、地面和物品。你要想玩沙子，只能在沙箱里玩，不能把沙子弄到沙箱外面来。"这样就明确了情境规则。

帮助宝宝清楚地理解"具体情境规则"主要有两点，一是描述宝宝不可接受的行为，并解释为什么这个行为是不可以接受的。二是告诉宝宝下次发生这种情况时可以怎样做（一个可接受的替代行为）。要清楚地说明什么是允许的，什么是不被允许的，而且用陈述性的语句，不能用反问句，如"请不要撒沙子"，而不是"不要撒沙子好吗？"

不良行为往往是宝宝探索和实验的结果，是由天生的好奇心所推动，这种不良行为的背后并没有恶意或愤怒。所以父母不要生气，更不要大声呵斥，而要平和、清晰指出问题，并用语言加手势示范该如何做。

下列情况如何处理？

是分散宝宝的注意力，还是重新引导？虽然分散宝宝的注意力能有效地避免冲突。如一个宝宝打另一个宝宝，将这个打人的宝宝抱走，也能结束冲突，但对打人的宝宝有什么好处吗？以后他再遇到这种情况会合理地应对吗？解决这类冲突的最好方法就是在冲突发生时，轻轻地挡

住他打人的手，并安慰挨打小朋友，一边说一边温柔地抚摸着两个宝贝的头，然后说："温柔一点，不要那么粗暴。"这样打人的宝宝再遇到这种情况时就知道怎样应对了。这样的尊重式限制和指导才是一种有效的干预。

惩罚能不能解决问题？很多人认为，当宝宝出现不良行为时，正确的应对方法是惩罚、责骂或是排斥、及时隔离。当宝宝被打、被罚或受到责骂、羞辱时，他能学到什么呢？因为模仿对宝宝来说是一种有效的学习策略，所以他们会认为面对冲突时，可以把殴打、伤害或拒绝作为回应。所以绝不能惩罚宝宝，而是要抓住时机进行引导。

对于反复试探"具体情境规则"的宝宝怎么办？最好的办法就是"影子行动"。照护者要时刻跟在他的后面，密切地观察他，帮助他保持在社会规范的范围内行动。父母要站在宝宝身边，对正在发生的事情进行评述，提醒宝宝可以做什么来实现自己的目标，并给宝宝示范，引导和帮助宝宝遵守规则。

拒绝要求时设计有限选择

当宝宝拒绝服从父母和老师的要求时可以设计有限的选择。有限选择是以宝宝渴望做事情并且可以自己决定为基础，即发展中的自主性。这种指导策略尊重宝宝的自主愿望，并在明确规定的限度内将一小部分决定权赋予宝宝，这些限度能确保成人所要求的任务得以完成。有限的选择对宝宝和父母来说是双赢的，比如硕硕的妈妈要去合肥接参加训练营的姐姐，想把硕硕送到姥姥家，可是硕硕不想到姥姥家。妈妈就对硕硕说："姐姐学习结束了，爸爸妈妈都要去参加学习，并将姐姐接回来。你是想去姥姥家还是想让姥姥来我们家，你自己决定怎样做？"通常宝宝会自己做出决定。

有限的选择对于宝宝和父母来说是双赢的，体现在3个方面：

一是认可宝宝的感受、意图或目标。如硕硕不想到姥姥家，也能留在家里。

二是清楚地告诉宝宝，你需要他做什么。并说明为什么需要服从你的要求。如爸爸妈妈必须去接姐姐，硕硕要么到姥姥家去，要么让姥姥来陪。

三是为宝宝提出了两种都可以接受的方式。一种是到姥姥家去，一种是姥姥来自己家，二者选一。

由于是有限选择，选择的范围很明确，任何一种选择都会满足父母的要求，宝宝有能力也乐意自己做出决定，所以父母很轻松地将选择权交给宝宝。当给宝宝拥有一些有限的选择时，大多数宝宝都想自己独立做决定。关键是要提供选择，让宝宝去做父母期望的事情。

同样重要的是，不能把有限的选择变成威胁，如“你不到姥姥家去，中午就不准许你吃饭”，这种威胁不利于宝宝明白“具体情境规则”，只能使局面更加让人困惑。

怎样坚持有限的选择？宝宝可能对所提供的选项没有任何反应。重要的是，要坚持有限的选择，帮助宝宝看到选项，你可能需要多次重复这些选项，当宝宝不愿意选择时，你可以采取一些智慧的做法来坚持。比如外面的阳光非常好，妈妈想带宝宝出去活动活动，可宝宝想在屋里玩玩具，妈妈说：“小朋友们在广场玩得好开心，你是骑你的滑板车去，还是骑你的平衡车去？”当宝宝迟迟没有做决定时，妈妈可以说：“如果我数到5你还没决定，那么就由我来决定。”妈妈开始数数，在4、5之间慢下来，在数到5的时候，宝宝如果仍然没有作出选择，妈妈就拉着滑板车说：“你还是骑滑板车去吧。”宝宝这时只能骑滑板车。

捍卫父母的权威，坚持到底

对待这一时期的宝宝，父母仍要巩固和捍卫自己的权威，做到温柔

而坚定，这一点至关重要。父母必须在宝宝的心中捍卫自己的权威，使宝宝从小就对父母有敬畏感，无论他今后长多大，离你有多远，他心里都很在乎你，你说的意见或者建议他都很上心，你老了的时候你的孩子必定能关心你、孝敬你。假如你现在不在宝宝心目中捍卫权威，宝宝说什么就是什么，他想干什么就干什么，你还怎样管教他呢，那他长大后还将你放在眼里吗？他还会尊重和孝敬你吗？

很多年前，我看见一个母亲和她的十二三岁的儿子扭打到一起，然后比她高出一头的儿子站起来就跑，这个母亲便疯一般地拼命追赶，追了几圈仍没有追上后就抱着儿子扔下的书包号啕大哭，可想她是多么的无能为力！这样的妈妈今后还怎样去管理和教育儿子？现在我才明白这样的孩子往往都是小时候被过度娇惯。父母没有将规则贯穿到他的思想意识里，落实到行动上，没有在孩子的心里建立权威，等孩子长大后就无法管教了。

那父母该如何做呢？当父母给宝宝制定规则后，一定要坚持，尤其是宝宝要赖时。比如说好每次到超市只买一样玩具，但有一次给他买了汽车后他还要买飞机，这时父母要重申规则："我们说好的每次只能买一样玩具哦！"如果宝宝大哭大闹，父母就严肃告知："说好的只买一样，哭闹也没用。"然后付款带宝宝回家，如果他还哭，就带他到卧室让他哭，当他看你不理时大概率就不哭了，这时给他打盆热水洗洗脸，喝杯水。经过这样的权威捍卫和规则落地，几次之后他就再也不和你较劲了。

无论怎样父母都不能凭自己的能力去制服宝宝，而是要凭借自己的权威去威慑和限制宝宝，有权威的父母对宝宝是有影响力的，能使宝宝产生心理上的影响力、行为上的控制力和教育上的权威。

在游戏中内化规则、实现迁移

游戏都有一定的规则，父母可以和宝宝一起玩游戏，通过游戏来内化宝宝的规则意识。比如玩石头剪子布，布包石头、石头砸剪刀、剪刀剪布，前者赢、后者输这是游戏的规则，彼此都得遵守。还有捉迷藏，找人的人必须闭着眼睛等别人藏好也是游戏规则。在游戏中让宝宝内化规则意识，然后迁移到生活中，慢慢学会遵守生活中做人做事的规则。

在从婴儿时期向幼儿期转变的第四时期，宝宝已能离开父母和家庭，开始走向社会和同龄小伙伴，进行真正意义上的交往，充满着活动全身的激情和愿望，也进入了思考和自己的事情自己做的年龄。父母更要放开手脚、提供材料、创造机会支持婴幼儿去运动身体，和伙伴交往、活动探索、动脑思考、动手做事、游戏创想，通过日常生活引导婴幼儿的语言思维和在生活中运用语言的能力，注重输入各种规则，将规则融入宝宝的思想意识里，落实宝宝的实际行动中，为宝宝的终生成长奠定良好的人生基础。

第12—15阶段成长自测评估

请在每个阶段结束时对照相应的发展指标对宝宝进行自测评估，将宝宝的各种表现情况在达标情况栏打“√”，并认真回答自测评估总结与反思（见305页），以扬长补短有针对性地养育你的宝宝。

婴幼儿第12阶段（24—27个月）达标情况自测评估

出生时间____年___月___日　测试时间____年___月___日　宝宝月龄___个月___天

类别	评估自测内容	第几天	达标情况		
			优秀	达标	不足
身体发育	27个月末体重____kg（正常均值12.1—12.68） 27个月末身高____cm（正常均88.45—90.69）				
	27个月末头围____cm（正常均值47.44—48.5） 27个月末胸围____cm（正常均48.65—49.8）				
	27个月末牙齿____颗（正常均值18—20） 龋齿____颗（正常均值0）				
	特别关注：2岁时对宝宝进行一次牙科检查，发现有龋洞及时修补，以免影响恒牙生长，平时少吃甜食，2.5岁乳牙出齐20颗后开始早晚刷牙。				
社会性	1. 能够听懂一些道理，服从父母的管教。				
	2. 知道并遵守一些做人做事的规则。				
	3. 开始出门和小伙伴们一起玩。				
大运动	1. 双脚自由离地跳。				
	2. 接住从地面滚来的球。				
	3. 自己扶住爬上木马会自己摇。				
精细运动	1. 用10块左右的积木搭高楼。				
	2. 会拼3—4块的拼图。				
	3. 熟练地串上3—5颗珠子。				
认知	1. 具有一定的理性思维，做事情前先思考怎样做才开始动手。				
	2. 唱数10个以上的数，复读5—8位数字。				
	3. 按照物品的一种属性进行多重分类。				
语言	1. 说出带形容词的6—8字的完整句。				
	2. 描述事物之间的位置和从属关系。				
	3. 记住说过的话，发生的事。				
其他	第____天分清上下前后　　第____天记住家庭住址				
	第____天用筷子夹住枣　　第____天按照一种属性进行多重分类				

婴幼儿第13阶段（27—30个月）达标情况自测评估

出生时间＿＿年＿＿月＿＿日　测试时间＿＿年＿＿月＿＿日　宝宝月龄＿＿个月＿＿天

类别	评估自测内容	第几天	达标情况		
			优秀	达标	不足
身体发育	30个月末体重＿＿kg（正常均值12.55—13.13） 30个月末身高＿＿cm（正常均值90.3—91.7）				
	30个月末头围＿＿cm（正常均值47.7—48.8） 30个月末胸围＿＿cm（正常均值49.1—50.2）				
	30个月末牙齿＿＿颗（正常均值20） 龋齿＿＿颗（正常均值0）				
	特别关注：2岁后宝宝更有活动身体的愿望，所以要支持宝宝充分地活动探索，多走跑运动，去尝试做他想做的事情，父母要守护宝宝的安全，激发宝宝的活力！				
社会性	1. 开始走出家门去找小伙伴玩，兴趣转向同伴。				
	2. 做事情会想办法或选择最好的方法。				
	3. 不会黏在妈妈的身边，不爱发脾气。				
大运动	1. 钻入比自己矮的洞或绳圈。				
	2. 能接住父母抛到地上再弹过来的球。				
	3. 独自骑小三轮车、滑板车和平衡车。				
精细运动	1. 搭8—15块积木高楼。				
	2. 用黏土搓条、团球、压扁做饼，还会模仿着做碗、盘、不倒翁、兔子等5种物品。				
	3. 会用筷子夹菜吃饭。				
认知	1. 能按形状、颜色或大小给物品分类。				
	2. 知道5以内的物品哪边多、哪边少，还是一样多，如2个橘子和3个枣、3个碗和3个盘等。				
	3. 分清1和许多个人、物品。				
语言	1. 能够说出描述人与物、人与人之间关系的完整句。				
	2. 分清你的、我的、他的、大家的等代词3—5个。				
	3. 说出礼貌用语“谢谢”“请”“你好”“再见”“对不起”“没关系”“晚安”5种左右。				
其他	认识颜色＿＿种　　第＿＿个月区分1和许多				
	第＿＿个月会用筷子夹菜吃饭　　能说出＿＿个字的长句子				

婴幼儿第14阶段（30—33个月）达标情况自测评估

出生时间_____年___月___日　测试时间_____年___月___日　宝宝月龄____个月____天

类别	评估自测内容	第几天	达标情况		
			优秀	达标	不足
身体发育	33个月末体重______kg（正常均值13.0—13.53） 33个月末身高______cm（正常均值91.35—93.58）				
	33个月末头围______cm（正常均值47.88—48.95） 33个月末胸围______cm（正常均值49.45—50.54）				
	33个月末龋齿______颗（正常均值0）				
	特别关注：教宝宝学习正确的刷牙方法，上下竖着刷，里外左右都要刷，养成早晚刷牙的习惯，把牙缝和牙龈边上的食物残渣清除干净，防止发生龋齿。				
社会性	1. 具有领导小伙伴和被同伴领导的能力。				
	2. 能够和不同的小伙伴一起玩耍和游戏。				
	3. 敢于参加比赛和竞争。				
大运动	1. 自己双足独立交替下楼梯。				
	2. 单足站稳不扶30—60秒。				
	3. 举手过肩抛物2米远。				
精细运动	1. 会扣各种扣子（大扣、小扣、按扣、布扣、粘扣等）。				
	2. 会用正方形、长方形、三角形纸片折两次变成小图形，或用三角形折成小狗头、小猫头。				
	3. 会拼4—6块的拼图。				
认知	1. 运用同种材料按照不同属性进行多重分类。				
	2. 手口一致点数5以内的物品，说出总数。				
	3. 画出一些线条图案进行命名和想象表达。				
语言	1. 说出带修饰词的五词句。				
	2. 联系上下文理解一些代词。				
	3. 对答反义词：大、上、长、高、胖、白、甜、软、深、重、远、慢、厚、粗等10个左右。				
其他	第______天会解扣子　　第______天会扣扣子				
	第______天会自己刷牙　　第______天会玩石头剪刀布的游戏				

婴幼儿第15阶段（33—36个月）达标情况自测评估

出生时间______年____月____日　测试时间______年____月____日　宝宝月龄____个月____天

类别	评估自测内容	第几天	达标情况		
			优秀	达标	不足
身体发育	三周岁体重______kg（正常均值13.44—13.95） 三周岁身高______cm（正常均值94.2—95.1）				
	三周岁头围______cm（正常均值48.1—49.1） 三周岁胸围______cm（正常均值49.5—50.9）				
	三周岁龋齿______颗（正常均值0）				
	特别关注：关注宝宝大小动作发展，提供机会多进行走、跑、跳、投掷、钻、爬、攀登和平衡等各项运动，使其样样都行，提供材料搭积木、剪纸、穿珠、拼图，进行生活自理，多多练习精细动作。				
社会性	1. 具有规则意识，基本上能够遵守一些做人做事的规则。				
	2. 能够和不同的伙伴进行交往玩耍。				
	3. 运用玩具物品和家人或同伴进行角色游戏。				
大运动	1. 自己上去并走过高25厘米、宽14厘米、长2米的平衡木。				
	2. 单足连续跳跃3—5下。				
	3. 跳过高10厘米的绳子。				
精细运动	1. 乐意做一些拼图、折纸、穿珠、捏黏土等动手活动。				
	2. 会使用剪刀剪直线和一些图形轮廓。				
	3. 能自己用勺、筷子吃饭，帮助家人进行一些家务劳动。				
认知	1. 运用材料进行收集、分类、搭建、平衡等探索活动。				
	2. 感数5以内的数，认识5以内的数字，并数出数量相对应的物品或做出对应数量的动作。				
	3. 根据多种属性分类同种物品。				
语言	1.说出一些复合句。				
	2.和家人或同伴进行积极交流和对话。				
	3.连续执行3个指令。				
其他	第______天会自己穿上衣或裤子　　能数______以内的数				
	会拼______块的图形　　最多能说出______个字的句子				

总结与反思

1.你的宝宝哪些方面做得非常好？宝宝为什么会做得这样好呢？你要再接再厉，继续加强和努力，使宝宝在这些方面继续保持良好的发展优势。

2.你的宝宝哪些方面达标，做得比较好？宝宝为什么会达标呢？今后你要怎样去做呢？

3.你的宝宝在哪些方面发展不足，没有达标，为什么会出现这种情况呢？你要怎样进行调整、改进和加强呢？

4.宝宝有代表性的趣事或有价值的事件有哪些？

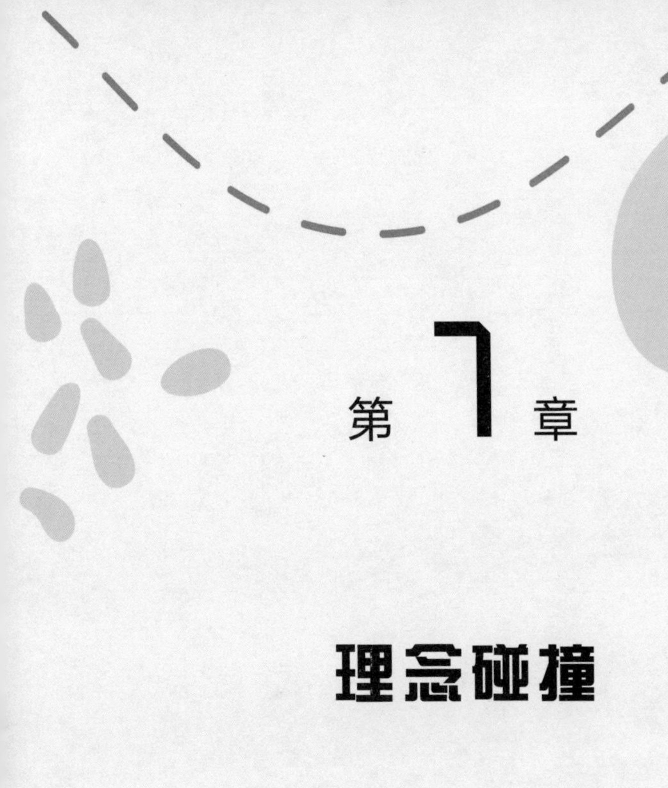

第7章

理念碰撞

随着时代的发展，新思想、新事物层出不穷，一些固有的观念、传统的做法在不断受到冲击，养育婴幼儿亦是如此。面对新的时代、新的潮流，我们要将新旧观念进行碰撞和思考，善于发现哪些传统的习惯和做法有利于婴幼儿的发展，可以传承甚至发扬光大，哪些做法不利于婴幼儿发展，要进行改进甚至摒弃。通过学习先进的理念和科学的做法，我们能够获得更加全面的认知来支持婴幼儿的成长和发展。

一、学步车不学步?

顾名思义，学步车就是婴幼儿学步用的车子。传统的做法是在宝宝六七个月腿部有些力量之后，让宝宝坐在学步车里学习走步。尤其是有些祖父母或者保姆带宝宝时，为了不耽误自己做事情就把宝宝长时间放在学步车里，甚至把它作为照顾宝宝的工具，还美其名曰，能帮助宝宝学习走步。其实，这种圆形的学步车坐得太久会造成宝宝O型腿、脚尖走路，还有侧翻等危险。怀特指出学步车主要在宝宝4.5月时使用，用来满足宝宝的好奇心，锻炼宝宝的腿部力量。这和我们传统的做法大相径庭，那么让我们来审视一下这是为什么，并思考到底应该怎样做。

3.5个月宝宝的视力发育已基本完善，4.5个月宝宝能第一次靠着东西坐起来，并能看清楚房间另一头。他们对看到的大部分东西都很感兴趣，但是自己无法移动，到他能够自己爬、到处看看还有好几个月的时

间。这期间宝宝每天都会有越来越多的时候感到无聊和失落，宝宝的腿部已逐步有了一些力量，能够稍稍支撑部分身体的重量，宝宝坐上学步车就可以走到远处，看清自己长期能看到而够不到的物品进行探索。原来学步车是宝宝4.5—8个月会爬前满足宝宝的好奇心，让宝宝进行探索用的，同时还能锻炼宝宝的腿部力量，为学爬做准备。

关于学步车，新手父母要明确以下几点：

①使用时间：4.5个月至学爬之前

②使用目的：满足宝宝的好奇心，锻炼宝宝的腿部力量，为学爬做准备。

③使用方法：一是选择轻巧的高品质学步车，先将上面挂的、配的不牢固的小零件去掉，以免宝宝拉掉塞入口中造成安全隐患。二是将学步车的高度调节到宝宝站在上面双脚能够承受部分身体的重量，这样既能锻炼宝宝的腿部力量，又不让宝宝的腿部承受太大的压力。三是最好在木地板或地板砖上赤脚走，成人要紧跟左右进行保护，以防发生意外。四是和弹跳椅一起每天使用1小时左右，可以分成三四次进行。

使用学步车的时候，如果宝宝是赤脚，要将学步车调到合适的高度，宝宝的脚底会感受到压力，并开始学习迈步。在最初的一两个星期，四五个月大的宝宝可能只会坐在学步车里，而不会走步，有时还可能向后退。再过几个星期，宝宝就能学会在伸腿前把身体前倾，这样他就能向前移动了。从这时起，宝宝就会越来越熟练地在房间里走来走去，既能满足好奇心，又能锻炼腿部力量。等到宝宝学会爬行的时候，就不需要使用学步车和弹跳椅了，宝宝可以凭借爬行锻炼四肢及躯干的力量了。

二、会坐不坐?

俗话说：三翻六坐七滚八爬九扶立。宝宝通过练习一般到了6个月就会坐了。传统的做法是5个月后就通过扶坐靠坐让宝宝学坐，到了6个月宝宝会坐之后就让宝宝坐着玩，这样还能省去照看的麻烦。但用现代的观念去审视这种传统的做法，就有很大的不妥。

因为宝宝还不能长时间地保持竖直姿势，早坐久坐会增加宝宝脊柱的负担导致变形，引起驼背、脊柱侧弯等现象。所以宝宝6个月以后是会坐不坐，到8个月后才能独坐。那这段时间该让宝宝怎样坐和活动呢?

①洗澡时提供支撑。在给宝宝洗澡时，利用圆形座椅支撑宝宝，能让宝宝保持稳定舒服的姿势。

②坐立时提供支撑。当宝宝坐在地板上的时候，可以使用一个马掌形靠垫让宝宝靠坐，也可以在宝宝后面放一个靠垫，防止宝宝向后跌倒摔着后脑勺，这个地方最怕摔着。

③多进行俯趴探玩。这段时间可以多让宝宝俯趴在地垫或地板上，用玩具吸引宝宝练习匍爬、打转、连续翻滚等大动作，锻炼宝宝四肢和躯干的力量，促使宝宝早日学会四肢协调爬行，去探索玩具物品，满足宝宝的好奇心。

三、能走不走?

按照传统的做法，10—14个月是宝宝学习走路的最佳月龄，家人会运用各种方法帮助宝宝早日学会走路，衡量谁家宝宝发育得好，就看谁家宝宝走得早。但按照新的理念，这时最好多让宝宝爬行，让宝宝爬过一生中仅有的四五个月，现在父母羡慕的是谁家宝宝爬得早、爬得时间长。因为爬行能够促进宝宝四肢肌张力和肌肉发育，促进宝宝的肢体协

调和感统发育，是开发宝宝多器官协作能力的最佳时机；还能增加大脑中枢神经元的联系，刺激大脑语言中枢，为宝宝学习语言做好准备。通过长期熟练地爬行，宝宝就能自己拉物站起，会扶着物体走路并逐渐学会独立行走。所以这段时间不用急于教宝宝学会走路，而是让宝宝通过几个月的爬行自然而然学会走路。因此这个阶段需要做到以下几点：

①创设宽敞安全的环境让宝宝尽情地爬行探玩。可以为宝宝铺设舒适的地垫或在干净宽敞的地板上投放宝宝喜欢的一些玩具，周围是柔软的沙发以及摆上玩具的低矮玩具柜，放手让宝宝在地板上爬行、坐起来玩玩具、拉住物品站起来以及扶住物品走路等各种动作之间自由转换，练习各种大动作，进行各种探索。

②创设环境和机会支持宝宝进行各种攀爬。支持宝宝爬上20厘米高的台阶和40厘米高的沙发及更高的三级连爬，锻炼宝宝的攀爬能力。

③使用手推学步车学习走步。当宝宝能够进行各种爬行、攀爬、扶物行走、真正开始迈步走世界时，将圆形学步车的后靠背去掉，让宝宝站在地上推着学步车学走路，还可以买专门学习走路的手推学步车，宝宝推着车子走路又稳当又安全，往往很快就学会独立走路了。

四、安抚奶嘴能安抚宝宝吗?

安抚奶嘴在人们的眼里要么作用很大，宝宝哭闹、发脾气或是睡觉都离不开安抚奶嘴，以至于有些宝宝无论是坐在婴儿车里，还是抱在父母的怀里，或是在入睡的时候，嘴里都含着安抚奶嘴。不过也有的父母从来没给宝宝用过安抚奶嘴。看了资料上的介绍才知道，宝宝天生喜欢吮吸东西，通过超声波，可以看到早在孕期第14周，宝宝便会在子宫内吮吸手指，这是宝宝在放松自己，为出生后的进食做好准备。在第一年，宝宝对于吸吮的需求非常强烈，即使并不感到饥饿，也会经常做出吮吸的动作，这样可以放松心情，从而忘掉外部世界带来的压力和焦虑，对于宝宝来说，吮吸是最好的放松方式。使用安抚奶嘴能够帮助父母安慰感到不适的宝宝，满足宝宝的生理和心理需求，平复和稳定情绪，以免剧烈的哭闹导致胃胀气和吐奶，儿童牙科专家认为宝宝使用安抚奶嘴不会带来任何问题。那么父母要注意些什么呢?

①为宝宝购买合适的安抚奶嘴。应该为宝宝购买优质品牌的安抚奶嘴，选择安抚奶嘴时，首先看奶嘴颈部，牙科医生认为奶嘴颈部越薄对宝宝牙齿发育越好。其次选择一款接受度高的安抚奶嘴，至少购买五六个。

②在需要安抚时才使用安抚奶嘴。建议在宝宝满月之后，也就是母乳喂养的习惯已经建立之后再开始使用安抚奶嘴，否则有可能对宝宝的正常母乳喂养或者奶粉喂养产生一定的影响。而且是在宝宝比较烦躁、哭闹、不舒服的时候，需要满足吸吮需求的时候给宝宝使用安抚奶嘴。绝对不能把安抚奶嘴作为安抚哄逗宝宝的工具，宝宝情绪好时，父母要提供适合的玩具和物品吸引宝宝看玩探索，并多与宝宝交流互动，促进宝宝各方面的发展。

③准时戒除安抚奶嘴。6—12个月就可以给宝宝戒除安抚奶嘴了。因为6个月宝宝开始长乳牙，长期使用安抚奶嘴会影响牙齿咬合，同时也可能会影响嘴唇的形状。一般在6个月时，宝宝已经开始学习简单的抓握动作和趴、翻、匍、爬、打转等技能，这些技能可以帮助宝宝转移注意力，通常不再需要安抚奶嘴，只要长时间不使用，宝宝就会减少依赖心理，从而逐渐戒掉安抚奶嘴。也有部分宝宝白天不需要安抚奶嘴，但晚上睡觉时需要，否则哭闹会比较严重，这时可适当延长夜间使用安抚奶嘴的时间，但在他长到1岁的时候，就要完全停止使用安抚奶嘴。只要能够正常戒除安抚奶嘴，对宝宝就没有太大的影响。

五、宝宝听力是否正常?

在我们的传统观念里，一般发现宝宝有明显异常了才去医院检查，这时往往已经错过了最佳的治疗时间。我的一户邻居父母都是双职工，每天早出晚归忙着工作，宝宝交给七八十岁有些耳背的曾祖母照看。因为父母平时和老人交流都需要用很大的声音。宝宝到2岁还不会说话，去医院检查时发现宝宝听力障碍十分严重，是1岁前得了肺炎打抗生素造成的，如今已经错过最佳的治疗时期，虽然经过近一年的治疗，最终也没恢复听力，成了聋哑人。所以父母从宝宝出生就要特别注意发现宝宝是否有听力障碍。宝宝一些微小的听力损害，常常会对他们的学习过程造成极大的危害，因为宝宝的交往与学习都依赖语言，而语言的学习又依赖正常的听力。

那么，父母怎样能发现宝宝的听力障碍呢？要从宝宝出生时起就注意宝宝的听力反应情况，在若干个关键阶段对宝宝进行听力测试，及早发现宝宝的听力障碍，进行干预和治疗，防患于未然。

0—3个月。父母要注意宝宝对0.9—1.8米距离内的尖叫声音有没有惊吓反应，能不能从妈妈的声音中得到安抚。

3—6个月。宝宝能否以转头和注视的方式寻找声音的来源。如不锈钢勺子掉到了地上，宝宝能发觉并低头去寻找吗？对妈妈的声音能做出回应吗？比如妈妈忽然进屋说“宝宝，该吃奶了”，宝宝有反应吗？

尤其是4.5个月时，要对宝宝进行听觉定位反射测试。因为听力正常的宝宝大约从4.5个月开始就会准确地转向附近的声源，这时宝宝产生了听觉定位反射。这种反应为进行早期听力筛查提供了一个有用的参考，任何人都能进行这样的听力测试。

方法是在宝宝清醒、感觉舒适并专心做一件事的时候，在他视线之外1.8—3米远的地方，用正常的声音叫他，宝宝应当会在几秒钟之内停下动作，准确地转向你，并通常会对你微笑。过一会儿，再从另一个地方仍然从1.8—3米远的视线之外的地方叫他，重复这一测试，宝宝应当以同样的方式作出回应。如果你从不同的地方进行了3次测试，而宝宝每次都能很好地回应，就说明他已经开始把这当成一种游戏了。接下来重复这个过程，但是这次要用耳语般的声音，4.5个月以上的宝宝会以同样的方式回应。如果宝宝没有反应，那你就在第二天再进行一次，如果在两三天里进行过三四次测试之后，你的宝宝还是不能适当地回应，你就要到正规的医院检查。

宝宝从出生开始就具有一定的听觉定向反应，只是到了第4.5个月时才变得明显而可靠，我们利用这一行为对0—2岁的宝宝进行听力损伤筛查，可以发现从轻度到中度的听力损伤，从4.5个月开始对宝宝进行听力筛查很重要。

6—10个月。在6—8个月的时候，宝宝就能听懂一些词语，我们可以对这一月龄的宝宝进行听力理解测试，让宝宝坐好，在他面前放置五六个常见的物品，比如钥匙、杯子、球、布娃娃、汽车，问他“球在哪里”或“请把娃娃给我”，只需说话，不做任何的手势和动作，看宝宝会不会用手去指球，把娃娃给你。如果宝宝能够指和拿，则说明宝宝的语言理解和听力都非常好，如果他不会指，也不会拿，那就说明他的听力或语言理解有问题，你就要带宝宝到正规医院检查，及早进行干预。

10—15个月。如果要求宝宝指出或看向熟悉的物体或人时，他无法做到，无法模仿简单的语言或者声音，尤其是到14个月时还不能理解10个以上词语的意思，那宝宝的语言发展就迟缓了，就要到正规医院查一查到底是什么原因，又该如何干预和改进。

15—18个月。如果宝宝无法遵从简单的口头指令，无法扩大词汇

量。你让宝宝喝水或拿某样东西宝宝不能做到，也是有问题的，应赶快带宝宝去正规医院检查干预。

如果宝宝不会被很大的声音吵醒或打扰，或在叫他的时候没有反应，或对一般的噪音没有反应，几乎只用手势来表达需求和愿望，而不用语言，或只专心地注视父母的脸。这些都是宝宝有听力问题的表现，父母应引起高度重视，尽快带宝宝去检查治疗。

我们非常重视2岁以内宝宝的自我测查，这样才能做到早期发现与早期干预及治疗。因为一旦宝宝到了3岁，就无法弥补早期发展的不足。

六、如何避免宠坏宝宝?

在我们的传统里有虎爸狼妈这样的父母，对宝宝要求严格，宝宝长大后可能唯唯诺诺，没有主见更无创新之举。还有一类慈父柔母，对宝宝关心备至，疼爱有加，宝宝想要星星都能上天去摘，什么事情都是宝宝说了算，致使父母在宝宝面前毫无权威可言，宝宝长大了父母可能管不了，即使管了也无济于事。父母到底如何爱抚管教宝宝呢？爱抚呵护是否会宠坏宝宝？严加管教是否会束缚宝宝的天性？

处理好有意啼哭——既进行促发又防止过度

在5.5个月之前，宝宝只有在感到不适时才啼哭，而到了5.5个月左右，宝宝会为了想抱抱而啼哭，将啼哭作为获得关注和陪伴的一种手段，这就是故意性啼哭。当宝宝感到无聊和失落的时候，很容易使用这个工具。这是宝宝出生后头6个月中获得的第一种也是唯一一种社会能力，因此父母一定要正确对待和妥善处理好宝宝的有意啼哭。

6个月之前促发宝宝产生有意啼哭。5.5个月至6个月前后宝宝会产生有意啼哭，这种新出现的能力是智力发展正常的一个明显信号，所以父母要努力促使宝宝尽早出现有意啼哭。如果宝宝啼哭父母每次都及时给予回应，对宝宝发出的微小声音也迅速进行模仿回应，这样，宝宝会逐渐将发出的声音和父母的到来联系起来，将表达声音与愉快（或至少能缓解他的不适）联系起来。在6个月之前父母无论如何都不会宠坏宝宝，因为宝宝还没有达到宠坏的智力和能力，所以父母应极力去回应宝宝的各种声音，一是回应宝宝的哭声，并努力缓解他的不适，二是对他发出的微小的声音进行模仿回应，宝宝发什么音，你就学着清楚地发出这个音来，这样做既可以为宝宝语言的早期发展做准备，又能促发宝宝为获得陪伴而故意啼哭。

6个月之后防止过度有意啼哭。6个月之后宝宝会因得不到抚慰而在白天经常啼哭，八九个月还会在夜里有意啼哭，出现过分需求性啼哭。如果父母每次都及时给予回应，他的啼哭会越来越频繁，因为他知道啼哭能有效控制大人，并得到自己想要的东西。如果父母每次都给予回应，久而久之就会把宝宝宠坏，13—14个月时会经常啼哭，2岁时还可能成为一个令人烦恼的黏人宝宝。黏人的宝宝2岁以后仍然粘着妈妈，也不会出现同伴交往的兴趣，而且爱发脾气，成长迟缓。

父母要了解宝宝的兴趣，给宝宝提供他喜欢的玩具，鼓励他进行感兴趣的活动探索，让他有多项好玩的活动可做，不会感到寂寞和无聊。另外父母要多陪伴宝宝，还没等宝宝感到无聊和着急时，就已经来到他的身边，和他一起快乐地游戏，这样就不会出现过度需求性啼哭了。父母每主动一次就减少一次宝宝的有意啼哭。

把握好亲子陪伴——既亲自照护，又不过度陪伴

亲子关系亲密、友好、融洽，是养育好宝宝的前提和基础。对于刚出生的宝宝来说，母亲就是他活动的目标，是他走向社会的桥梁，他的交往能力都是在母亲的怀抱里学会的。父母是最愿意花费心思、倾注精

力和担负责任的人，是宝宝安全感、信任感的来源，是最重要的榜样和引路人。所以父母一定要亲自照护宝宝，并善于学习，了解宝宝发展的特点和需求，对他进行回应性照护，注意观察宝宝的动作、表情、声音、请求，及时给予恰当的回应，尽量满足宝宝的生理和心理需求，经常和宝宝交谈互动，助宝宝一帆风顺茁壮成长。

父母亲自照护宝宝，但不能过度陪伴。尤其是8个月之后，宝宝具有了移动身体的能力，他要通过自己的爬、走、跑去探索世界，了解周围的环境和事物。他喜欢练习刚刚学习的技能，比如爬行、扶走、攀爬、走路等各种粗大动作和拍、扔、摁、捏等精细动作，而且宝宝喜欢独自游戏和探索，不需要成人和同伴的参与。因此，父母一定要注意宝宝的三大兴趣即与照护人之间的交往、探索世界以及练习技能之间保持平衡。母亲既要和宝宝多多交流互动，又要为宝宝提供玩具和材料，让宝宝独自进行游戏探索，还要提供场地和机会让宝宝练习各种运动技能和精细动作，在保证安全的同时，放手让他去尝试、探索，做想做的事情，这样就能培养宝宝成为一个自主自立的人。

应对好自主探索——既放手探索，又限制规则

8—18个月，宝宝进入到多感官探索期，他们利用手边一切可以利用的东西探索并理解世界，并通过多感官探索来建构知识概念。他们能爬会走之后认为自己有能力做很多事情，这时家长要放手让宝宝去探索、尝试，以培养宝宝的能力和自主性。不过，从宝宝学会爬行的那一刻起，要在宝宝做出不安全或不可接受的行为时，向他传达明确而坚定的限制信息，重复两次不能做某事的命令，如果宝宝仍不停止这种行为，父母就要采取进一步的行动。

在对宝宝进行限制时，首先要做到少说“不”。父母要将家里危险和值钱的东西拿开，这样宝宝就碰不到了，父母也不用说一些阻止宝宝

的话，因为这些阻止的语言是出自对宝宝来说世界上最重要的人，与他进行自然探索的天性建立了联系，这是在阻止宝宝的探索。二是可以使用分散注意力的方法。当宝宝看到一个危险的或不能玩的物品，他无法控制自己不去玩，但可以给他提供其他的玩具将他的注意力吸引过来，同时将不能玩的物品拿开。分散注意力是使好奇心转移方向，而对宝宝说“不”是扼杀宝宝的好奇心。三是一定要将设立的限制贯彻到底。比如玩沙子只能在沙箱内玩儿，不能到处乱撒。对待家人要友好，不能打家人。如果不对宝宝设立限制，那么宝宝2岁时就会认为这个世界上没有任何人比他更重要，会形成以自我为中心的心理，这些都是家人宠溺的结果，所以在多感官探索期，父母放手让宝宝探索的同时，要对宝宝进行偶尔的限制，以防止把宝宝宠坏。

七、宝宝何时管最好?

按照我们传统的观念和做法，一些人认为孩子还小，长大再管。特别是一些老年人，还有一些大龄的父母对宝宝百般娇惯，万般宠爱，认为宝宝还小，就由着宝宝的性子来。还有的认为树大自然直，孩子长大就好了。也有人认为“3岁看大，6岁看老”，小时候就得严加管教。在美国有个1岁最紧3岁稍松的严格曲线，他们在孩子小的时候管得最严，随着孩子渐渐长大并且知道遵守一些规则后变得宽松起来。按照怀特的观点，宝宝七八个月会爬之后就该管了，要对宝宝进行一定的纪律约束，大家想一想，宝宝到底是早管好还是晚管好呢?

如果小时候不管，等宝宝长大了却发现无论怎样都管不了，因为宝宝的习惯秉性已经养成。比如一些父母只注重孩子小时候智力技能的培养，不重视规则行为这些社会性的养成，虽然有些孩子技能超长，学业出色，但长大后我行我素，无视纪律规则，也有的生活不能自理，不会

与人交往、不懂得遵守社会公德。

从孩子成长严格曲线来看，一岁最紧三岁时稍松，六岁时再稍微放松一点，九岁时更松，随后便逐渐变成父母在谈话中给孩子一定的指导就行了。这是因为宝宝越小越黑白不分，是非不明，父母就得告知宝宝什么能做，什么不能做，到宝宝大一点之后他自己有了判断力就知道什么该做什么不该做了。

从宝宝学会爬行时就要对宝宝进行管理和约束了，因为他们刚会移动身体，对什么东西都感到好奇，想去动一动、摸一摸，不知道什么有危险，什么不可以。这时父母要让宝宝知道什么事情不能做，对宝宝进行一些约束和限制，因为宝宝这个时候还没有记忆力，反抗抵制的能力都不强，对宝宝进行约束限制最容易，而且从一开始就对宝宝进行约束是先入为主，一些规则、礼仪、习惯就镶嵌在宝宝的脑海里了，会成为他们日后行动的行为准则，并且越是从小开始管教的孩子越懂规矩，越知道尊重孝敬父母，也会变得越来越积极快乐！而从小娇生惯养的孩子心中没有他人，也受不得半点委屈，今后发脾气、吃亏、受挫、痛苦的还是他们自己。为了宝宝今后长远的快乐幸福，我们从小就要对宝宝进行必要的限制和约束，用规则去要求和规范他们的行为。

父母可根据宝宝的年龄和发展特点，采取不同的方法进行限制约束。8—14个月时当宝宝去做危及自己安全或违反社会规范的事情，禁止而没有用的情况下转移他的注意力或利用他身体不愿片刻受限制的特点采用“身体限制法”。14—22个月利用宝宝不愿和主要照护人分开的特点采用“远离限制法”，这都是将不良的活动与宝宝不舒服的痛苦体验联系起来，形成条件反射，使宝宝停止不良的行为，因这时的宝宝还听不懂道理。22—24个月当宝宝稍微能听懂一点道理后就用“警告限制法”进行短时间限制。24—36个月宝宝有了理性思维后，在用各种形式向宝宝输入各种规则意识的同时，当宝宝违反规则时就明确地进行限制，传达具体情景的规则，当宝宝拒绝要求时设计有限的选择，加上父母的榜样示范和游戏规则的内化宝宝就能懂得一些做人做事的规则。在宝宝3岁时各方面的规则都要帮宝宝立好，以后再慢慢强化落实，宝宝就会成为一个有规则、有教养的快乐孩子。

八、间隔几年要二宝?

现在国家及各个地方政府都竞相出台生育二胎、三胎的奖励政策，一些夫妇也响应国家政策，准备生育二胎三胎，那两胎之间间隔几年好呢?

传统的观念认为，要带就一起带，如果大的刚带大，又来一个小的，会使家人又陷入火坑之中。这话听起来有点道理，但只是站在父母的角度。如果设身处地地为孩子着想，两个孩子之间到底间隔几年好呢？怀特专家的经验和我的体会是，至少相隔三年再生第二个宝宝是个不错的选择，如果间隔太短，会有以下几方面问题出现：

给大宝带来一些不良影响。若是大宝不满3岁，又来一个二宝，父母就没有精力去关注陪伴大宝，不满3岁的大宝正处在和父母依恋的重要时期，二宝的出生会导致家人对大宝的关注和陪伴减少，无论是情感还是亲子互动方面都会对大宝带来一些不良影响。

加剧宝宝之间的矛盾。二宝的到来会使家人尤其是母亲一天到晚围着二宝团团转，这使大宝感到由衷的憎恨和嫌恶，误认为是二宝夺走了他的妈妈，不仅要缠着妈妈和二宝争宠，而且本来就憎恨的心理还伴有愤怒，尤其是二宝哭闹时就会对二宝做出攻击性的行为，甚至还经常打二宝或拿走二宝的玩具，在这种情况下还可能会受到家人的批评和惩罚，这样更会增加大宝的不快，更加憎恨二宝。

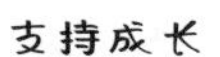

导致二宝胆小退缩。大宝这样的举动会使二宝哭泣，久而久之使二宝对大宝产生恐惧感，有时二宝还没碰到大宝就畏缩和啼哭，这种情况会使大宝感到情绪低落，二宝也变得缩手缩脚，胆子越来越小。

使宝宝的矛盾升级。随着二宝的长大，他的能力不断增强，尤其是他会走之后，就不会屈服大宝的武力而进行还击，大宝不能接受这样的现实，会对二宝更有攻击性，这样家庭矛盾升级，家里经常不得安宁。

为了大宝、二宝及家人都好过一些，最好间隔三年以上再生二宝，三岁以上的哥哥、姐姐更喜欢与同龄人交往，他们更愿意和小伙伴玩耍，而不愿意和小弟弟或小妹妹在一起，这样他们之间的冲突就会减少，有时哥哥或姐姐还能友好地逗着弟妹玩。

附录1：适合0—3岁各阶段的玩具清单

宝宝大部分时间都用来探索玩具和大大小小的物体，玩具能促进宝宝动手动脑，还增加亲子之间的互动，为各方面的学习打下基础。

一、0—1岁

0—1岁的宝宝处于口的敏感期，口几乎是他们探索和感知周围事物的唯一方式，宝宝在此阶段无论抓到什么都喜欢往嘴里塞，也喜欢吮吸自己的小手和小脚。为满足宝宝0—1岁“用口期”的需要，必须为宝宝创设安全卫生的环境，选择着重感官刺激的玩具，以加强他们的自我认知及感官运用能力。

第1阶段　0—1.5个月

1.拨浪鼓、花棒槌。父母摇响玩具，刺激宝宝寻找声源，测试和练习听觉能力，还可将把柄塞入宝宝手心进行握持练习。

2.音乐玩具，如风铃。可以激发愉悦情绪，培养听觉能力。

3.舒适的摇椅。父母怀抱宝宝躺坐在上面，用身体的接触加上有规律的摇摆来安抚宝宝。

4. 6个安抚奶嘴及固定锁和夹子。在大哭大闹时安抚宝宝，但不能当作照护宝宝的工具。

5. 1—3个自制人脸玩具。挂在床的左右边和宝宝经常能看到的地方，宝宝80%—90%的时间里注视右方，适用于3—9周，距离眼睛15—

30厘米时，宝宝最感兴趣。

6.对角线长度为15厘米左右的圆形或方形防碎镜。倾斜放在婴儿床的右侧、床头或宝宝的前面，宝宝仰卧和俯趴时可以仰头看到自己，增加俯趴的趣味，延长俯趴的时间（适用于3周至6个月）。

7.直径大于12厘米并与背景形成鲜明对比的球或玩具。移动玩具吸引宝宝的视线逗引宝宝追视，10周时追视最为熟练。

8.对比强烈的玩具，如黑白熊猫及黑白视觉激发卡。拿着或挂在宝宝床的右侧，给宝宝看和讲解。

第2阶段

第2阶段的玩具要特别注意安全，首先油漆和材质要无毒，以免宝宝放入嘴发生危险；其次玩具上的小珠子和缝上去的装饰品要不易脱落，玩具的大小不能小于宝宝的拳头，以免被宝宝误食引起窒息。同时在此时期宝宝不能移动身体，要注重改变周围的环境或调换宝宝的位置，来激发宝宝各种能力。

1.地板健身架或婴儿健身架。探索身边的世界，在视觉引导下学习使用自己的双手（适用10周至5.5个月），可以躺着玩、趴着玩、坐在婴儿椅上玩。

2.人脸玩具。继续让宝宝观看人脸玩具。

3.防摔镜。悬挂在婴儿床头，宝宝俯趴时，会抬起头，偶尔看自己一眼，引导他重复这样的动作，并把头抬得更高。

4.婴儿座椅。用来和宝宝面对面玩游戏和推着宝宝在屋里活动，可以四处观望（适合0—3个月）。

5.红黑颜色的大卡片。给宝宝看和讲。

6.旋转床铃。用于听声辨位，吸引宝宝的注意力。

7.感官玩具Lamaze小蝴蝶。用来吸引宝宝观看背部黑白图案的翅膀。

第3阶段　3.5—5.5个月

从3个月开始，宝宝紧握的拳头开始松开抓握东西，视力也有了很好的发展，可以初步分辨各种颜色，对彩色（特别是黄色和红色）感兴趣。给宝宝提供色彩鲜艳的玩具，可以促进宝宝辨色能力的发展。

1.可以啃咬的玩具和物品（磨牙棒等）。

2.可以抓握的摇铃组、小动物造型玩具、洗澡的塑料玩具等（长宽高需大于4厘米）。逗引宝宝进行抓握和探索，给予感觉上的刺激，促进眼协调能力和因果关系。

3.手镯、脚环。把能发出声音的手镯、脚环戴在宝宝的手腕、脚腕上，增加活动的兴趣，探索全身动作的因果关系。

4.感官玩具Lamaze小蝴蝶。多种颜色、多处发声、多种触感刺激宝宝的感官、触觉，之后还能用于吸引宝宝翻身和爬行。

5.家庭相册。帮助宝宝认识自己、父母及家人，练习视觉能力，激发社会情绪。

6.弹跳椅。练习腿部力量，适用于4个月零1周会爬前使用。

7.学步车。满足探索欲望的轻巧学步车能缓解宝宝的无聊和挫折感，锻炼腿部力量，4.5个月会爬前使用。

8.靠垫、圆形座椅、马掌形靠垫。支撑宝宝保持对小玩具的注意。

9.脚踏钢琴。用于练习大动作、精细动作、感官体验，促进宝宝语言认知。

第4阶段　5.5—8个月

5个多月时，婴幼儿手眼协调动作开始出现，7个月后会有意识地抓握、摇动和弄响玩具，开始由口感知转向手感知，家人应提供丰富的手头玩具，帮助宝宝顺利度过口欲期。这个阶段还是学爬的关键时期，设

法用玩具逗引宝宝爬行。

1.曼哈顿球、按摩抚触球。曼哈顿球让宝宝可以抓握、啃咬，按摩抚触球可以抓握按摩，促进感官和精细动作。

2.各种小玩具、小物品及盛放的容器。用于宝宝的手感知。

3.感知球。可随意触摸，用于刺激宝宝知觉，吸引逗爬。

4.按、转、拧、敲的综合玩具。如多功能智力桌或操作台，学习手的各种动作，练习手眼协调和精细动作。

5.弹出式玩具。宝宝会在7—9个月学会打开、关上。

6.拉绳音乐盒。捆在婴儿车上，用于练习宝宝手眼协调能力，理解因果关系，提升音乐能力。

7.学步车、弹跳椅、宝宝摇滚乐。帮助学习迈步和探索事物，坐弹跳椅时，播放宝宝摇滚乐，营造快乐氛围和节奏感。

8.聪明蛋。打开盖子，拿去壳，摁出鸡蛋，宝宝1岁多时可以对应形状放上，还能认识表情，促进感官、认知和精细动作的发展。

9.满足对物体运动轨迹兴趣的玩具。如直径14—15厘米的格蒂球、摇摇鸭、小汽车，逗引宝宝追逐爬行。

10.游戏围栏。应急所用，不能作为看护的工具。适用于5—15个月的宝宝。

11.浴室玩具。包括支撑座椅、漂浮玩具、灌水玩具、带有水轮和喷射器的玩具及吹泡泡玩具，可以用于练习抓握、锻炼手眼协调能力和认知能力。适用于7个月至2岁的宝宝。

12.满足翻玩和看认的布书、硬纸板书。

第5阶段 8—10个月

第5阶段的宝宝差不多都会爬了，手的基本精细动作也会做了，会移动身体进行更广泛地探索，练习手眼协调，能动脑动手解决一些问题。

1.投球盒。锻炼手眼协调能力。

2.软性积木。用于抓握、扔投、拿取，锻炼手眼协调。父母给宝宝搭出造型并命名，促进认知能力。

3.带盖的塑料容器、小洗衣篮。放进每一维不小于4厘米的小物品，让宝宝打开、盖上盖子，将物品拿进、拿出，练习手眼协调，体会因果关系和数学概念。

4.不倒翁玩具。让宝宝推倒，感知因果关系，练习精细动作。

5.玩具电话。用于抠动、按压、捏取等，练习精细动作。

6.直径61厘米的沙滩球或大龙球。父母拉着宝宝坐、躺、趴在上面进行感统训练。

7.拖拉玩具。拽着玩具上拴的绳把它拉来拉去，锻炼宝宝解决问题能力。1岁之后可以用于拉着走。

8.游戏围栏。用于宝宝拉站、扶走及应急。

9.三扇楼梯门。练习向上攀爬20厘米高的台阶。

10.弹出式玩具。适用于9—14个月的宝宝。

11.彩色卡片、布书和硬纸板书。练习手眼协调，认识事物的名称，发展认知和语言能力。

第6阶段 10—12个月

第6阶段宝宝的拇指和食指配合越来越灵活，能熟练地捏起小豆子并放入小瓶，他能把包玩具的纸打开拿出玩具，能拿着蜡笔在纸上戳戳点点，让大人看他画出的道，还喜欢摆弄玩具和玩藏东西的游戏。

1.球。用于追和滚，能锻炼宝宝大肌肉运动，体会因果关系。

2.爬行隧道（可自制，用纸箱衔接起来）。能用于爬行，锻炼大肌肉运动和探索能力。

3.套塔、套杯。进行嵌套堆叠，练习手眼协调，分辨大小、高矮、

多少概念，体会因果关系。

4.旋转套塔/套杯。体会力量与速度的关系。

5.玩具琴。可随意按键，满足宝宝手动作的需要，刺激听觉，练习手眼协调，体会因果关系。

6.金属丝串珠玩具。上下移动珠子，练习宝宝手眼协调能力，体会因果关系。

7.正方体积木。用于堆叠、排序，锻炼精细动作和手眼协调。

9.涂鸦玩具。用于宝宝随意涂鸦，发挥想象，练习精细动作。

10.螺母配对玩具。练习手眼协调和精细动作。

11.摇摇马。用于练习平衡。

12.二合一或五合一滑板车。宝宝可坐着骑滑，练习平衡和手眼协调。

二、1—2岁

1—2岁的婴幼儿已经会走，处于手和口的敏感期，他们开始用捏、摸、抓、扔等手部动作探索周围的事物，手眼配合能力提高，喜欢用笔在纸上涂鸦。家人要侧重促进其大运动和手的精细动作，提高认知能力。

第7阶段

12—14个月

第7阶段的宝宝爬着爬着就能拉站扶走了，活动能力大大加强，手眼配合能力提高，喜欢用笔在纸上涂画。此时适合宝宝的玩具有：

1.手推学步车。宝宝可以推着它学习走路。

2.手抓嵌板。用于锻炼观察力和精细动作。

3.各种颜色形状的积木。用来堆叠、认识颜色及练习收集。

4.套叠玩具。用于分辨大小，练习精细动作。

5.画笔和画板。用于练习精细动作及想象。

6.几何图形盒。练习将几何图形块从相应形状的孔洞里塞进盒子里。

7.锅碗瓢勺。摆弄各种不同的锅碗瓢勺，满足宝宝好奇心和探索愿望。

8.各种形状立体插孔玩具。用于练习手眼协调和精细动作。

9.能发出声音的拖拉玩具。宝宝拉着走，增加走的兴趣。

10.玩具电话。用于发展精细动作和语言。

11.颜色毛毛虫。进行颜色配对和数数，发展认知和精细动作。

第8阶段

14—17个月

14个月的宝宝已经会走、会开口说话了，他们开始在玩中学习跑步，精细动作也进一步发展。

1.乒乓球（适用于14个月以上）。练习抓握、追跑。

2.吹泡泡的玩具。练习抓、跑动作，发展观察想象。

3.球。学习踢球，练习平衡和奔跑。

4.几何图形盒。学习独立进行探索玩耍。

5.各种形状穿绳玩具。练习手眼协调和精细动作。

6.积木。用于练习精细动作、形状、颜色及想象。

7.各种造型的串珠。用于练习手眼协调和精细动作。

8.画笔和画板。练习精细动作及想象。

9.简易拼图。即带凸起的几何图形嵌入玩具，锻炼手眼协调和精细动作。

10.叠叠杯。有大小、颜色、触感之分，促进感官和精细动作的发展。

11.益智桌游。按题卡套柱搭建，发展观察、模仿和动手能力。

12.滑板车。练习站式滑行，平衡身体动作的协调性、灵活性。

第9阶段

17—20个月

这时的宝宝行动更为自如，应加强宝宝手眼协调能力和精细动作能力的培养，学习使用工具够取物品。这时为宝宝选择玩具应注意锻炼宝宝动作的灵活性和反应的灵敏度。

1.满足假扮游戏兴趣的玩具，如电话、小扫帚、吸尘器、厨房玩具等。

2.小动物、交通工具、娃娃、图书等。丰富语言和认知能力。

3.穿线玩具。练习手眼协调和精细动作。

4.水果蔬菜切切切。切开、拼好反复进行，练习精细动作和手眼协调能力。

5.可拆装的工程车玩具。锻炼精细动作和手眼协调。

6.进阶拼图。即一个凹槽中有2—3块的拼图，锻炼观察及动手能力。

7.玩沙、玩水、拼搭、拼插的玩具。锻炼思维想象和动手能力。

8.简单的乐器，如鼓和铃铛。感受节奏，发展精细动作。

9.数字配对玩具。可以排序、数数、认识数字，发展数学认知能力和精细动作。

10.仿真动物模型和其他认知卡片。拓展词汇和认知，将模型与卡片图书形成联动。

11.小滑梯和攀登器具。练习攀爬和身体协调能力。

12.平衡车和溜溜车。用于骑行，掌握平衡，活动身体。

第10、11阶段

20—24个月

这两个阶段的宝宝大动作和精细动作都发展较快，手眼配合能力、手的操作能力明显提高，会握笔，也会用积木搭更高的塔。

1. 2—6块的拼图。锻炼观察能力、精细动作、专注力。

2. 彩色黏土。锻炼观察能力和精细动作。

3. 配对玩具。用于找相同和分类，发展观察、思考和动手能力。

4. 活动拼搭玩具。如小火车、小卡车，认识形状、颜色，练习精细动作。

5. 沙滩、玩水玩具。用于沙中探宝、搭建沙堡、来回舀水，锻炼想象及动作协调。

6. 剪纸玩具。锻炼手眼协调和精细动作。

7. 玩具筷子。学习夹水果、小动物模型，锻炼手眼协调和精细动作。

8. 各种人物、动物、车辆模型。用于拼摆，丰富认知，发挥想象力。

9. 投篮玩具。肩上投球，提高上肢力量。

10. 各种绘本和带有按钮的电子故事书。丰富宝宝的语言和认知。

三、2—3岁

2—3岁的宝宝处于自我意识萌芽和发展阶段，模仿兴趣开始增加，想象力丰富，变着法子玩玩具，父母应提供满足独立性和目的性，能变化、可装扮的玩具。

第12、13阶段

24—30个月

1.忙碌板。学习4种方式开水杯、6种方式穿衣服，学习动手和自理。

2.苍蝇拍。认识颜色和大动作，发展认知，进行动作练习。

3.螺丝钉。学习操作工具，进行装卸，练习动手能力和专注力。

4.分类、对比玩具。发展观察、比较能力，丰富认知。

5.水果分类盘。多重分类，逻辑思考，动手动脑。

6.平衡积木拼图。进行搭建，体会平衡、练习动手能力。

7. 过家家模型玩具。进行交往、想象和语言表达。

8. SmartGames兔宝宝魔术箱。根据题卡进行拼搭，训练观察思考和动手能力。

9. SmartGames日与夜。根据题卡进行拼搭，提高认知和动手能力。

10. YaoFish控笔游戏。控制动作，手眼协调。

11. 四色棋。操纵棋子运动，进行分类，启发思维和动手能力。

12. 进阶拼图。依次增加难度，锻炼观察力、专注力和精细动作。

13. 控笔训练颜色试管。使用工具夹珠，练习控笔姿势，进行颜色分类。

第14、15阶段

1.儿童益智磁力棒。启发想象，进行拼搭，发展精细动作。

2.七巧板。动手动脑，可锻炼模仿和想象能力。

3.彩虹鹅卵石。练习分类、排序、模式、拼搭，手脑并用，启发逻辑思考。

4.各种形状颜色的珠子。按规律穿珠，练习手眼协调和逻辑思考。

5.各种颜色形状的积木。进行搭建、分类、排序，锻炼空间想象和手眼协调。

6.蘑菇屋数字。练习分类、按数量夹取，发展动作和认知能力。

7.儿童拼图。训练专注、观察和手眼协调。

8.逻辑狗。提升观察、思考、动手、空间、语言等十大能力。

9.折纸。用以折猫头、狗头等简单的形状，练习精细动作，培养耐心做事的态度。

10.三轮车。通过蹬骑练习大动作，训练腿部力量和动作以及全身的动作协调。

11.球类玩具。练习踢、抛，训练平衡运动能力和手眼协调能力。

附录2：主要参考资料

1. [美] 伯顿 · L. 怀特《从出生到三岁》，北京联合出版公司，2016–4

2. 区慕洁《中国儿童智力方程》，中国妇女出版社，2007–7

3. [美] 玛丽 · 简 · 马圭尔–方《与0—3岁婴幼儿一起学习》，中国轻工业出版社，2020–8

4. [英] 琳恩 · 默里《婴幼儿心理学》，北京科学技术出版社，2020–3

5.殷红博《0岁开始的语言开发》，中国戏剧出版社，2000–8

6. [美] 莉丝 · 埃利奥特《0—5岁：大脑发育的黄金五年》，上海社会科学院出版社，2020–6

7.钱志亮《科学的早期教育》，北方妇女儿童出版社，2019–8

8. [美] 卡罗尔 · 科普尔等编著《0—3岁婴幼儿发展适宜性实践》，中国轻工业出版社，2020–8

9. [美] 琼 · 芭芭拉《婴幼儿回应式养育理论》，中国轻工业出版社，2020–6

10. [英] H · 鲁道夫 · 谢弗《儿童心理学》，中国工信出版集团，2016–1

11.庞丽娟、李辉《婴儿心理学》，浙江教育出版社，1993–12

12. [奥地利] 阿尔费雷德 · 阿德勒《自卑与超越》，中国友谊出版社，2017–1

13. [中国台湾] 谢明芳、卢怡方《共读好好玩，用绘本启动的孩子阅读力！》，新手父母出版社，2020–10

14.［英］爱丽森·戴维《帮助你的孩子爱上阅读》北京联合出版公司，2016–12

15.冯德全《冯德全早教方案①：三岁缔造一生》，中国妇女出版社，2005–8

16.冯德全《冯德全早教方案②：阅读点燃智慧》，中国妇女出版社，2005–8

17.［日］七田真《开发婴幼儿的智力和才能》，江苏少年儿童出版社，2001–2

18.郭瑞立《亲子沟通的技巧》，南京大学出版社，2015–3

19.李易伦《婴幼儿教育150问》，北方妇女儿童出版社，2017–5

20.董进宇《培育优秀子女的规律》上下册，光明日报出版社，2018–6

21.黄瑾、田方主编《学前儿童数学学习与发展核心经验》，南京师范大学出版社，2015–7

22.周兢主编《学前儿童语言学习与发展核心经验》，南京师范大学出版社，2014–10

23.［美］艾里科森儿童发展研究生院 早期数学教育项目《幼儿数学核心概念 教什么？怎么教？》，南京师范大学出版社，2015–6

24.魏坤琳《魏坤琳的科学养育宝典》，中信出版社，2019–2

25.孙瑞雪《捕捉儿童敏感期》，中国妇女出版社，2010–1

26.杨霞《不抢跑也能超越》，北京联合出版公司，2021–9

27.中国妇幼保健协会婴幼儿养育照护专业委员会《婴幼儿养育照护专家共识》，2020–9

28.国务院办公厅印发《关于促进三岁以下婴幼儿照护服务发展的指导意见》，2019–4

致 谢

我是一位带着老师和家长在早期教育领域摸爬滚打了40年的教育工作者，我不断学习探索，并将自己学习和发现的新理念、好方法以及成功的经验和做法不断地分享给身边的老师和家长，老师和家长所遇到的问题又推动着我继续在实践中摸索、在书中寻求答案。非常感谢和我一起并肩学习、实践、探索的老师和家长们，是你们的信任、收获、困惑激励我一路成长！

非常感谢和我一起工作奋进的园长、老师和领导们，是你们的关心、鼓励和支持，让我在早教领域钻研学习、潜心实践、不断前行！

2020年退休后我全身心学习研究家庭教育，多次跟随博瑞智婴童教育专家李易伦和何丰诺两位恩师学习，是他们指导我学习理论、探索实践、与家长进行分享交流，是他们鼓励我将40年的实践探索和学习感悟进行归纳梳理，是他们献身教育事业的大爱和忘我的奉献精神感染着我，将我的所学、所做、所悟得以系统地整理，以期为年轻的父母科学养育自己的宝宝提供通俗易懂的理论引领和切实可行的养育指导。非常感谢两位

恩师不断地给我鼓励和支持，给我方向的引领、方法的指导和精神人格的提升！

非常感谢北京师范大学的钱志亮教授，他的《科学的早期教育》《急用先学的140个汉字》为我提供了有效的参考，他的“关注孩子”系列讲座和“钱志亮工作室”每周推出的原创微信，让我受益匪浅，钱志亮教授作为一名教育工作者也为我树立了献身教育，孜孜以求的典范。

非常感谢南京出版社的编辑老师能够看上我这个不知名的小人物，从一开始就对我的作品非常支持，为本书提供了建设性的意见，给出版做了大量细致的工作。

非常感谢我的家人，尤其是我的先生唐立强对我工作的大力支持，为了帮助我去做有价值的早教事业，他四十年如一日在家做饭，出门开车，还时常提醒我喝水和休息；女儿唐婧和外孙王渝涵、王渝宣也非常理解和支持我，遇到困难时为我亮起绿灯；非常感谢我的妹妹邢美英精心为我网上采购，帮我解决生活问题。是家人的鼓励和支持，使我一个女人一辈子都沉浸在自己挚爱的早教事业中！

邢贯荣

2022年8月于南京

后 记

书稿完成后，我又看了北京协和医学院心理学专家杨霞的《不抢跑也能超越：让孩子爱上学习的心理训练法》，她通过30年临床实践，明确指出孩子学习困难，不是态度问题，也不是智力问题，而是学习能力发展不足，决定因素主要有前庭器官和本体感两大方面。

大脑中的前庭器官控制人的重力感和平衡感，婴幼儿早期活动量不足，爬行不够，家长限制孩子运动、保护过多等等，都会造成婴幼儿大脑前庭平衡功能失调，表现为左右不分，方向感不明，在学校里好动不安，注意力无法集中，上课不专心，爱做小动作等。母亲可在孕期适当增加运动，孩子出生后进行俯趴抬头、翻身、爬行、走跑跳等大运动。这些内容我在书中都有详细的表述。

本体感是指人对自己身体的控制，如大小肌肉的控制、手–眼协调、手–耳协调、身–脑协调、动作灵活和灵巧等，如果孩子大脑对手指肌肉控制不好，写作业自然会慢，而且字也写不好，容易出格。手–眼不协调的孩子看到的和写出来的会不同，常出现抄错题、写字颠倒等问题。手–耳不协调的孩子，听到的和写出来的不一致，听写容易出问题。身–脑不协

调的孩子，大脑对身体控制不良，表现为上课、写作业时身体总是转来转去，不安地乱动等。本体感不是与生俱来的，而是需要后天的训练，包括大动作和精细动作。这些我在书中也有系统、详尽的介绍。

纵观杨霞专家的理论和实践，更加证实了我的这本书能很好地支持婴幼儿从小系统训练前庭器官和本位感，所以父母们一定要抓住婴幼儿0—3岁学习能力发展的关键期，按照书中的内容及方法循序渐进地练习，为今后的学习助力！

这本书是我学习的感悟和实践的归纳，里面的方法是我在养育外孙和指导宝妈的实践中验证过的，我是一个实践摸索者，唯恐写出的内容有什么问题，完稿后我又看了多本相关的书籍对书中的内容进行验证和优化。由于我个人水平有限，肯定会出现这样或那样的问题，诚挚地欢迎各位专家、早教同仁和父母们给我提出宝贵的意见和建议，期待各位读者的批评指正！

这里奉上我的个人微信号，我会在朋友圈持续不断地分享如何支持婴幼儿成长的内容和方法。作为本书作者，我与你通过文字认识，便是一种缘分。既然书的名字叫《支持成长》，那咱们就加个好友，继续携手共同支持我们的宝贝健康快乐成长吧！